Fedor Krause, Richard von Volkmann

Die Tuberkulose der Knochen und Gelenke

Nach eigenen in der Volkmann'schen Klinik gesammelten Erfahrungen und Tierversuchen

Fedor Krause, Richard von Volkmann

Die Tuberkulose der Knochen und Gelenke
Nach eigenen in der Volkmann'schen Klinik gesammelten Erfahrungen und Tierversuchen

ISBN/EAN: 9783743457171

Hergestellt in Europa, USA, Kanada, Australien, Japan

Cover: Foto ©berggeist007 / pixelio.de

Manufactured and distributed by brebook publishing software (www.brebook.com)

Fedor Krause, Richard von Volkmann

Die Tuberkulose der Knochen und Gelenke

DIE

TUBERKULOSE

DER

KNOCHEN UND GELENKE.

NACH EIGENEN IN DER VOLKMANN'SCHEN KLINIK GESAMMELTEN
ERFAHRUNGEN UND THIERVERSUCHEN

DARGESTELLT

VON

Dr. med. FEDOR KRAUSE,

PROFESSOR AN DER UNIVERSITÄT HALLE.

MIT 5 LICHTDRUCKTAFELN UND 43 ABBILDUNGEN IM TEXT.

Prima enim sequentem honestum est in secundis
tertiisque consistere.   CICERO ORATOR.

LEIPZIG,
VERLAG VON F. C. W. VOGEL.
1891.

DEM ANDENKEN

RICHARD von VOLKMANN'S.

.

Vorbemerkungen.

Meinem unvergesslichen Lehrer und wahrhaft väterlichen Freunde Richard von Volkmann gedachte ich die vorliegende Schrift zu widmen. Nun hat ihn das grausame Schicksal dahingerafft, und nur seinen Manen noch kann ich sie weihen. Zwar war es mir erst in der letzten Zeit, als schon die Todeskrankheit ihre schwarzen Schatten auf dieses sonnige Leben zu werfen anfing, vergönnt, dem grossen Meister einzelne kleine Abschnitte des Buches vorzulesen und seinen Rath zu erbitten; trotzdem hat er wesentlichen Antheil an der ganzen Arbeit. Denn in langer Assistentenzeit, während deren ich das unschätzbare Glück hatte, zu dem Verblichenen in nahe persönliche Beziehungen zu treten, sind seine Ansichten, welche ich nicht allein aus klinischen Vorträgen, sondern ebenso auch aus privaten Mittheilungen kennen lernte, mein Eigenthum geworden.

Zu früh ist Volkmann dahingeschieden für Viele und Vieles, zu früh auch für diese Arbeit. War es doch seine Absicht, die ganze Schrift, nachdem ich sie fertig gestellt, noch einmal durchzusehen und überall seine eigenen, gerade auf diesem Gebiete so überaus reichen Erfahrungen hinzuzufügen. Dieser Wunsch sollte nicht mehr erfüllt werden. Aber wie sehr ich auch von ganzem Herzen bedaure, dass nicht Volkmann's bessernde Hand noch einmal über die Arbeit dahingegangen, sein kritischer Blick noch einmal gesichtet und gefeilt: das Buch wird wenigstens die Bedeutung beanspruchen dürfen, dass es, neben zahlreichen eigenen Untersuchungen, Volkmann's Anschauungen in der Tuberkulosenfrage in umfassender Darstellung dem Leser vor Augen führt.

Wie wir neben und mit jenem König am meisten in dem vorliegenden Gebiete verdanken, so kann es auch nicht Wunder nehmen,

wenn ich am häufigsten auf König's Arbeiten zurückgehe. Beide Forscher haben in der That dieses grosse Feld gemeinsam ausgebaut, und
wenn auch hie und da die Ansichten getheilt sind, die Grundlagen, auf
denen das Gebäude errichtet worden, sind die gleichen.

Was die Ausstattung des Buches betrifft, so glaubte ich, durch zahlreiche Abbildungen der Darstellung förderlich zu sein. Im allgemeinen
habe ich mich der Photographie bedient; daneben sind nur einzelne
schematische Zeichnungen, welche mir lehrreich schienen, und einige
wenige Abbildungen von Präparaten, die mir nicht mehr in einem für
die Photographie geeigneten Zustand zur Verfügung standen, benutzt
worden. In den Erklärungen ist dies jedes Mal besonders angegeben.
Wo also ein solcher Vermerk nicht steht, handelt es sich stets um Photogramme, welche ich ohne Ausnahme nach den Präparaten selbst aufgenommen habe. Die Zinkographien im Text sind unmittelbar nach
Silberdrucken, die ich von den Negativen gleichfalls selbst angefertigt,
hergestellt worden und zwar von der Autotypie-Compagnie in
München. Für die mikroskopischen Photogramme musste als die genaueste und vorzüglichste Art der Wiedergabe Lichtdruck gewählt werden, welcher nach meinen Negativen von J. B. Obernetter in München
ausgeführt worden ist. Selbstverständlich ist weder an den Negativen
noch an den für die Zinkographien abgezogenen Positiven im Bereich
des Bildes die geringste Veränderung durch Retouche vorgenommen
worden. Daher weisen auch einige Lichtdrucke kleine Fehler der Platten auf, die jedoch in keiner Weise stören.

Für alle farbigen und frischen Präparate, ebenso für sämmtliche
Mikrophotogramme verwandte ich orthochromatische Platten von Otto
Perutz in München. Die mikroskopischen Schnitte waren mit Lithion-
karmin und Pikrinsäure, nur das auf Photogramm 10 und 11 wiedergegebene Präparat mit Hämatoxylin und Eosin doppelt gefärbt. Als Licht-
quelle diente eine hell brennende Petroleum- oder Gaslampe, Lichtfilter
habe ich nicht in Anwendung gezogen.

Dass die Photographie den Vorzug vor der Zeichnung durchaus verdient, bedarf heutzutage, namentlich nach den Arbeiten Robert Koch's
und seiner Schüler, wohl keiner Begründung mehr. Gerade weil man
sich in der Darstellung niemals ganz frei von subjectiven Anschauungen
halten kann, biete man dem Leser etwas völlig objectives in den Abbildungen, d. h. man wähle das Photogramm. Vollends aber ist die
Photographie meines Erachtens die einzig erlaubte Form der Wiedergabe, wenn es sich um experimentelle Arbeiten handelt. Mit dem Lichtdruck, der unmittelbar vom Negativ herstammt, giebt man ja dem Leser

gewissermaassen das mikroskopische Präparat in die Hand, er mag nun selbst prüfen und entscheiden, ob die Beschreibungen und Schlüsse des Verfassers richtig sind. Ja noch mehr: auf dem Photogramm nimmt man gar nicht so selten Einzelheiten wahr, die man bei der mikroskopischen Untersuchung überhaupt nicht gesehen hat, und manches andere schärfer und deutlicher als im Präparat; die lichtempfindliche Platte ist eben zuverlässiger als unser Auge, das ja so leicht geblendet wird und ermüdet. Zudem verstattet jedes gute Negativ und der davon herrührende brauchbare Lichtdruck die Betrachtung mit der Lupe — eine Art der Besichtigung, die ich auch für die vorliegenden Tafeln empfehlen möchte.

Aus den eben entwickelten Gründen habe ich mich bemüht, die typischen Ergebnisse meiner Thierversuche photographisch wiederzugeben, und zum Vergleich habe ich auch die entsprechenden Veränderungen des menschlichen Körpers abgebildet.

Koch's Heilmittel gegen Tuberkulose beschäftigt die Welt; welche Umwälzungen es in der Behandlung der Knochen- und Gelenkleiden herbeiführen wird, ist nicht zu ermessen. Soweit bis zum heutigen Tage Erfahrungen in dieser Beziehung mitgetheilt sind, habe ich sie verwerthet.

Halle, 21. November 1890.

Fedor Krause.

Inhaltsverzeichniss.

Verzeichniss der Abbildungen.

Einleitung.

Geschichtlicher Ueberblick.

Bei vielen älteren Autoren — und zwar schon von Hippokrates an — finden sich Schilderungen, aus denen wir entnehmen können, dass ihnen wenigstens einzelne klinische Erscheinungsformen der Gelenkerkrankungen, welche wir als auf tuberkulöser Infection beruhend erkannt haben, nicht entgangen waren. Der erste indess, dem wir die Feststellung eines genauen Krankheitsbildes verdanken, ist Richard Wiseman[1]). Er fasste unter dem Namen „white swelling" (Tumor albus) eine Anzahl chronischer Gelenkleiden zusammen, welche auch heutigen Tages noch die häufigste Form der tuberkulösen Gelenkentzündungen darstellt, und die wir mit dem gleichen Namen zu bezeichnen pflegen. Auch hatte er schon die Ueberzeugung gewonnen, dass diese Erkrankung wesentlich auf Scrofulose zurückgeführt werden müsse, und beschrieb sie daher in dem Capitel „The king's evil" (Königsübel) — die ältere englische Bezeichnung für Scrofulose. Nach seiner Darstellung giebt es Anschwellungen der Gelenke, welche von den Sehnen, und andere, welche von den Knochen ihren Ursprung nehmen. Zu letzteren rechnete er auch die Spina ventosa, den „flatuous tumor", unter welchem Namen die Chirurgen jener Zeit nicht bloss die centrale tuberkulöse Osteomyelitis mit Knochenauftreibung verstanden, sondern überhaupt alle Anschwellungen der Gelenke und knöchernen Gelenkenden (auch wirkliche Geschwülste, wie Sarkome, Enchondrome u. s. w.) zusammenfassten, sofern nicht eine Anhäufung von Eiter, Serum oder andern Flüssigkeiten vorlag.

An diese grundlegende Arbeit Wiseman's schlossen sich nun in enger Reihenfolge eine Anzahl von Forschern an, welche sowohl die klinischen Symptome als die anatomischen Veränderungen der bezüglichen

---

1) Richard Wiseman, Several chirurgical treatises. London 1676. Neuere Ausgabe London 1734.

Erkrankungen genauer festzustellen bestrebt waren. Hier sind R. Brown Cheston[1]) und Benjamin Bell[2]) in erster Linie zu nennen. Dieser unterschied zwei Arten des Tumor albus, je nachdem einerseits Scrofulose, andrerseits Rheumatismus und Trauma als Ursache betrachtet wurden. Bell glaubte ferner, dass die beiden ätiologisch verschiedenen Formen auch verschiedene anatomische Eigenschaften darböten. Beim rheumatischen Tumor albus, der auch durch Traumen veranlasst sein könne, seien die Bänder stark verdickt, die Schwellung reiche bis in's Unterhautzellgewebe; der Knochen und Knorpel bleibe gewöhnlich unversehrt, nur in den schwersten Fällen könne secundär auch jener in Mitleidenschaft gezogen werden. Dagegen sollten beim Tumor albus scrofulosus gerade die Knochen der primäre Sitz des Uebels sein, er fand sie aufgetrieben und cariös.

Der Lehre Benjamin Bell's folgten fast alle späteren Schriftsteller, namentlich auch Percival Pott[3]), August Gottlieb Richter[4]), Boyer[5]) und S. Cooper[6]). Letzterer machte auf die Erblichkeit der scrofulösen Anlage aufmerksam und betonte, dass jede auf ein Gelenk einwirkende Ursache, die bei einem Menschen von gesunder Körperbeschaffenheit nur eine geringfügige und gutartige Entzündung erzeuge, bei einer erblich belasteten Person den Tumor albus scrofulosus hervorbringen könne. Diese Beobachtung muss auch heutigen Tages noch als vollkommen richtig anerkannt werden.

In der nachfolgenden Zeit wurde eine Verwirrung dadurch angerichtet, dass man sich bemühte, die scrofulösen Gelenkleiden ganz vom Tumor albus zu trennen. Diesen rechnete man sogar zu den wirklichen Geschwülsten. Auch Benjamin Brodie that es in der ersten Ausgabe seines Buches[7]); späterhin dagegen fasste er den Tumor albus als eine besondere chronische Entzündung der Synovialhaut auf, welche er der granulirenden Conjunctivitis an die Seite stellte. Rust[8]) sprach sich

1) R. Brown Cheston, Phathological inquiries and observations in surgery from the dissections of morbid bodies. Glocest. 1766.

2) Benjamin Bell, On the theory and management of ulcers, with a Dissertation on white swelling of the joints. Edinburgh 1779.

3) Percival Pott, Remarks on that kind of palsy of the lower Limbs which is frequently found to accompany a curvature of the spine. London 1779.

4) A. G. Richter, Chirurgische Bibliothek. Göttingen 1771—1797.

5) Boyer, Traité des maladies chirurgicales. Tome IV. Paris 1814. Cap. XX.

6) S. Cooper, A treatise on diseases of the joints. London 1807.

7) Brodie, Pathological and surgical observations on the diseases of the joints. London 1818.

8) J. N. Rust, Arthrokakologie. Wien 1817.

noch entschiedener als Brodie für eine völlige Trennung des Tumor albus von den scrofulösen Gelenkerkrankungen, die er „Arthrocace" nannte, aus. Erst die späteren Geschlechter gaben diese künstlich hergestellte Theilung wieder auf und betonten vielmehr die Möglichkeit, dass bei jeder Form des Tumor albus die verschiedenen Gelenkabschnitte in wechselnder Stärke an dem pathologischen Vorgange betheiligt sein könnten. Die Hauptfrage, welche erst in der letzten Zeit ihre endgültige Erledigung gefunden hat, war die, ob beim Tumor albus die Erkrankung in den das Gelenk zusammensetzenden Weichtheilen, besonders in der Synovialmembran ihren Anfang nähme, oder ob das Leiden in den knöchernen Gelenkenden seinen primären Sitz hätte und erst von hier aus auf das eigentliche Gelenk überginge. In welcher Weise diese Streitfrage entschieden worden ist, wird weiterhin des genaueren erörtert werden.

In derselben Zeit wurde auch die Lehre von der Aetiologie unserer Erkrankungen vervollständigt, indem die Tuberkulose als ein neuer und wesentlicher Factor des bisher als Tumor albus bezeichneten Uebels erkannt wurde. Wenn auch schon Brodie auf diesen Zusammenhang hingedeutet und Bonnet[1]) als ätiologische Momente für die verschiedenen Arten des Tumor albus Scrofulose und Tuberkulose angeführt hatte, so war doch der berühmte Wiener Patholog Rokitansky der erste, welcher im Jahre 1844 den sicheren anatomischen Nachweis lieferte, dass „einer grossen Anzahl sogenannter Tumores albi die Tuberkulose der Synovialhäute zu Grunde liege". Indessen sind diese so klaren Angaben Rokitansky's gar nicht berücksichtigt worden. In der Zeit der fünfziger bis in die Mitte der sechziger Jahre wurde das Vorkommen von Tuberkulose in der Synovialmembran ganz allgemein in Abrede gestellt, wie ein Blick in alle um diese Zeit erschienenen Handbücher und besonderen Arbeiten über den vorliegenden Gegenstand lehrt.

Erst Virchow[2]) wies von neuem darauf hin, dass gerade die hartnäckigsten Formen des Tumor albus, besonders häufig im Kniegelenk, durch Entwickelung miliarer Tuberkel in der Synovialhaut bedingt seien, und R. Volkmann[3]) bestätigte die Richtigkeit der Rokitansky'schen Angaben, indem er zeigte, dass in den Gelenken wirkliche Miliartuberkulose vorkäme. Letzterer machte gleichzeitig die wichtige Bemerkung, dass er glaube, man werde später wohl dazu kommen, eine Anzahl von

1) Bonnet, Traité des maladies des articulations. Paris 1845.
2) Virchow in seinem Archiv Bd. 4. S. 312, und Geschwülste II. S. 652.
3) R. Volkmann, Krankheiten der Bewegungsorgane. Chirurgie von Pitha-Billroth II, 2. Erlangen 1865.

Gelenkkrankheiten als lupöse zu bezeichnen. Diese Annahme hat darin ihre schliessliche Erledigung gefunden, dass man den Lupus selbst als eine besondere Form der Tuberkulose erkannt hat. Indessen war es Köster[1]) vorbehalten, den Nachweis zu führen, dass in den Granulationen eines jeden fungös erkrankten Gelenks Miliartuberkel vorhanden sind.

Unsere heutigen Anschauungen über die Tuberkulose der Knochen und Gelenke haben wir im wesentlichen den ausgezeichneten Arbeiten von Billroth, König und Volkmann zu verdanken. Auch in experimenteller Beziehung ist die vorliegende Erkrankung nach ihrem Wesen und ihrer Aetiologie schon wiederholt Gegenstand eingehender Studien gewesen, namentlich durch Hüter[2]) und Schüller[3]). Dieser hat Kaninchen durch Einbringen tuberkulöser Stoffe in die Lungen oder in die Blutbahn inficirt und am Kniegelenk der Thiere durch Contusionen oder Distorsionen charakteristische Gelenkentzündungen hervorgerufen. Weiterhin hat dann W. Müller die Frage der Entstehung der tuberkulösen Gelenkleiden einer experimentellen Prüfung unterworfen. Auf die Ergebnisse seiner Arbeit gehe ich bei Besprechung der anatomischen Verhältnisse der keilförmigen Herde ein.

Charakteristische Eigenschaften des Tuberkels.

Unsere gesammte heutige Auffassung der Tuberkulose überhaupt gründet sich im wesentlichen auf die Untersuchungen Virchow's. Seine histologische Definition des Tuberkels gilt mit wenigen Abweichungen noch jetzt. Der Tuberkel ist eine in Form kleiner Knötchen auftretende Neubildung, welche stets vom Bindegewebe ausgeht und von ihrer ersten Entwickelung an zelliger Natur ist; er besteht auch, wenn er zu weiterer Ausbildung gelangt ist, in seiner ganzen Masse nur aus kleinen, ein- oder mehrkernigen Zellen. In diesem Zustande sieht der Tuberkel grau durchscheinend aus. Anfangs ist er, wie andere Neubildungen, nicht selten mit Gefässen versehen; indess werden nach Virchow's Ansicht bei fortschreitendem Wachsthum die feineren Gefässe durch das Aneinanderrücken der vielen kleinen Zellen vollständig erdrückt, und es erhalten sich nur die grösseren, durch den Tuberkel bloss hindurchziehenden.

Die Lebensdauer der Neubildung ist infolge dessen eine beschränkte;

---

1) Köster, Virchow's Archiv Bd. 48.
2) Hüter, Deutsche Zeitschr. f. Chirurgie XI. S. 317. 1872.
3) Schüller, Experimentelle und histologische Untersuchungen u. s. w. Stuttgart 1880.

sehr bald tritt in der Mitte des Knotens da, wo die alten Elemente liegen, eine fettige Metamorphose ein, welche aber in der Regel nicht vollständig wird. Dann verschwindet jede Spur von Flüssigkeit auf dem Wege der Resorption, die Zellen fangen an zu verschrumpfen, die so veränderten Abschnitte werden undurchsichtig und nehmen einen gelblichen Farbenton an. Damit ist die für den Tuberkel charakteristische **käsige Metamorphose** eingeleitet. Diese Veränderung ergreift von der Mitte aus immer weitere, peripherischer gelegene Schichten, und so ereignet es sich nicht selten, dass schliesslich der ganze Tuberkel die käsige Metamorphose eingeht. Abgesehen von dieser örtlichen Malignität besitzt die Neubildung aber noch eine andere sehr bösartige Eigenschaft, nämlich die ausgesprochene Neigung, sich über den ganzen Organismus zu verbreiten.

Die von Virchow gegebene histologische Beschreibung ist durch spätere Arbeiten nur in wenigen Punkten abgeändert, beziehungsweise ergänzt worden. Zunächst machte Langhans auf das fast regelmässige Vorkommen von Riesenzellen im innern der Tuberkel aufmerksam. Virchow hatte allerdings schon darauf hingewiesen, dass grössere Zellen mit vielfacher Theilung der Kerne, welche selbst zu 12—30 einen einzigen Zellleib erfüllten, in den Tuberkeln vorkämen, indessen gebührt Langhans das Verdienst, dieses Vorkommen als ein typisches erkannt zu haben. Ausserdem wies dieser Forscher auf die eigenartige Natur der Tuberkelriesenzellen im Gegensatze zu den bekannten Formen der Osteoklasten und der Riesenzellen der Sarkome hin; er betonte die peripherische Lagerung, die gleichmässige Grösse, die radiäre Anordnung der Kerne.

In der Verkäsung sehen wir nach unseren heutigen Anschauungen nicht mehr Verfettung mit Wasserverlust, sondern jene von Weigert so eingehend studirte Form der Nekrobiose, die nach Cohnheim's Vorschlag als **Coagulationsnekrose** bezeichnet wird. Die verkästen Theile enthalten in der Regel nur sehr geringe Mengen Fett, haben die Consistenz von derb geronnenem Eiweiss, sind kernlos und nehmen die gebräuchlichen mikroskopischen Farbstoffe nicht mehr an. In diesen verkästen und daher bereits nekrotischen Theilen kommt es weiterhin zur Erweichung, und wenn die Tuberkel oberflächlich in der Haut, Schleimhaut oder Synovialmembran sitzen, zur Geschwürsbildung.

Indess alle neugefundenen Thatsachen erweiterten wohl die Virchow'sche Lehre, führten aber doch keine wesentlich andere Auffassung herbei. Aber durch eine grossartige Entdeckung, welche einem ganz andern Gebiete angehört, wurde nicht bloss ein unvergleichlicher Fortschritt in der Lehre von der Tuberkulose, sondern geradezu eine völlige Umgestaltung unserer Auffassung von diesem Processe herbeigeführt. Das ist der zuerst von Klencke, hauptsächlich aber durch Villemin[1]) erbrachte Beweis von der **Uebertragbarkeit der Tuberkulose durch Impfung**, so dass sie nunmehr mit Sicherheit als eine **Infectionskrankheit** zu betrachten war. Villemin stellte die Behauptung auf, dass ein Thier, in dessen Körper man tuberkulöse Stoffe einbrächte, echte Tuberkulose bekäme. Freilich gelingt der Versuch nicht bei jedem Thiere gleich leicht und gleich sicher. Jedoch haben die äusserst zahlreichen Nachprüfungen, welche überall vorgenommen worden sind, wo wissenschaftlich gearbeitet wurde, dank namentlich den Experimenten von Cohnheim und Salomonsen, nach langem Schwanken zu der sicheren Ueberzeugung geführt, dass der Villemin'sche Satz zu Recht besteht, und ferner dargethan, dass auf experimentellem Wege allein durch die Uebertragung von tuberkulösen Stoffen und auf keine andere Weise Tuberkulose erzeugt werden könne. Mit diesen durch zahllose Versuche erhärteten Thatsachen hatte man eine ätiologische Definition der Tuberkulose gewonnen.

Den Schlussstein in den soweit geförderten Bau fügte Robert Koch[2]) durch seine glänzende Entdeckung des Erregers der Tuberkulose ein. Was so lange und von so vielen Forschern angenommen und vergeblich gesucht worden war, das Gift, welches die Tuberkulose erzeugt, ein organisirter Körper (Mikrobe), war nun mit einem Schlage in dem **Tuberkelbacillus** gefunden. Koch erbrachte den unumstösslichen Beweis, dass dieser Bacillus bei allen tuberkulösen Erkrankungen vorhanden ist, und dass er sich allein vorfindet, so lange nicht der betreffende Herd durch Verschwärung oder operative Eröffnung mit der Aussenwelt und den in ihr enthaltenen Keimen in Berührung getreten ist. Ebenso lehrte er, dass der Bacillus auf künstlichem Nährboden (am besten durch Hitze erstarrtes Blutserum oder Nähragar, welcher im Verhältniss von 5 Proc. Glycerin zugefügt wurde) ausserhalb des Thierkörpers fortgezüchtet, und endlich dass durch Impfung mit Reinculturen jeder Zeit bei geeigneten Versuchsthieren Tuberkulose erzeugt werden könne.

---

1) Villemin, Gazette hebdom. 1866. IV. 42—49. Etudes sur la tuberculose. Paris 1868.

2) R. Koch, Berl. klin. Wochenschr. 1882. Nr. 15. — Mittheilungen aus d. kaiserl. Gesundheitsamte. II. Bd. Berlin 1884.

Tuberkulose des Knochengewebes und der Synovialmembran.

Dem heutigen Standpunkte gemäss müssen wir mithin als charakteristisch für die Tuberkulose folgende drei Forderungen aufstellen: 1. die histologischen Structurverhältnisse des Tuberkels, 2. die durch Impfung mit tuberkulösen Stoffen an geeigneten Versuchsthieren zu erlangenden Ergebnisse und 3. den Nachweis der Tuberkelbacillen. Alle diese drei Voraussetzungen treffen für die uns beschäftigenden Erkrankungen der Knochen und Gelenke zu. In jedem Falle lassen sich Tuberkelbacillen auffinden, wie namentlich die Arbeit von Schuchardt und mir [2]) zuerst an einem grösseren Materiale nachgewiesen hat, allerdings oft in auffallend geringer Menge, so dass wir gezwungen waren, viele Schnitte aufs genaueste zu durchsuchen.

Auch die Impfung lässt uns nicht im Stich. Bringt man ein Stückchen tuberkulöser Masse unter den nöthigen Vorsichtsmaassregeln, damit septische Infection vermieden werde, in die Vorderkammer eines Kaninchenauges, so entsteht im Mittel nach etwa 21 Tagen eine ausgesprochene Tuberkulose der Iris, beim Meerschweinchen schon einige Tage bis eine Woche früher. Ebenso liefert die Impfung unter die Haut oder in die Bauchhöhle bei diesen Thieren immer positive Ergebnisse.

Die histologische Structur weicht weder bei der Tuberkulose der Synovialhaut, noch bei der der Knochen von der oben gegebenen allgemeinen Beschreibung ab (s. Tafel I, Phot. 2; Tafel II, Phot. 4). Die Tuberkel bestehen gewöhnlich im Centrum aus einer oder mehreren Riesenzellen, um diese lagern sich zunächst grössere protoplasmareiche epithelioide Zellen mit grossem bläschenförmigem Kern und Kernkörperchen, und diese Zellen wieder sind umgeben von zahlreichen Rundzellen, welche alle Charaktere der Leukocyten an sich tragen. Die Tuberkel der Knochen und Gelenke sind ebenfalls gefässlos.

Das Grundgewebe, in welchem die Tuberkel bei Erkrankungen der Synovialmembran (vgl. Phot. 1 und 2) eingebettet sind, verhält sich sehr verschieden. Es kann fest und ziemlich gefässarm sein, und neben den eingelagerten Tuberkeln nur Rundzellen und zwar in nicht beträchtlicher Menge enthalten. Diese festen, mehr fibrösen Formen der Synovialistuberkulose haben entweder gar keine oder jedenfalls keine ausgesprochene Neigung zum Zerfall und zur Eiterbildung. Anders verhält es sich bei den weichen Formen der Synovialistuberkulose. Hier liegen die Tuberkel in einem vollsaftigen, sehr reich-

2) K. Schuchardt und F. Krause, Fortschritte der Medicin. 1883. Nr. 9.

lich von Rundzellen durchsetzten Gewebe, welches durchaus den Charakter des Granulationsgewebes besitzt und oft Gefässe in grosser Zahl enthält. Auch ausserhalb des Bereichs der eigentlichen Tuberkel sind gewöhnlich Riesenzellen und epithelioide Zellen in dem Gewebe verstreut oder in Form von schmalen Strängen eingelagert. Solche Stränge schliessen sich nicht selten an den Verlauf der Gefässe an. Diese weichen Formen, welche die alten Chirurgen im Gegensatz zu dem fester sich anfühlenden Tumor albus Fungus articuli nannten, neigen sehr zum käsigen Zerfall und zur Eiterung. Häufig bietet die Schwellung geradezu den Charakter der Pseudofluctuation dar, obwohl sich beim Einschneiden keine Spur von Eiter oder sonstiger Flüssigkeit vorfindet.

Auch bei der Tuberkulose der Knochen kommt es in vielen Fällen zur Erweichung und zur Vereiterung des tuberkulösen, beziehungsweise käsigen Herdes in seiner ganzen Ausdehnung, oder aber zu einer demarkirenden Eiterung und damit zur Sequestration.

Erweichung tuberkulöser Herde und Eiterung.

Es fragt sich nun, welches die Ursache jener Erweichung und Eiterbildung ist. Weshalb kommt in dem einen Falle eine puriforme Einschmelzung und Abscedirung, in dem andern eine Sequestration, im dritten keine von diesen beiden Veränderungen zur Erscheinung, vielmehr eine rückgängige Metamorphose und Schrumpfung mit Schwielenbildung zu Stande? Wie die sorgfältigen Untersuchungen zuverlässiger Beobachter übereinstimmend ergeben haben, sind in tuberkulösem Eiter, der von der Aussenwelt abgeschlossen war, niemals andere Mikroorganismen als Tuberkelbacillen gefunden worden. Eine einzige Ausnahme hat Garré mitgetheilt und auch die Erklärung dafür beigefügt.[1]) Zur eigenen Orientirung habe ich ebenfalls vielfach tuberkulösen Eiter untersucht. Die einzige Methode, welche hier sichere Ergebnisse verspricht, ist die Reincultur; die mikroskopische Untersuchung allein genügt nicht. Ich habe tuberkulösen Eiter aus allen möglichen Arten von noch geschlossenen Abscessen, Lymphdrüsen-, subcutanen Gelenk- und Knochenabscessen auf steriles und durch Hitze coagulirtes Blutserum, ferner auf die üblichen durch Gelatine und Agarzusatz fest gemachten Nährböden ausgesät. Aber in keinem von allen untersuchten Fällen habe ich irgend einen Mikroorganismus sich entwickeln sehen.

Impft man aber mit demselben Eiter gleichzeitig geeignete Thiere unter die Haut oder in die Bauchhöhle oder in die vordere Augenkammer,

1) Garré, Deutsche medic. Wochenschrift. 1886. Nr. 34.

so bekommen sie tuberkulöse Erkrankungen, in denen auch Tuberkelbacillen sich in grosser Zahl nachweisen lassen. Es sind also sicher im
tuberkulösen Eiter immer entwickelungsfähige Tuberkelbacillen oder deren
Sporen vorhanden, allerdings ist es mir ebenso wenig wie Garré gelungen, sie aus tuberkulösem Eiter zu züchten. Durch mikroskopische
Untersuchung konnte sie Schlegtendal darin nur in etwas mehr als
einem Drittel der Fälle nachweisen.[1]) Wenn man indess nach Ehrlich's
Angabe bei der Entfärbung sehr vorsichtig verfährt und zu diesem Zwecke
Sulfanil-Salpetersäure benutzt, so sollen sich jedes Mal im Eiter Tuberkelbacillen nachweisen lassen. Bei den gewöhnlichen Entfärbungsmethoden
geben sie hier sehr leicht ihren Farbstoff wieder ab. Dagegen findet
sich, was für unsere Betrachtungen von der grössten Wichtigkeit ist, im
tuberkulösen Eiter der Regel nach, weder mikroskopisch noch durch
Züchtung nachweisbar, einer von den uns sonst bekannten, Eiterung er-
regenden Mikroorganismen. Diese entwickeln sich ja so ausserordentlich
leicht auf geeigneten Nährböden, und dass die von uns benutzten allen
Anforderungen entsprachen, bewiesen die stets von positiven Ergebnissen
gefolgten Controllversuche. Wenn solche anderen Mikroorganismen im
tuberkulösen Eiter vorhanden wären, so hätten sie durch die angewandten
Methoden sich nachweisen lassen müssen.

Aus diesen negativen Befunden können wir mit einiger, wenn auch
nicht vollkommener Sicherheit schliessen, dass in der That auch der
Tuberkelbacillus als solcher im Stande ist, Erweichung und Eiterung zu
erzeugen, und dass es nicht etwa noch einer secundären Infection durch
einen zweiten Mikroorganismus bedarf, um tuberkulöse Herde zur Schmelzung zu bringen. Weshalb aber in dem einen Falle diese Erweichung
eintritt, in anderen Fällen ausbleibt, dafür kann ich keinen Grund anführen. Hier liegen offenbar bedeutungsvolle Verhältnisse vor, welche in
dem erkrankten Organ, bezüglich Organismus selbst ihren Sitz haben,
und die bisher unserer Kenntniss vollkommen verschlossen geblieben sind.

Die durch die Tuberkelbacillen allein hervorgerufene Erweichung
und Eiterung hat aber auch einen ganz bestimmten Charakter, der tuberkulöse Eiter zeigt besondere makroskopische Eigenschaften, welche im
anatomischen Theile genauer geschildert werden. Ausserdem bietet er
noch ein ganz specifisches, ihm allein eigenthümliches Verhalten dar;
überall, wo er in Berührung mit den gesunden Körpergeweben kommt,
möge es sich um Knochen- oder Markgewebe, um Knochenhaut oder
Fascien, um Synovial- oder seröse Häute, um Sehnen, Sehnenscheiden

---

1) Schlegtendal, Fortschritte der Medicin. 1883. Nr. 17.

oder Schleimbeutel handeln, veranlasst er die Entstehung von Tuberkeln
und zwar in einzelnen jener Gewebe in einer dichten zusammenhängenden Schicht, welche wir als Abscessmembran später kennen lernen werden. Dieses regelmässige Auftreten der specifischen Bildungen auf allen
Bahnen, auf denen der tuberkulöse Eiter vorwärtsdringt, beweist wiederum
mit vollkommener Sicherheit, dass auch stets die specifischen Infections-
träger, Tuberkelbacillen oder deren Sporen, in ihm vorhanden sein müssen.

Gelegentlich kommt es vor, dass einem tuberkulösen Herde auf irgend
eine Weise **septische Mikroorganismen** (Staphylokokken oder Streptokokken)
zugeführt werden. Dann vereitert unter ihrem Einfluss der Herd meist
acut in mehr oder weniger ausgesprochen phlegmonöser Form. Die Phleg-
mone tritt hier als secundäre Infection in tuberkulös veränderten Geweben
auf und weicht aus diesem Grunde in ihren klinischen Erscheinungen von
der gewöhnlichen Form der phlegmonösen Eiterung nicht unerheblich ab.
Diese Fälle stellen Ausnahmen dar, bei denen man die secundäre Infection fast immer nachweisen kann. Vor allem lässt sich mit Hilfe der
Anamnese oder auch unmittelbar aus der Art der Erkrankung erkennen,
dass vor Eintritt jener acuten Vereiterung ein chronisches tuberkulöses
Leiden vorhanden gewesen ist.

Anatomische Verhältnisse und Entwickelung der Knochen- und Gelenktuberkulose.

Tuberkulöse Erkrankungen der Knochen.

Die tuberkulösen Erkrankungen der Knochen haben weitaus am häufigsten ihren Sitz in den Epiphysen der langen Röhrenknochen, also in dem blutreichen spongiösen Markgewebe der Gelenkenden, ungemein viel seltener in den Diaphysen. Ich sehe hier ganz und gar von den bei allgemeiner Miliartuberkulose zuweilen im Knochenmark auftretenden miliaren Eruptionen ab, da diese Tuberkulose des Marks nicht von chirurgischer Wichtigkeit und nur als Symptom der Generalisation zu betrachten ist. Dagegen kommt an den kurzen Röhrenknochen, so an den Phalangen der Finger und Zehen, an den Metacarpal- und Metatarsalknochen, in den ersten Lebensjahren die tuberkulöse Erkrankung im Bereiche der Diaphysen oft zur Beobachtung und zwar in der Form der sogenannten Spina ventosa. Selten findet sich die gleiche Form der Erkrankung ebenfalls bei kleinen Kindern in den Diaphysen des Radius, der Ulna und der Fibula, noch viel seltener in denen des Humerus, des Femur und der Tibia, dann aber auch fast immer in der Nähe des einen oder anderen Epiphysenknorpels. Immerhin haben wir auch einige wenige Fälle von centraler Tuberkulose mitten in der Diaphyse des Femur, der Tibia und des Humerus selbst bei Erwachsenen gesehen.

Ferner nehmen primäre tuberkulöse Erkrankungen ihren Ausgang von den kurzen Knochen, wie z. B. von den Wirbelkörpern, den Hand- und Fusswurzelknochen, ebenso von den platten Knochen, so namentlich von den Schädelknochen, vom Darmbein, von einzelnen Knochen des Gesichts und besonders von den Rippen.

Erkrankungen der Epiphysen der langen Röhrenknochen.

Die tuberkulösen Knochenherde, um welche es sich hier handelt, liegen zwar der Regel nach in der Epiphyse selbst, mehr oder weniger weit vom Gelenkknorpel entfernt, indessen treten sie gelegentlich auch in der Diaphyse auf, dann aber gewöhnlich noch im breiten Theile des Knochens, den man wohl als Apophyse bezeichnet hat, und in der Mehrzahl der Fälle dem Epiphysenknorpel sehr nahe. Sie können ebensowohl ganz central im Knochen als nahe seiner Oberfläche, sei es also nahe dem Periost, sogar dicht unter ihm, oder nahe dem Gelenkknorpel ihren Sitz haben. Im allgemeinen entwickeln sie sich mit Vorliebe an denjenigen Stellen des Knochengerüstes, wo das stärkste Wachsthum und daher auch die stärkste Zufuhr von Ernährungsstoffen stattfindet.

Die ersten Anfänge der tuberkulösen Herde in den Epiphysen sehen wir beim Menschen selten. Sie kommen uns nur gelegentlich einmal als nebensächlicher Befund in denjenigen Fällen zu Gesicht, in welchen weit vorgeschrittene Veränderungen einen operativen Eingriff erheischen. Man findet dann auf der Sägefläche mitten in der Spongiosa einen kleinen, meist ganz scharf begrenzten, grau-röthlichen und noch durchscheinenden oder gelblich-weissen oder endlich rein gelben Herd, welch' letzterer durch seine blasse, trockene Beschaffenheit und sein trübes Aussehen von dem umgebenden Knochenmark absticht. Die Grenze wird um so deutlicher, wenn das umliegende Knochengewebe, wie das gewöhnlich der Fall ist, infolge reactiver Vascularisation stark geröthet erscheint. Im kindlichen Alter ist die rothe Beschaffenheit des Knochenmarks bekanntlich die Norm, dann findet man nur eine Steigerung dieser Röthung, welche oft in Gestalt eines mehr oder minder breiten Saumes auftritt. Aber auch bei Erwachsenen wandelt sich das normale gelbe Fettmark in der Umgebung gern in rothes Mark um.

Schon mit blossem Auge, sicher aber bei Lupenvergrösserung gelingt es, in dem Herde die bekannten grauen, miliaren oder submiliaren, durchscheinenden Knötchen wahrzunehmen. Oft zeigt er sich auch von dem umgebenden Spongiosagewebe durch eine schmale graue durchscheinende Schicht abgegrenzt, welche im wesentlichen aus Tuberkeln zusammengesetzt ist. Die kleinen gelblichen Herde befinden sich schon im Stadium der Verkäsung. Die verkästen Abschnitte des Knochens haben entweder ihre normale Festigkeit und Härte bewahrt oder bieten sogar einen gewissen Grad von Sklerose dar, worauf zuerst der ältere Nélaton aufmerksam gemacht hat. Dagegen zeigt das umgebende Knochengewebe und -mark zuweilen ausser seiner Röthung auch noch einen leichteren oder selbst schwereren Grad von Erweichung.

Diese Herde vergrössern sich, indem immer von neuem an ihre äussere Fläche Tuberkelkörner sich anlagern und mit der Hauptmasse verschmelzen. Schliesslich erreichen sie den Umfang einer Linse oder

Haselnuss, ausnahmsweise werden sie so gross wie eine Wallnuss. Namentlich bei jüngeren Kindern sind sie ganz scharf umschrieben.

Beim weiteren Wachsthum treten nun mehrfache Veränderungen an diesen Knochenherden auf, welche auch für die klinische Erscheinungsweise von grosser Wichtigkeit sind. Eine dieser Veränderungen ist die **Erweichung und Schmelzung**. Während vorher der erkrankte Knochenabschnitt noch ein festes Gefüge, vielleicht sogar einen gewissen Grad von Sklerose zeigte, stellt sich jetzt der Zerfall ein. Der ganze Herd verwandelt sich in eine schmierige, käsige, bröcklige, selbst puriforme Masse, in welcher man beim Zerreiben zwischen den Fingern die Reste des Knochengewebes als kleine Körnchen fühlt oder jedenfalls, wenn sie gar zu klein sind, bei schwacher Vergrösserung nachweisen kann. Diese zerbröckelten Knochenstückchen stellen winzige verkäste Sequester dar, man bezeichnet sie gewöhnlich mit dem Namen des **Knochensandes** oder **Knochengruses**. Wir haben, wenn wir den halbflüssigen breiigen Inhalt entfernen, eine der Grösse des ursprünglichen Herdes entsprechende Knochenhöhle vor uns. Gegen das umgebende Markgewebe grenzt sich diese Höhle durch eine sogen. Abscessmembran ab, eine graue

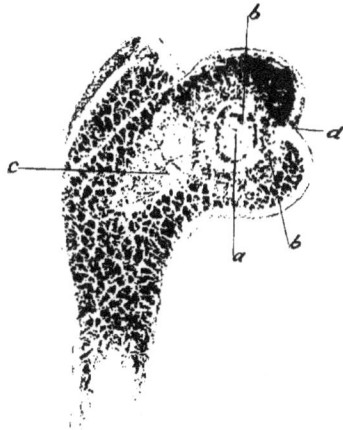

Abbildung 1.

Oberer Abschnitt des Femur von einem 6jährigen, an schwerer Coxitis leidenden Knaben, der an allgemeiner Tuberkulose starb. Nat. Grösse. Zeichnung.
a Käsiger Herd im Schenkelkopf; er hat das umgebende Markgewebe (b, b) auf eine Strecke hin inficirt, die käsig-tuberkulöse Infiltration reicht bis in den Schenkelschaft (c). Gleichzeitige Subluxation, Druckfurche am Schenkelkopf (d), durch den Pfannenrand erzeugt.

oder grau-violette, fast nur aus Miliartuberkeln bestehende Schicht, welche sich leicht von der Unterlage abheben lässt. In andern Fällen hat sich eine solche Abscessmembran nicht gebildet, sondern das den Herd umgebende Knochenmark ist in einer gewissen, meist geringen Ausdehnung käsig infiltrirt und mit zahlreichen Miliartuberkeln durchsetzt, ein Vorgang, der im allgemeinen selten und als eine secundäre Infection von dem primären Herde aus zu betrachten ist.

Oder aber — und das ist die zweite Veränderung — der ganze käsige Herd mortificirt und wird durch eine demarkirende Entzündung von dem umgebenden Knochengewebe losgestossen, so dass es zur Bildung eines **käsigen Sequesters** kommt. Dieser Vorgang ist bei weitem der häufigere, namentlich stellt er bei Kindern die Regel dar. Die in Rede stehenden käsigen Sequester sind von jener Art, wie sie sich bei acuter infectiöser Osteomyelitis bilden, von Grund aus verschieden. Wie die ursprünglichen tuberkulösen Herde, aus denen sie hervorgehen, pflegen sie im Marke der Epiphysen zu liegen (das obere Ende des Femur wegen seiner eigenthümlichen anatomischen Verhältnisse ausgenommen), während die meist sehr viel grösseren osteomyelitischen Sequester der Regel nach in der Diaphyse, wenn auch in deren, dem Epiphysenknorpel zunächst gelegenen Abschnitte gefunden werden. Sehr selten liegen käsige Sequester in der Diaphyse der langen Röhrenknochen.

So bleibt uns der Fall eines kleinen, etwa 3 jährigen Mädchens, Lieschen R. aus Potsdam, unvergessen, welches seit längerer Zeit eine Fistel am unteren Ende der linken Tibia besass, die mässig absonderte. Die Sondenuntersuchung ergab entblössten Knochen, und die Erkrankung wurde zunächst für eine in-

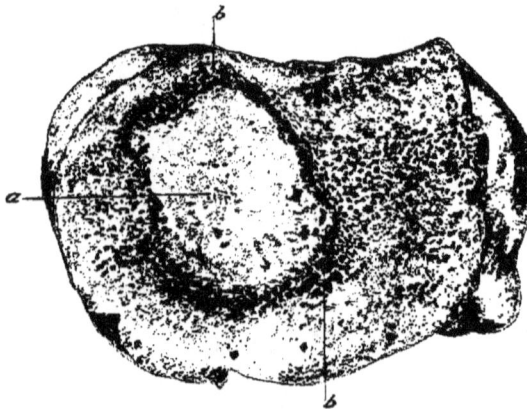

Abbildung 2.

Schwere tuberkulöse Gonitis bei einem 44jährigen Manne. Resection des Kniegelenks. Untere Fläche des abgesägten Stückes der Tibia. Nat. Grösse.
Ungewöhnlich grosser käsiger Sequester (a), vollständig von der Umgebung gelöst, Knochenhöhle ausgekleidet mit einer Abscessmembran (b, b). Diese Höhle war mittelst einer Fistel in das Gelenk durchgebrochen.

fectiöse Osteomyelitis gehalten. Nach Spaltung der Weichtheile und Aufmeisselung des stark aufgetriebenen Knochens fand sich ein fast daumenbreiter, durch die ganze Dicke der Tibia reichender, unmittelbar oberhalb des Epiphysenknorpels gelegener Sequester vor. Er war durchgehends käsig infiltrirt, wie auch die Wände der Knochenhöhle deutlich den tuberkulösen Charakter darboten, und besass eine fast genau würfelförmige Gestalt. Nach seiner Entfernung, die, weil er bereits vollständig gelöst war, leicht gelang, und breiter Eröffnung der Knochenhöhle wurden alle verdächtigen Granulationen und alles erweichte Knochengewebe auf das sorgfältigste weggeschabt, und nun lag, von oben gesehen, der Epiphysenknorpel in seiner ganzen Ausdehnung vollständig frei. Indessen trat nach der Heilung keine Wachsthumsstörung ein, und das Kind hat sich, ohne jemals wieder eine tuberkulöse Attacke erlebt zu haben, zur blühenden Jungfrau entwickelt.

Die käsigen Sequester erreichen, den sie veranlassenden tuberkulösen Herden entsprechend, selten mehr als die Grösse einer Haselnuss. Doch haben wir sie in einer Reihe von Fällen den Umfang einer Wallnuss, ja selbst eines Taubeneies darbieten sehen (Abb. 2). Dann reichen sie natürlich, auch wenn sie die ganze Höhe der Epiphyse einnehmen, oft noch bis in die Diaphyse des betreffenden Knochens hinein (s. Abb. 3). In der Regel zeigen sie eine ganz besondere Beschaffenheit, indem sie viel mehr Concrementen als veränderten und durch demarkative Vorgänge abgelösten Knochenstücken gleichen. Sie sehen weisslich oder gelbweiss aus und haben im allgemeinen eine rundliche, ja zuweilen fast kugelrunde Form mit glatter, öfter aber mit kleinhöckeriger, drusiger Oberfläche. In ihrer Consistenz pflegen sie so fest zu sein, dass man sie nicht zwischen den Fingern zerdrücken kann. Auf der Durchschnitts- oder Sägefläche bie-

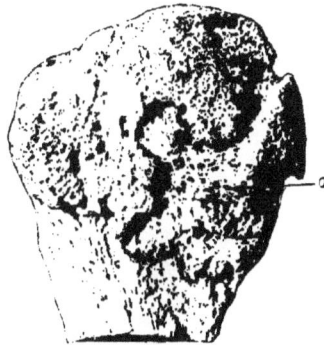

Abbildung 3.
Tuberkulose des rechten Schultergelenks. Resecirter Gelenkkopf von vorn photographirt. Nat. Grösse.
a Sehr grosser, vollständig gelöster Sequester, Kopf von Knorpel entblösst und cariös.

ten sie ein ziemlich gleichmässiges Verhalten dar, da ja sämmtliche oft sklerotisch verengerten Markräume von gelben Detritusmassen vollgefüllt sind. Ein Unterschied zwischen dem im Sequester noch erhaltenen Knochengewebe und der eingelagerten fremdartigen Masse ist in Bezug auf Färbung und sonstiges Aussehen meist nicht zu entdecken oder wenigstens nur in geringem Maasse ausgesprochen.

Mikroskopisch sieht man die Knochenbälkchen oft noch gut erhalten, die Maschenräume zwischen ihnen von käsigem Detritus ausgefüllt, in welchem man nur hin und wieder eine unversehrte Zelle oder einen noch deutlich erkennbaren Tuberkel auffindet. Zuweilen hängen die kleinen Sequester noch an einer Art von Stiel, indem von dem umgebenden Knochen aus ein oder mehrere Gefässchen, welche einen Mantel von dünnen Bindegewebsschichten tragen, in sie eintreten; jedoch pflegen die

Gefässe nie über die oberflächlichen Lagen der im übrigen todten Knochenmasse hinaus vorzudringen. In der Nähe der kleinen Gefässe sieht man
gewöhnlich noch gut erhaltene Miliartuberkel. Bacillen sind in den Sequestern ganz ungemein spärlich oder überhaupt nicht aufzufinden.

Ebenso wie der käsige Sequester selbst sich in jeder Beziehung von
dem osteomyelitischen unterscheidet, welcher ja fast ausnahmslos aus
unverändertem Knochengewebe besteht, so ist auch die demarkirende
Entzündung, die ihn von den umgebenden Theilen loslöst, eine besondere.
Die aus dem lebenden Knochen in der Umgebung des todten Abschnitts
hervorwuchernden Granulationen haben infolge der unmittelbaren Berührung mit dem käsigen Sequester und der hierdurch erzeugten Infection

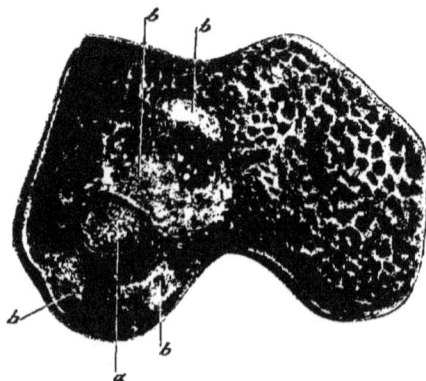

Abbildung 4.

Resectionsschnitt durch die untere Femurepiphyse. Nat. Grösse.
Im Condylus internus ein gelöster runder, käsiger Sequester (*a*). Neue, vielfache, frischere, sehr
umfangreiche Eruptionen und Verkäsungen (*b,b*) in der Umgebung des Sequesters. (Infection
durch den Sequester.) Aus Volkmann, Klin. Vorträge 168—169. Taf. II.

den specifischen Charakter des tuberkulösen Gewebes. In der Regel
stellen sie jedoch nur eine sehr dünne, höchstens einige Millimeter dicke,
grauröthliche, oft gelbgesprenkelte Schicht dar, unter der entweder
sklerotisches oder malacisches, im übrigen aber gesundes Knochengewebe
liegt. Zuweilen kommt es vor, dass von dem Sequester aus das umliegende gesunde Knochenmark inficirt wird, in ähnlicher Weise, wie
wir das oben von den erweichten tuberkulösen Herden beschrieben haben.
Abb. 4 giebt ein Beispiel.

Zur Eiterbildung von grösserem Umfange kommt es bei diesem demarkirenden Vorgang im Knochen selbst selten. Etwas häufiger findet
man hier und da in die tuberkulösen Granulationen kleine, bis hanfkorn-

grosse Eiterpunkte eingesprengt. Im allgemeinen pflegen die Granulationen der Knochenhöhle den rundlichen Körper ausserordentlich eng zu umschliessen; daher sind die Sequester meist auch recht fest eingebettet und können oft nur mit dem Elevatorium, oder nachdem man mit dem scharfen Löffel oder Meissel einen Theil des umgebenden Knochengewebes fortgenommen hat, herausgehoben werden. In selteneren Fällen ist der Sequester kleiner als die Knochenhöhle, in welcher er liegt; diese enthält dann neben ihm fungöse Granulationen oder auch tuberkulösen Eiter.

Hier giebt es schon Uebergänge zwischen Knochencaverne und Sequesterhöhle. Denn in der That kommen ausnahmsweise Fälle vor, wo man eine geschlossene Höhle im Knochen eröffnet, die sich vollständig wie ein Knochenabscess verhält, aber mit einer tuberkulösen Membran ausgekleidet und von specifischem Eiter erfüllt ist. Man findet solche **tuberkulöse Knochenabscesse** am ehesten einmal im oberen oder unteren Ende der Tibia. In manchen Fällen reicht die tuberkulöse Veränderung nicht in den umgebenden Knochen hinein, vielmehr erscheint die Wandung des Abscesses durch reactive Sklerose verdichtet und sehr hart, so dass sich die, die Höhle auskleidende tuberkulöse Membran sehr leicht und vollständig mit dem scharfen Löffel entfernen lässt. Andere Male wieder ist die den Abscess umschliessende Knochenschicht in einer mehr oder weniger breiten Zone in Mitleidenschaft gezogen und käsig verändert. Dann muss man auch die erkrankten Knochenabschnitte mit einem entsprechend starken scharfen Löffel oder Hohlmeissel sorgfältig fortnehmen. Wir fanden bei einem 26jährigen, im übrigen gesunden und sehr kräftigen Manne in dem beträchtlich verdickten Kopf der Tibia einen Abscess von dieser Beschaffenheit. Die eigentliche Eiterhöhle war etwa von der Grösse eines Hühnereies; als aber die verkästen Knochentheile sämmtlich weggemeisselt waren, hatte die Höhle nahezu den Umfang einer Männerfaust. Unter dem feuchten Blutgerinnsel erfolgte in wenigen Wochen Heilung, und sie war von Bestand.

Aber durchaus nicht überall, wo solche primäre tuberkulöse Herde im Mark der Epiphysen vorhanden sind, kommt es zur vollständigen Erweichung oder zur Sequestration. Schon der Zeitpunkt, zu welchem diese Veränderungen auftreten, ist in den einzelnen Fällen sehr verschieden. Bisweilen geht vielmehr der Epiphysenherd nach unbestimmter Dauer regressive Veränderungen ein, ohne dass Sequestration oder Eiterung überhaupt eingetreten wäre. Dass in der That solche **Käseherde ausserordentlich lange unverändert liegen bleiben** können, haben wir bei verschiedenen orthopädischen Operationen, die nach 10, ja 17 Jahren bei scheinbarer vollständiger Ausheilung zufällig den alten Krankheitsherd blosslegten, mehrfach zu sehen Gelegenheit gehabt. Merkwürdig ist, dass in solchen Fällen, obwohl die betreffende Stelle ganz todt ist oder nur hier und da ein vereinzeltes Gefäss zeigt, doch keine Demarkation erfolgt. Diese alten Herde weisen die für Tuberkulose charakteristischen regressiven Veränderungen im höchsten Grade auf, der Käse ist durch Wasserentziehung auf's äusserste eingedickt, so dass er das Aussehen halbtrockenen Glaserkitts bekommt. Gelegentlich schlagen sich auch Kalksalze in den eingetrockneten Massen nieder und verleihen ihnen ein kreidiges Aussehen.

So lange Zeit bestehende tuberkulöse Herde pflegen durch ausgesprochene Sklerose des umgebenden Knochens, welcher selbst elfenbeinartige Beschaffenheit annehmen kann, eingekapselt zu sein, und sind, da durch diese Schichten Ernährungsstoffe kaum oder jedenfalls nur in winziger Menge zugeführt werden, gewissermaassen aus dem Organismus ausgeschaltet. Ueber das gelegentliche Wiederaufleben solcher Herde vergleiche das Capitel „Rückfälle" in der Darstellung des klinischen Verlaufs.

Was nun die **Entstehung** der eben besprochenen Knochenherde anlangt, so müssen wir nach dem Stande unserer heutigen klinischen Erfahrungen sowohl als nach dem Ergebniss der experimentellen Forschung zwei verschiedene Wege unterscheiden. Der häufigere Vorgang ist der, dass zunächst irgendwo im Mark der Epiphyse ein Tuberkel sich bildet. Dieser vergrössert sich durch Juxtapposition, indem in seiner Umgebung immer neue Tuberkeleruptionen anschiessen, genau in derselben Weise, wie der solitäre Hirntuberkel durch Fortschreiten am Rande zu wachsen pflegt. Je nachdem der Herd bald mehr in einer Richtung, bald nach allen Richtungen gleichmässig sich ausdehnt, wird er das eine Mal eine längliche, das andere Mal eine rundliche Form darbieten, oft auch eine unregelmässige Gestalt annehmen. Die Tuberkelbacillen gelangen in das Mark der Epiphysen auf dem Wege der Blutbahn, aber nicht getragen von Embolis, d. h. von mehr oder weniger groben Theilchen, die im Stande sind, eine Arterie zu verstopfen. Vielmehr werden vereinzelte Bacillen mit dem Blutstrome an die betreffenden Stellen hingeschwemmt, verlassen hier die Gefässe und siedeln sich in der Nachbarschaft an. Vergleiche über diese Vorgänge den experimentellen Theil.

Die zweite, seltnere Art und Weise, wie tuberkulöse Herde im Knochen sich bilden, ist die Embolie, d. h. es wird ein mit Tuberkelbacillen beladener Embolus durch den arteriellen Blutstrom in den Knochen geschleppt und bleibt hier in einer kleinen Arterie stecken. Dieser

Vorgang setzt nothwendiger Weise voraus, dass der betreffende Mensch schon an einer anderen Stelle seines Körpers, am häufigsten wohl in den Lungen und den Bronchialdrüsen, einen tuberkulösen Herd habe, von wo aus die Verschleppung des Giftes vor sich geht. Durch anatomische Untersuchungen ist besonders von Weigert nachgewiesen, dass in der That der Durchbruch käsiger Herde von Bronchialdrüsen aus in benachbarte Venen und damit das unmittelbare Eindringen des Tuberkelstoffes in den Blutstrom vorkommt. Da wir nun aus zahlreichen Erfahrungen wissen, dass kleine Pfröpfe andrer Art die Lungengefässe durchlaufen können und auf diese Weise in den grossen Kreislauf gelangen, so werden wir dasselbe von kleinen käsigen Theilchen voraussetzen dürfen. Vielleicht findet auch gelegentlich einmal von einem tuberkulösen Lungenherde aus ein Durchbruch in eine kleine Lungenvene statt, so dass das käsige Material unmittelbar in das linke Herz und somit in den arteriellen Kreislauf gelangt. Ferner ist die Vermuthung nicht von der Hand zu weisen, dass diese sehr kleinen Pfröpfe im arteriellen Blutstrome sich durch Fibrinumlagerung noch etwas vergrössern und dann erst in eine Knochenarterie getrieben werden. Wie dem aber auch sei, unsere anatomischen Untersuchungen sowohl als die Ergebnisse des Thierversuchs weisen uns mit zwingender Nothwendigkeit darauf hin, dass die Knochenherde in manchen Fällen durch embolische Vorgänge veranlasst werden. Diese Form der Knochentuberkulose ist also stets secundär und als tuberkulöse Metastase aufzufassen, während es sich bei der ersten Art der Epiphysenherde auch um primäre Infectionen handeln kann. Siehe über diesen Punkt das nähere in der Aetiologie.

Den anatomischen Beweis liefern uns die sogenannten keilförmigen Herde, welche man sehr gut auch als Infarcte bezeichnen kann, und welche sowohl in den Gelenkenden der grossen Röhrenknochen als auch in einzelnen kurzen Knochen gefunden werden. Auf diese Keilform haben zuerst König und Volkmann aufmerksam gemacht.

In ausgesprochener Form sind die Keilherde ein verhältnissmässig seltenes Vorkommniss. Auf dem Längsdurchschnitt zeigen sie folgende charakteristische Merkmale. Sie stellen ein mehr oder minder regelmässiges Dreieck dar, dessen Basis nach der Gelenkoberfläche, dessen Spitze nach der Diaphyse des Knochens zu gerichtet ist. Selten liegt ein Keilherd auch einmal mitten in der Epiphyse, so dass der Gelenkknorpel nicht berührt wird. Der Regel nach ist die Basis anfangs vom Gelenkknorpel überzogen, weiterhin wird dieser durch Granulationen oder Eiter emporgehoben und schliesslich völlig abgelöst und zerstört, so dass dann der keilförmige Herd mit seiner Basis unmittelbar in die Gelenk-

2*

höhle ragt (s. Abb. 7). In seltenen Fällen, am ehesten noch einmal am
unteren Abschnitt der Tibia, tritt ein derartiger Keilherd gewissermaassen
als Doppelkegel auf, wobei dann die beiden Grundflächen ohne Unterbrechung in einander übergehen. Diese gemeinschaftliche Basis pflegt in
der Nähe des Epiphysenknorpels zu liegen und die eine, meist längere
Spitze nach der Diaphyse zu, die andere gegen den Gelenkknorpel hin
gerichtet zu sein. Es giebt aber auch Keilherde, bei denen der Unterschied zwischen Basis und Spitze weniger deutlich ausgesprochen ist.

Wenn wir diese Herde zu Gesicht bekommen, haben sie gewöhnlich
schon beträchtliche Zeit bestanden und zeigen daher fast stets käsige
Beschaffenheit. Nur ausnahmsweise sehen wir einen typischen keilförmigen Herd in seinen frühesten Stadien. Dann sieht er gelatinös, graudurchscheinend aus, und leicht lassen sich in ihm mit blossem Auge oder
bei Lupenvergrösserung die einzelnen
miliaren und submiliaren Tuberkel erkennen. In so frühem Stadium wurde
der in Abb. 6 wiedergegebene Keilherd
als zufälliger Befund angetroffen. Es
handelte sich um einen 12jährigen, von
vielfachen tuberkulösen Knochenerkrankungen an den verschiedensten Körperstellen heimgesuchten und an schwerer
Albuminurie leidenden Knaben, welchem
wegen weit vorgeschrittener Tuberkulose des Sprunggelenks der Unterschenkel amputirt werden musste.

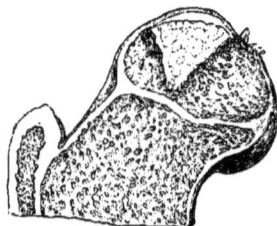

Abbildung 5.

Resecirtes oberes Femurende von einem 5jähr.
Mädchen. Nat. Grösse. Zeichnung.
Grosser keilförmiger, in der Demarcation weit
vorgeschrittener Herd im Schenkelkopfe, sub-
chondral gelegen. Gelenkknorpel blasenförmig
abgehoben.

Ist der ganze keilförmige Herd mor-
tificirt, so wird er durch demarkirende Entzündung, welche gewöhnlich
tuberkulöse Granulationen erzeugt, von der Umgebung gelöst und zum
keilförmigen Sequester. Oft ist dieser ganz ausserordentlich fest in das
umgebende gesunde Knochengewebe eingebettet.

Die in Rede stehenden Keilherde sind unseren Erfahrungen nach
meist etwa bohnengross, selten erreichen sie die Grösse eines Taubeneies. Der Sequester in dem Schultergelenkkopf, den ich in Abb. 7 wieder-
gebe, gehört schon zu den grössten, welche uns vorgekommen sind. Da
die keilförmigen Sequester zuweilen weder in den umgebenden Knochenabschnitten, noch im benachbarten Gelenk Eiterung hervorrufen, und da
die subjectiven Symptome, namentlich die Schmerzen, dann sehr gering
sind, so werden die erkrankten Gelenke nicht selten noch lange Zeit
gebraucht. In solchen Fällen findet sich, wenn inzwischen der Knorpel

verloren gegangen ist, die der Gelenkhöhle zugekehrte Basis des Herdes in eine glatte Schlifffläche verwandelt, welche durchaus wie polirtes Elfenbein erscheint und eine hell- oder graugelbe Farbe darbietet. Ermöglicht wird diese eigenthümliche Veränderung einmal dadurch, dass die keilförmigen Sequester die von Nélaton beschriebene und oben schon erwähnte Osteosklerose ganz besonders häufig in ausgesprochenstem Maasse darbieten, und ferner durch den Umstand, dass sie als todte Masse sich allen äusseren Einflüssen gegenüber reactionslos verhalten.

Schon König[1]) hat darauf hingewiesen, dass die typische Keilform entschieden auf Entstehung durch Embolie hindeute. Dafür spricht das

Abbildung 6.
Frischer keilförmiger Herd im 1. Keilbein des Fusses eines 12 jährigen Knaben. Nat. Grösse. Zeichnung. Der ganze Herd bestand aus miliaren und submiliaren, noch nicht verkästen Tuberkeln.

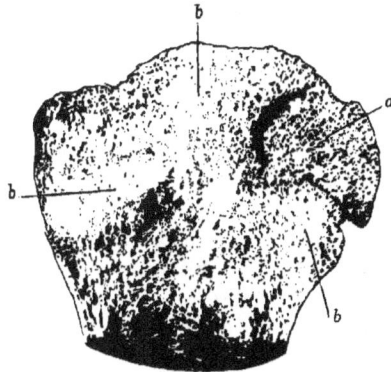

Abbildung 7.
Resecirter Humeruskopf, in frontaler Ebene durchsägt. Nat. Grösse. a Rechts oben bis an die von Knorpel entblösste Gelenkfläche heranreichend, keilförmiger, völlig gelöster Sequester. bb Weitgehende käsige Infiltration des Kopfes, secundäre Infection vom Sequester aus.

Gesetz der Analogie. Denn überall, wo wir sonst pathologische Herde von Keil-, Kegel- oder Pyramidenform sich entwickeln sehen, sind diese mit embolischen Vorgängen in Zusammenhang gebracht worden: so in der Lunge, in den Nieren und in allen Organen, in welchen bestimmte Gefässeinrichtungen (Cohnheim's Endarterien) die anatomische Unterlage für die Entstehung der keilförmigen Infarcte bilden.[2]) Bisher ist

1) König, Tuberkulose der Knochen und Gelenke. Berlin 1884.
2) Nach Gussenbauer's Untersuchungen (Langenbeck's Archiv XVIII. 1875: „Die Knochenentzündungen der Perlmutterdrechsler". S. 648) scheinen sich die kleinsten Arterien in den Diaphysenenden hart am Epiphysenknorpel in ein abgeschlossenes Capillarnetz aufzulösen, welches nur von einer Arterie versorgt wird. Dadurch entstünden gegen die Diaphysenenden Endarterien im Sinne Cohnheim's. Indess fügt

es allerdings nicht möglich gewesen, an den keilförmigen Knochenherden des Menschen den unmittelbaren Nachweis zu führen, dass sie durch Verstopfung einer Arterie mit tuberkulösem Material hervorgerufen sind. Man bedenke aber, wie lange nach ihrer Entstehung sie uns bei Operationen zu Gesicht und zur Untersuchung kommen. Dann haben die regressiven Veränderungen schon grosse Fortschritte gemacht, histologische Einzelheiten sind kaum mehr zu erkennen, namentlich sind die Gefässe stets zu Grunde gegangen oder jedenfalls nur an einigen Stellen noch nachzuweisen.

Hier muss das Experiment helfend eintreten, welches uns ja in den Stand setzt, jedes Stadium, so früh wir nur immer wollen, zu untersuchen. Diesen **experimentellen Beweis für die embolische Entstehung** hat W. Müller[1]) erbracht. Er legte sich die Frage vor, ob es überhaupt möglich sei, bei Thieren durch Einspritzung tuberkulöser Stoffe in die arterielle Blutbahn Erkrankungen der Knochen zu erzeugen, die klinisch und anatomisch den tuberkulösen Herderkrankungen beim Menschen gleichwerthig sind. Die Versuche an Ziegen lieferten die besten Ergebnisse. Tuberkulöser Eiter (in wenigen Fällen auch tuberkulöser Auswurf) wurde in die Arteria tibialis so eingespritzt, dass die Masse in die Arteria nutritia tibiae eindringen musste. In einzelnen Fällen nun hat Müller ganz typische keilförmige Tuberkelherde mit keilförmigem Sequester im Epiphysentheil der Tibia erhalten. Wie von vorn herein vermuthet werden konnte, ergab die mikroskopische Untersuchung, dass in der That ein Embolus, der Tuberkelbacillen in reichlicher Zahl enthielt, in dem zuführenden Arterienast steckte.

Indessen besassen doch diese, durch Einbringung tuberkulöser Massen in die Arterien der Thiere erzeugten Knochenherde nicht immer Keilform, sondern hatten zuweilen eine mehr rundliche oder unregelmässige Gestalt. Daher wird man zu der Annahme berechtigt sein, dass auch beim Menschen manche der runden und unregelmässigen Knochenherde Embolien ihre Entstehung verdanken.

Gar nicht selten kommen bei einer und derselben Person **mehrfache tuberkulöse Knochenherde** vor. Hierbei handelt es sich um zweierlei: erstens darum, dass in gewissen Fällen in einer oder selbst in beiden Epiphysen des erkrankten Gelenks sich getrennte Tuberkelherde finden, und zweitens um das Auftreten verschiedener, oft recht zahlreicher tuber-

---

Gussenbauer selbst hinzu, dass seine Untersuchungen viel zu wenig ausgedehnt seien, um ein solches Verhalten mit Sicherheit festzustellen.

1) W. Müller, Centralblatt f. Chirurgie 1886. Nr. 14 und Deutsche Zeitschrift f. Chirurgie XXV. S. 37.

kulöser Erkrankungen, welche über das ganze Knochensystem verstreut sind. Fünf, sechs und noch mehr Knochen und Gelenke können nach einander von Tuberkulose ergriffen werden. Auf diese Verhältnisse gehe ich bei der Darstellung der klinischen Erscheinungen näher ein.

Was den ersten Punkt anbelangt, so wird allerdings in der Mehrzahl der Fälle nur ein einziger tuberkulöser Herd gefunden. Indessen sieht man doch auch zuweilen in ein und derselben Epiphyse deren zwei oder selbst mehrere, die, durch gesundes Gewebe vollständig getrennt, weit auseinanderliegen. Andere Male findet man beide Epiphysen erkrankt, ohne zu der Annahme berechtigt zu sein, dass der eine Herd durch Infection seitens des andern veranlasst wäre. So haben wir bei Resectionen des Kniegelenks gleichzeitig Herde in den Epiphysen des Femur und der Tibia, ja auch in der Kniescheibe vorgefunden; noch häufiger bei Resectionen des Hüftgelenks Herde im Schenkelkopf oder Schenkelhals und in den die Hüftpfanne zusammensetzenden Knochen.

Ausser den beschriebenen Hauptarten der tuberkulösen Epiphysenerkrankung kommt noch eine dritte Form vor, die **infiltrirende fortschreitende Tuberkulose der Knochen**, welche allerdings ausserordentlich viel seltener ist. Während dort verhältnissmässig kleine, mehr oder minder scharf umschriebene Abschnitte ergriffen sind, handelt es sich hier um die besondere Eigenthümlichkeit, dass ausgedehnte Knochenstrecken ganz diffus befallen werden, ja dass die Erkrankung zuweilen sogar mit Durchbrechung des Epiphysenknorpels auf die Spongiosa und die Corticalis der Diaphyse fortschreitet und schliesslich auch den Markcylinder selbst in Mitleidenschaft zieht. Diese ausserordentlich schwere Form hat König treffend als „infiltrirende" Tuberkulose des Knochens bezeichnet.[1]

In der That haben wir es hier mit einer Störung zu thun, welche der tuberkulösen Infiltration Laennec's analog ist: ein schnelles ununterbrochenes Fortschreiten des tuberkulösen Processes im Knochenmark mit rasch nachfolgender Verkäsung. Eine eigentliche Grenzschicht gegen den normalen Knochen, wie wir sie bei den beiden ersten Formen der Epiphysentuberkulose kennen gelernt haben, kommt hier nicht oder sehr spät zur Ausbildung. Offenbar schreiten die Veränderungen zu schnell vorwärts. Der ganze befallene Knochenabschnitt sieht gleichmässig blassgelb aus und ist von trockener käsiger Beschaffenheit; das ist das wesentliche. Hier und da sieht man vielleicht einen kleinen Eiterherd eingesprengt, auch sind wohl noch einige spärliche Tuberkel vorhanden.

Die bösartige Erkrankung geht selten von Epiphysenherden aus,

---

1) a. a. O. S. 11 f.

viel gewöhnlicher entwickelt sie sich im Anschluss an Gelenktuberkulose, wenn die Gelenkknorpel vollständig zerstört und abgelöst sind,
die blossgelegte Spongiosa in dem tuberkulösen Eiter badet und damit
der Infection dauernd ausgesetzt ist. Hierbei kommt es dann in der
That, wie namentlich ein von Volkmann[1]) am Kniegelenk beobachte-
ter Fall lehrt, vor, dass die käsige Infiltration beide das Gelenk zusammensetzenden Epiphysen befällt, und dass statt der beabsichtigten Resection die Amputation nöthig wird. Bei nicht genügender Aufmerksamkeit sind Verwechselungen mit der trockenen Form der infectiösen Osteomyelitis möglich, wo ja auch ausgedehnte Verkäsungen des Gewebes
nichts übertrieben seltenes sind.

Weitere Schicksale der Epiphysenherde.

Bei den erstbeschriebenen Epiphysenherden (s. S. 12 f.) ereignet es
sich gelegentlich wohl einmal, falls sie von geringer Ausdehnung sind,
dass sie **spontan vollständig ausheilen**. Nothwendige Voraussetzung für
dieses günstigste Ereigniss ist selbstverständlich, dass der Herd örtlich
begrenzt bleibt. Die aus dem umliegenden gesunden Knochen hervor-
wachsenden Granulationen verdrängen die tuberkulösen Gewebe und bilden sich schliesslich zur Narbe um. Auch unterliegt es für uns keiner
Frage, dass kleinere Sequester, wenn auch erst nach jahrelangem Verlauf, allmählich ebensogut wie Elfenbeinstifte resorbirt werden können,
sofern nur keine Eiterung eintritt, die eine Flüssigkeitsschicht zwischen
Knochenwand und Sequester bildet und den gesunden Granulationen nicht
gestattet, in diesen hineinzuwachsen und ihn aufzuzehren.

Die Regel indessen ist, dass es zuletzt doch zur Erweichung und
zum Durchbruch kommt. Bei centraler Knochentuberkulose kann dieser
zur vollständigen Bildung einer Knochenfistel oder Kloake führen (vgl.
Abb. 8 und Abb. 18). Für das weitere Krankheitsbild ist der Weg ent-
scheidend, welchen die durch den Zerfall der primären Knochenherde
gebildeten Stoffe und die ihn etwa begleitende Eiterung nehmen. Da
die Herde gewöhnlich in oder doch wenigstens ganz nahe den Epiphysen
liegen, so kann, was weitaus das gewöhnlichere ist, der Durchbruch in
das benachbarte Gelenk geschehen, oder er erfolgt extraarticulär unter
und durch das Periost.

Beschäftigen wir uns zuerst mit dem zwar selteneren, aber sehr viel
günstigeren Falle des **extraarticulären Durchbruchs**, so wird er am leichtesten stattfinden, wenn der Herd von Hause aus seinen Sitz nahe dem

1) Volkmann, Sammlung klinischer Vorträge. Nr. 168—169. S. 9.

Periost gehabt hat. Daneben kommt jedoch besonders der anatomische Bau des Gelenks und zwar namentlich der Ansatz der Gelenkkapsel in Betracht, welcher an den verschiedenen Gelenken den Durchbruch nach aussen mehr oder minder erschwert oder erleichtert.

So kommt am Hüftgelenk, wo der ganze zur Diaphyse gehörige Schenkelhals und der Schenkelkopf tief in die Gelenkhöhle hineinragen, jener glückliche Vorgang ungemein schwer zu Stande. Vielmehr gefährden gerade die Herde, die ganz dicht an der Peripherie des Schenkelhalses ihren Sitz haben, das Gelenk in hohem Grade, da ja die umgeschlagene Kapsel selbst das Periost des Schenkelhalses darstellt. Denn

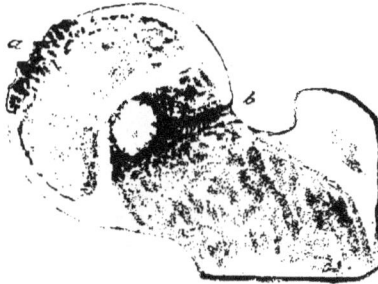

Abbildung 8.

Schwere tuberkulöse Coxitis. Gelenkkapsel sehr stark von Eiter ausgedehnt. Resection.
Nat. Grösse. Zeichnung.
Der Gelenkkopf hat noch im grössten Theil seiner Oberfläche einen, wenn auch stellenweise stark verdünnten Knorpelüberzug. Nur gerade in der Mitte, bei *a*, fangen die Granulationen an, den Knorpel zu durchbrechen.
Im Schenkelhalse, dicht dem Epiphysenknorpel anliegend, ein kirschkerngrosser, völlig gelöster, käsiger Sequester. Die Abscesshöhle, in welcher er liegt, ist durch einen canalförmigen Fistelgang *b* in's Gelenk durchgebrochen, auf diesem Wege Infection.

Durchbruch durch dieses, wie er ja am allerleichtesten bei solchen Herden eintritt, bedeutet hier weiter nichts als Einbruch in die Gelenkhöhle selbst (vgl. Abb. 10, S. 26). Indessen haben wir auch am Hüftgelenk eine Anzahl von Fällen gesehen, wo mittelst einer langen, Schenkelhals und Trochanter durchsetzenden Fistel der Eiter der, tuberkulöse Sequester enthaltenden Knochencaverne nach aussen durchbrach, ohne dass das Hüftgelenk inficirt worden wäre (vgl. Abb. 11, S. 27).

Aehnlich liegen die Verhältnisse an der femoralen Epiphyse des Kniegelenks (s. Abb. 12, S. 28), welche ebenfalls tief in die Kapsel eingesenkt ist, und wo der extraarticuläre Durchbruch nur in der Gegend der Epicondyli mit Leichtigkeit sich vollzieht, während umgekehrt an der Tibia die Kniegelenkskapsel sich so knapp an den Limbus cartilagineus

ansetzt, dass Durchbrüche nach aussen selbst bei Knochenherden, welche
von unten her schon den Gelenkknorpel erreicht haben, gewöhnliche

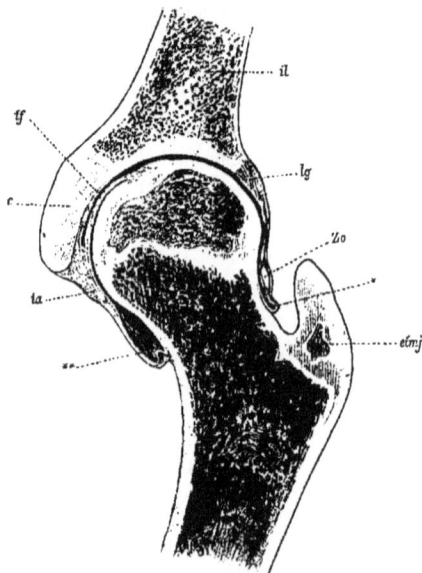

Abbildung 9.

Aus A. v. Brunn, Verhältniss der Gelenkkapseln zu den Epiphysen. Leipzig 1881. F.C.W.Vogel.
Frontalschnitt durch das normale linke Hüftgelenk eines 8jährigen Knaben; hintere Schnittfläche.
²/₃ der nat. Grösse.
il Durchschnitt des Darmbeins; *c* Knorpelscheibe zwischen den beiden oberen Aesten des Scham-
und Sitzbeins; *lg* Labrum glenoid.; *ta* Lig. transv. acet.; *Zo* Zona orbicular. der Gelenkkapsel;
etmj Epiphyse des Trochanter major; *tf* Lig. teres fem. * und ** Umschlagsstelle der Gelenkkapsel.

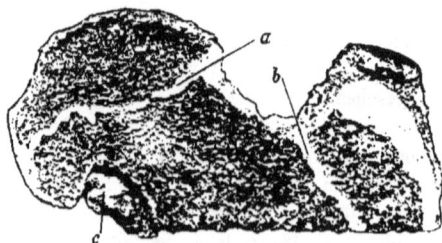

Abbildung 10.

Resecirter Hüftgelenkkopf, frontal durchsägt. Nat. Grösse.
a Epiphysenknorpel des Kopfes; *b* Epiphysenknorpel des Trochanter major. Kopf grossentheils
zerstört, von einer Schicht tuberkulöser Granulationen überzogen; *c* am unteren Rande des Schenkelhalses käsiger Sequester, welcher das Gelenk inficirt hat.

Ereignisse sind. Ebenso befindet sich das untere Ende der Tibia und das Olecranon, in welchem sehr häufig umschriebene käsige Herde vorkommen, in einer verhältnissmässig günstigen Lage, obschon an letzterem auch sehr häufig Durchbrüche in's Gelenk durch den Knorpel der Cavitas sigmoidea major hindurch erfolgen (vgl. Abb. 13, S. 29).

Sobald der tuberkulöse Herd sich der Corticalis und dem Periost stark genähert hat, treten gewöhnlich Veränderungen ein, die nunmehr auch klinisch durch Gesicht und Gefühl leichter erkannt werden. Die Weichtheile leisten dem Fortschreiten der Erkrankung nicht den gleichen Widerstand, wie das Knochengewebe; ausserdem reagiren sie auf die

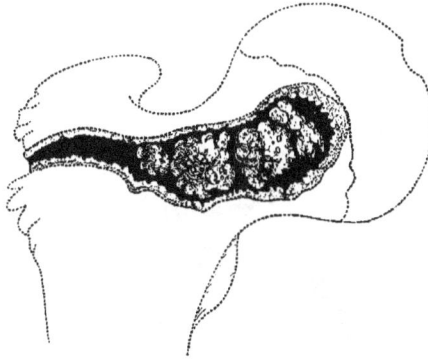

Abbildung 11.

Fistel mitten auf dem grossen Trochanter, die in den Schenkelhals führt, bei einem 12jährigen Mädchen. Reizungserscheinungen im Gelenk. Aufmeisselung und Ausschabung. Vier Sequester im Schenkelhals, umgeben von reichlichen Granulationsmassen. Tiefe der Höhle fast 6 cm. Heilung mit frei beweglichem Gelenk. Aus Volkmann, a. a. O. S. 14.

specifische Infection durch das tuberkulöse Gift viel rascher und lebhafter. Daher laufen jetzt die einzelnen Stadien schneller ab. Nach Durchbruch der Corticalis, die ja an den Epiphysen ausserordentlich dünn ist, wird zunächst das Periost durch die tuberkulösen Massen, beziehungsweise durch den tuberkulösen Eiter in der Form einer Beule emporgehoben; später wird es durchbrochen, und nun entstehen Abscesse zwischen den Muskeln oder unter der Haut, je nachdem der Knochen tief oder oberflächlich gelegen ist.

Diese Abscesse werden oft ganz ausserordentlich gross. Indessen ist zu bemerken, dass die Ausdehnung des Abscesses in keiner Weise zu einem Schluss auf die Grösse des veranlassenden Knochenherdes berechtigt. Gewaltige Eitermassen verdanken ihren Ursprung zuweilen winzigen

Knochenherden, und ausgedehnte Verkäsungen im Knochen können ohne
Bildung eines Tropfens Eiters einhergehen. Die Abscesse entwickeln sich
der Regel nach ziemlich langsam und zunächst ohne irgend welche entzündlichen Erscheinungen; sie werden daher auch **kalte Abscesse** oder
wegen ihrer Neigung, dem Gesetze der Schwere zu folgen und Muskel-

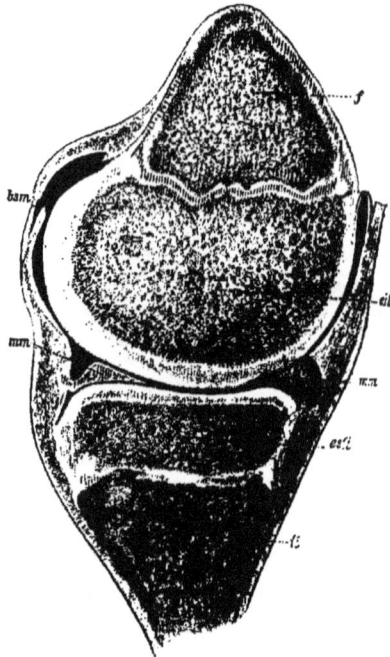

Abbildung 12.

Aus A. v. B r u n n, a. a. O. Sagittaler Schnitt des rechten normalen Kniegelenks durch den medialen
Condylus eines 16 jährigen Knaben; mediale Schnittfläche. Nat. Grösse.
f, ti Femur und Tibia; *eif. esti* die entsprechenden Epiphysen; *mm* Meniscus medial., vorn und hinten
durchschnitten; *bsm* die Communicationsöffnung der Bursa semimembranosa in das Kniegelenk.

und Fascienlagen auseinanderzudrängen, **Senkungs- oder Congestionsab-**
scesse genannt. Entzündliche Erscheinungen entstehen nur dann, wenn
entweder septische Stoffe in sie hineingelangen, oder wenn der Abscess
sich den Hautdecken zu nähern beginnt und zum Aufbruche nach aussen
anschickt.

Werden die Senkungsabscesse aufgeschnitten, oder brechen sie von
selbst durch, so entleeren sich Eitermassen, welche von dem phlegmonösen

Eiter sich gemeiniglich auf das allergröbste unterscheiden. Während dieser eine leicht in's grünliche spielende gelbe Farbe darbietet, zeichnet sich der **tuberkulöse Eiter** durch seine weissliche, oft fast kalkige Farbe aus. Gewöhnlich zeigt er auch nicht das gleichmässige Gebundensein des phlegmonösen Eiters, welches an legirte Suppe oder an Mayonnaisensauce erinnert, sondern er ist krümelig, enthält eine Menge käsiger Bröckelchen und abgestorbener verkäster Fetzen von Weichtheilen. Wir haben

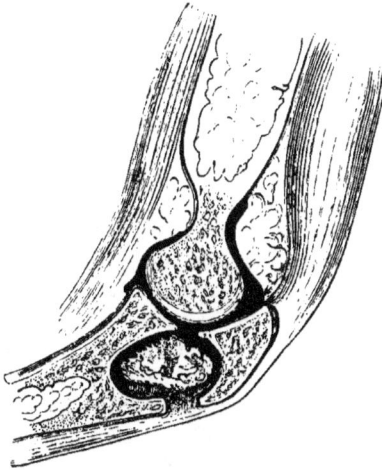

Abbildung 13.

Schematische Zeichnung. (Typischer, ganz ausserordentlich häufiger Befund.)
Achtjähriges Mädchen. Fistel mitten auf dem Olecranon bei sehr geringer Betheiligung des Gelenks. Durchbruch in das Gelenk, fungöse Entzündung. Ausschabung und Aufmeisselung des Olecranon, in dessen Spongiosa sich ein verhältnissmässig grosser käsiger Sequester vorfindet. Incision und Drainage des Gelenks über dem Capitulum radii. Heilung mit vollständiger Erhaltung der Gelenkbewegungen. Aus Volkmann, a. a. O. S. 13.

derartige verkäste, völlig vom Organismus losgelöste und in dem weisslichen Eiter schwimmende Gewebspfröpfe wiederholt die Grösse bis zu einem Taubenei, ja selbst darüber erreichen sehen. Ebenso ist der Eiter oft gleichzeitig dünn und wässrig, so dass er sich nach kurzem Stehen in einem Glase in eine obere hohe trübe und molkige Schicht und eine untere viel niedrigere dick-eitrige Lage scheidet.

In kleinen Abscessen ist oft nur ein fast weisser, schmieriger Brei vorhanden. Zuweilen zeigt der tuberkulöse Eiter namentlich grösserer Abscesse hämorrhagische Beschaffenheit. Er nimmt dann, da der Blutgehalt nicht erheblich zu sein pflegt, die röthliche Farbe von Fleisch-

wasser oder, wenn die Blutungen älterer Herkunft sind, eine schmutzig-
bräunliche Färbung an. Gelegentlich erleidet er eine schleimige Umwandlung, die allerdings für gewöhnlich nur zu Stande kommt, wenn
die veranlassenden Herderkrankungen in der Ausheilung begriffen sind.
In den letzten Jahren, seit Einführung der Jodoformeinspritzungen in
tuberkulöse Abscesse und Gelenke, haben wir diese schleimige Umwandlung öfter beobachtet. Die entleerte Flüssigkeit sieht dann völlig oder
fast völlig klar aus, enthält nur sehr wenige corpusculäre Elemente, ist
leicht gelblich gefärbt und fadenziehend. Sehr oft findet man in dem
Eiter feinste Knochentheilchen, die man schon bei dessen Verreibung
zwischen den Fingern fühlt, sogenannten Knochensand oder Knochengrus
(s. S. 13), keineswegs so selten aber auch gröbere, sofort vom blossen
Auge zu erkennende Knochentrümmer. Namentlich bei den Senkungsabscessen der Wirbelsäule haben wir oft grössere, unregelmässig zerfres-
sene Knochenstücke nach der Eröffnung herausgespült.

　　Die von den Knochen oder Gelenken ausgehenden tuberkulösen Abscesse bieten ein weiteres sehr charakteristisches Merkmal dar, welches
sie von solchen aus andern Ursachen streng unterscheidet. Ihre Wände
sind stets von einer sehr eigenthümlichen **Abscessmembran** ausgekleidet,
deren Dicke namentlich von der Zeit des Bestehens des Abscesses und
damit auch von der Dauer der Infection abhängt. Denn sie ist in der
That nur als das Ergebniss einer Infection der benachbarten Bindege-
webs-, Muskel-, Fascienlagen oder selbst Sehnen zu betrachten. Es entwickelt sich nämlich infolge der Berührung mit dem bacillenhaltigen Eiter,
welcher die Theile zu einer mehr und mehr wachsenden Tasche aus-
einanderdrängt, eine eben diese auskleidende, eigenartige, graugelbe
oder grauviolette, bis zu einigen Millimetern starke Membran, die der
Unterlage stets nur sehr lose anhaftet. Man kann sie daher mit den
Fingern, dem Schwamm oder selbst mit einem starken Wasserstrahle,
jedenfalls aber mit dem halbscharfen Löffel vollständig ablösen, worauf
sich dann das reactiv etwas indurirte, im übrigen aber normale Gewebe
zeigt. Nicht selten gelingt es, Stücke von einem oder mehreren Quadrat-
zollen dieser losen Membran, welche sich einigermaassen wie die Thier-
blase in einem Echinococcussacke verhält, im Zusammenhang herauszubefördern. Bei keinem andern Abscess haben wir jemals dieses typische
Verhalten beobachtet.

　　Die Abscessmembran besteht meist aus einem ungemein weichen und
brüchigen Gewebe, welches seinerseits wieder im wesentlichen aus Haufen
von dicht an einander stossenden Miliartuberkeln zusammengesetzt ist.
Vergleiche Abb. 14 und Photogramm 5 auf Taf. III. Zwischen den Tuber-

keln ist oft reichlich Fibrin eingelagert, und auch die Innenfläche der Abscessmembran pflegt von niedergeschlagenem Fibrin überzogen zu sein. Bisweilen erscheint sie infolge des Reichthums an Tuberkeln, theils bei der Betrachtung mit blossem Auge, theils bei der Besichtigung mit der Lupe geradezu froschlaichartig. Ebenso häufig bietet sie ein gelbgesprenkeltes Aussehen dar, indem einzelne Abschnitte bereits käsig verändert oder wohl sogar vereitert sind. Behandelt man die Abscesse, wie es früher als Regel galt, mittelst breiter Eröffnung, so muss die Membran,

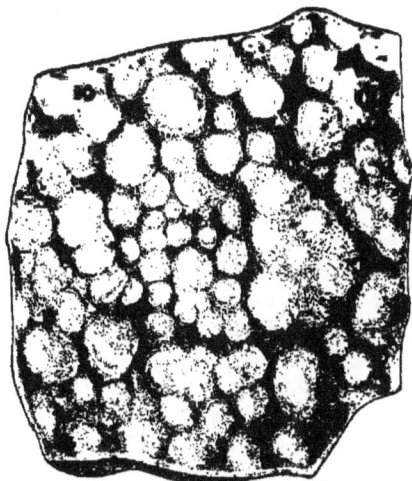

Abbildung 14.
Abscessmembran aus einem tuberkulösen Abscesse.
Flächenansicht bei sehr schwacher Vergrösserung. Nach einer Zeichnung Marchand's aus
Volkmann, a. a. O. Taf. I.

wenn es irgend möglich ist, so sauber entfernt werden, dass auch nicht ein einziges miliares Korn zurückbleibt. Dann sind die aus gesundem Gewebe bestehenden Wandungen zur prima intentio geeignet.

Nicht selten findet man derartige Abscesse von einzelnen, ebenfalls mit den charakteristischen tuberkulösen Granulationen überzogenen Strängen quer durchsetzt. Diese enthalten im innern stets ein obliterirtes oder selbst noch offenes Blutgefäss, ähnlich wie das bei Lungencavernen vorkommt. Sie werden bei obiger Behandlung mit der Schere weggeschnitten, nöthigenfalls unterbunden. Nach Ausschabung der Abscesse und Entfernung der specifischen Membran sieht man häufig, dass zwar allenthalben

gesundes, nur etwas indurirtes Gewebe blossgelegt ist, dass aber an
einer kleinen Stelle, die oft nur linsen- bis erbsengross zu sein pflegt,
die Granulationen stehen bleiben. Hier ist dann der Zugang zum Gelenk oder zum erkrankten Knochen zu suchen; denn jener Granulations-
fleck stellt eben den Querschnitt des in die Tiefe führenden Fistelganges
dar. Nimmt man jetzt einen kahnförmigen Löffel oder eine Sonde zur
Hand, so gelangt man häufig entweder in den tuberkulösen Knochenherd
mit seinem Sequester oder in das benachbarte erkrankte Gelenk.

Indessen selbst bei der genauesten Untersuchung finden wir zuweilen
keinen derartigen Fistelgang, es handelt sich wirklich um einen nach
allen Seiten **fest abgeschlossenen Abscess.** Dieser Befund darf uns aber
noch nicht veranlassen, dann jedes Mal an primäre Zellgewebs- oder
Muskeltuberkulose zu denken, welche ja sehr seltene Vorkommnisse sind.
Vielmehr kann in solchen Fällen die zu dem ursprünglichen Herde
führende Fistel sich geschlossen haben, oder es können wohl auch einmal tuberkulöse Weichtheilabscesse von einem Herd in der Spongiosa
ihren Ursprung herleiten, ohne dass ein nachweisbares Loch in der Corticalis vorhanden ist. Hier handelt es sich um ein allgemeines Gesetz,
welches Billroth nachgewiesen [1]), dass nämlich entzündliche (heutzutage sagen wir wohl richtiger bakterielle) Processe auf den Lymphbahnen
dicke Gewebsschichten durchdringen können, ohne diese in Mitleidenschaft zu ziehen.

Nach dem spontanen Aufbruch der Abscesse bilden sich in der Regel
tuberkulöse Fisteln aus, die von einem starken Walle „fungöser" Granulationen umgeben sind. Die Möglichkeit, diese mit einem halbscharfen
Löffel auf das leichteste und vollständigste fortzuschaben, weist auf Tuberkulose hin. Bei Syphilis, Osteomyelitis u. s. w. sind die ringförmigen
Granulationswälle fast immer viel fester. Die zuweilen sehr langen und
stark gewundenen Fistelgänge sind gleichfalls mit einer Abscessmembran
ausgekleidet, ferner kommt es bei schlechten constitutionellen Verhältnissen gelegentlich rings um die Fistelöffnungen zur Bildung wirklicher
tuberkulöser Hautgeschwüre mit ihren unregelmässigen, unterhöhlten Rändern und ihrem speckigen Grunde.

Dass von einem kalten Abscess aus die **Muskeln diffus** inficirt werden, so dass es in ihnen zu weitgehenden miliaren Eruptionen kommt,
ist nach unserer Erfahrung ausserordentlich selten. Die geringe Neigung
des quergestreiften Muskelgewebes, tuberkulös zu erkranken, ist hinreichend
bekannt. Indessen sind in Halle zwei Fälle von tuberkulöser Coxitis

---

1) Th. Billroth, Ueber die Verbreitungswege der entzündlichen Processe. Volkmann's Sammlung klin. Vorträge Nr. 4.

beobachtet worden, wo die Muskulatur in grosser Ausdehnung von miliaren Tuberkeln durchsetzt war. Der eine ist vor längeren Jahren von Marchand, damaligem Assistenten am pathologischen Institut zu Halle, ausführlich beschrieben worden. [1]) Vielmehr pflegt der tuberkulöse Eiter sich im intermuskulären Bindegewebe seine Wege zu suchen, dabei oft einen Muskel weithin von der Umgebung loslösend, bis er unter die Haut gelangt und hier sich zuweilen in gewaltigen Mengen ansammelt.

Erkrankungen der Diaphysen der langen Röhrenknochen.

Ausgedehnte primäre tuberkulöse Erkrankungen in den mittleren Abschnitten der langen Röhrenknochen sind ganz ausserordentlich selten und kommen mit verschwindenden Ausnahmen überhaupt nur im frühesten Kindesalter, etwa bis zum vierten Jahre hin, vor. Am Femur habe ich einen derartigen Fall beobachtet.

Er betraf ein 3jähriges Mädchen, Bertha G. aus H. Aus der Anamnese ist nur erwähnenswerth, dass das Kind im Alter von etwa 2 Jahren ohne besondere Veranlassung erkrankte und wegen der Schmerzen bald nicht mehr aufzutreten vermochte. Es bildeten sich in den Weichtheilen des Oberschenkels vielfache Abscesse, die von selbst aufbrachen. In diesem Zustande kam das Kind in unsere Behandlung, in hohem Grade anämisch und abgemagert. Lungen und Nieren zeigten keine Abweichungen. Der rechte Oberschenkel bot eine auffallende Deformität dar: etwa in der Mitte des beträchtlich verdickten Knochens (unregelmässige Hyperostose) bestand nämlich eine Verbiegung derart, dass die Diaphyse einen nach hinten offenen Bogen bildete, ausserdem erschien ihr unterer Abschnitt nach aussen gedreht. Da indess, wie besonders hervorgehoben werden muss, niemals eine Gewalteinwirkung stattgefunden hatte, welche einen Bruch oder eine Einknickung des Femur hätte bewirken können, und da auch keine Symptome von Rachitis vorlagen, so war jene Verkrümmung offenbar auf eine durch die Erkrankung hervorgerufene Erweichung und Verbiegung des Knochens zu beziehen. Zwölf Fisteln drangen von der Haut aus durch die entzündlich verdickten Weichtheile überall bis in den Knochen hinein; sie sonderten sehr viel dünnflüssigen, etwas übelriechenden Eiter ab. Die Epiphysen, sowie das Hüft- und Kniegelenk verhielten sich normal.

Zunächst wurde die Erkrankung für eine chronisch oder subacut verlaufende infectiöse Osteomyelitis gehalten. In dieser Ansicht wurden wir jedoch schwankend, als wir bei der Untersuchung in Chloroformnarkose durch die sehr weiten, den Finger einlassenden unregelmässigen Fistelgänge zwar in den Knochen selbst eindrangen, nirgends aber einen Sequester fanden. Dazu ergab die mikroskopische Untersuchung der abgeschabten Granulationen das deutliche Bild der Tuberkulose. Behufs genauerer Untersuchung wurde der Knochen in weiter Ausdehnung blossgelegt. Auch jetzt war nirgendwo ein Sequester aufzufinden, dagegen zeigte sich der Knochen an einigen Stellen der Oberfläche wie ausgefressen, an einer Stelle ging ein federkieldicker Gang

---

1) Marchand, Virchow's Archiv Bd. 72.

quer durch ihn hindurch. Die Fisteln und Knochenhöhlen wurden ausgeschabt,
ausgebrannt und mit Jodoformgaze ausgefüllt. Der Eingriff war von entschiedenem Nutzen, namentlich besserte sich das Allgemeinbefinden. Nach wenigen
Wochen indess hatten sich alle Fisteln und Knochenhöhlen wieder mit tuberkulösen Granulationen ausgefüllt, und das Kind ging etwa 1½ Jahre später
in seiner Heimat zu Grunde, so dass wir nicht in der Lage waren, das sehr
erwünschte Präparat zu gewinnen.

Etwas häufiger, aber immer noch sehr selten, haben wir kleinere
tuberkulöse Herde in den Diaphysen namentlich des Humerus, der Ulna
und Tibia beobachtet. Meist handelt es sich hierbei um Erkrankungen,
welche primär vom Periost oder von den Rindenschichten des Knochens
ausgehen. Betroffen sind gewöhnlich jüngere Personen, die auch sonst
noch tuberkulöse Herde aufweisen, oder bei denen es sich sogar um
jene Form vielfacher Tuberkulose handelt, welche wir als acute Invasion
kennen lernen werden. Einen Fall von Erkrankung der Tibia will ich
mittheilen, zumal hier neben andern Herden auch eine Tuberkulose der
Beckenschaufel vorlag.

Es handelte sich um ein 13jähriges Mädchen, Else K. aus N., welches
schon an schweren tuberkulösen Drüsenabscessen am Halse von uns behandelt
worden war und dann von Spondylitis befallen wurde. Ferner bildeten sich
im weiteren Verlaufe noch tuberkulöse Herde und Eiterungen am Sternum und
am Schädel, welche zur Trepanation nöthigten, dann am linken Handgelenk
mit besonderer Betheiligung der unteren Epiphyse des Radius und zuletzt an
der Diaphyse der rechten Tibia, wovon alsbald mehr. Als das Kind wegen
der Spondylitis der Klinik wieder zugeführt wurde, zeigte sich in der linken
Fossa iliaca ein grosser, bereits an die Hautdecken nahe heranreichender
Abscess, der breit aufgeschnitten wurde. Der untersuchende Finger fand die
Darmbeinschaufel von einem grossen Loche durchbohrt, das unregelmässige
und völlig von Periost entblösste Ränder darbot. Nachdem später noch ein
Einschnitt an der äusseren Fläche der Darmbeinschaufel nothwendig geworden
und die tuberkulösen Knochenränder weggemeisselt waren, trat vollständige
Heilung ein.

Die in der letzten Zeit der Behandlung entstandene Erkrankung in der
Mitte der Vorderfläche der rechten Tibia war entweder vom Periost oder von
den oberflächlichen Rindenschichten des Knochens ausgegangen. Nach Spaltung des über dieser Stelle gelegenen pflaumengrossen kalten Abscesses fand
sich die mit einer Schicht tuberkulöser Granulationen bekleidete Innenfläche
des Periostes abgehoben und im Knochen darunter eine haselnussgrosse, von
glatten und harten Wandungen umgebene, gleichfalls von tuberkulösen Granulationen erfüllte Höhle, dagegen nirgends eine in die Tiefe des Knochens
führende Fistel, ebenso kein Sequester. Nach Ausschabung des Herdes und ·
Naht der Wunde erfolgte Heilung per primam. Indessen ist das schwer heim-
gesuchte Mädchen später in seiner Heimat an allgemeiner Tuberkulose gestorben.

Erkrankungen der Phalangen der Finger und Zehen und anderer Knochen unter dem Bilde der sog. Spina ventosa.

An den Phalangen der Finger und Zehen, wohl auch an den Meta-carpal- und Metatarsalknochen tritt bei sehr jugendlichen Personen, meist nur bis gegen das dritte Lebensjahr hin, die Tuberkulose in einer sehr eigenthümlichen Form auf, welche der Störung ein ganz charakteristisches Gepräge aufdrückt. In der weitaus grössten Mehrzahl der Erkrankungen handelt es sich um eine centrale, d. h. im Markgewebe

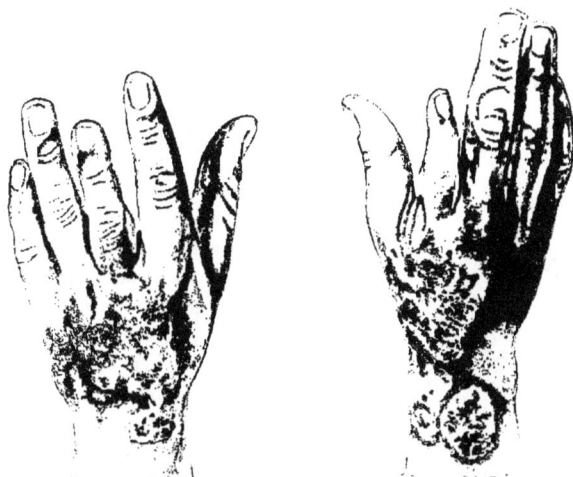

Abbildung 15 und 16.

Wachsthumshemmung des 2. Fingers der rechten und des 3. Fingers der linken Hand nach in der Jugend überstandener „Spina ventosa".
Beiderseits Lupus des Handrückens, von den alten tuberkulösen Fisteln ausgegangen. $\frac{1}{2}$ nat. Grösse.

der betreffenden Knochen erfolgende Entwickelung miliarer Knötchen, welche bald nur zur Bildung eines verhältnissmässig trockenen fungösen (tuberkulösen Granulations-) Gewebes, bald zur Verkäsung ohne Aufbruch, bald endlich, indessen nur in schweren Fällen, zur Erweichung, Sequester- und Fistelbildung führt. Das merkwürdige ist nun, dass bei den noch sehr jungen wachsenden Knochen der im innern gelegene Tuberkelherd, allmählich sich vergrössernd, die Corticalis von innen her aufzehrt, während gleichzeitig durch eine, infolge dieses Vorgangs am Periost entstehende Reizung aussen immer neue Knochenschichten angebildet

3*

werden, die dann auch wieder der Zerstörung von innen her anheimfallen, so dass die Phalanx zuletzt eine eigenthümliche flaschenförmige Gestalt gewinnt. Nicht selten ist die aufgebauchte Corticalis so dünn, dass man bei stärkerem Druck deutlich ihre Elasticität fühlt, oder dass sie sogar dabei einknickt.

In der Regel werden bei dieser Erkrankung die Gelenke verschont. Auch tritt häufig von selbst vollständige Heilung ein, so dass jede Spur des früheren Uebels verloren geht. In schwereren Fällen bleibt allerdings die betreffende Phalanx zuweilen mehr oder minder stark im Wachsthum zurück, bietet wohl auch allerhand Verkrümmungen dar, Vorkommnisse, welche bei einem beträchtlichen klinischen Material keine allzugrosse Seltenheit sind. Am häufigsten werden sie allerdings bei den schwersten Formen beobachtet, die mit Aufbruch und Fistelbildung oder selbst Sequestrirung einhergehen, oder wo ausnahmsweise sogar die Gelenke eitrig zerstört werden. Ein ausgezeichnetes Beispiel von Wachsthumshemmung nach in der Jugend überstandener „Spina ventosa" habe ich in Abb. 15 und 16 gegeben. Es hat die Besonderheit, dass bei dem betreffenden Menschen später sich Lupus des Handrückens, also eine ebenfalls ausgesprochen tuberkulöse Erkrankung entwickelte.

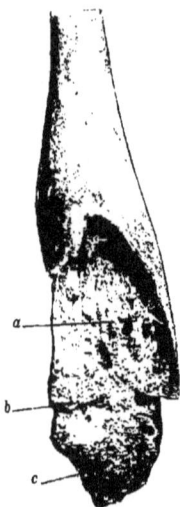

Abbildung 17.

Sogenannte Spina ventosa des unteren Endes der Fibula von einem 12jährigen Kinde nach der Maceration. Nat. Grösse. a Centrale Höhle in dem stark aufgetriebenen unteren Ende der Diaphyse. Knochenschale ausserordentlich dünn, stellenweise ganz fehlend; b Epiphysenlinie noch vorhanden; c Epiphyse.

Ausserordentlich häufig kommt die beschriebene Form der Tuberkulose gleichzeitig an verschiedenen Fingern und Zehen oder Metatarsal- und Metacarpalknochen (multipel) vor. Auch hier haben wir oft genug Heilungen ohne Aufbruch und ohne jede zurückbleibende Störung gesehen. Sehr viel seltener wird der gleiche Zustand der „Aufblähung" junger wachsender Knochen durch central gelegene Tuberkelherde an Radius, Ulna und Fibula, ganz ausnahmsweise auch einmal an Femur, Tibia und Humerus beobachtet. Ich habe dies bereits auf S. 11 erwähnt und in Abb. 17 einen bezüglichen Fall vom Wadenbein wiedergegeben.

Der sonderbare Name **Spina ventosa**, zu deutsch Winddorn, rührt

von der Betrachtung trockener Präparate her, wo nach dem Zerfall der
weichen Tuberkelmassen im Centrum bei der Maceration die dünne,
blasige Knochenschale allein zurückblieb. Auch stellte man sich damals
den Vorgang rein mechanisch vor, indem man glaubte, dass der Knochen
unmittelbar aufgetrieben würde.

Schliesslich muss ich noch erwähnen, dass allerdings, wenn schon
sehr selten, auch eine peripherische Form der Knochentuberkulose an
den Phalangen beobachtet wird, die zu ähnlichen flaschenförmigen Ver-
bildungen führt. Man findet hier zwischen Periost und Knochen eine
dicke Schicht käsigen Gewebes, meist ist der Knochen, wenn das Uebel
bereits längere Zeit bestanden hat, darunter abgestorben, so dass er
nach einem hinreichend grossen Einschnitte leicht entfernt werden kann.
In diesen Fällen pflegt dann immer eine sehr starke Verkürzung und
Verkrümmung des Fingers einzutreten. Gar nicht selten kommt es überhaupt zu keiner Knochenneubildung, so dass der betreffende Abschnitt
als ein kurzes, nur aus Haut, Sehnen und Narbengewebe bestehendes,
den Finger schlottrig machendes Glied zwischen die Nachbarphalangen
eingeschaltet ist.

Diese Art der Tuberkulose der Phalangen nimmt also ihrem Wesen
nach dieselbe Stellung ein, wie die S. 34 beschriebene corticale oder
periostale Erkrankung der Diaphysen der langen Röhrenknochen.

Erkrankungen der kurzen Knochen.

Bei Besprechung der Tuberkulose der kurzen, aus spongiösem Gewebe bestehenden und meistentheils nur mit einer dünnen Corticalis versehenen Knochen werde ich mich hier ausschliesslich auf den Carpus
und Tarsus beschränken. Die Erkrankungen der Wirbelkörper folgen
aus bestimmten Gründen auf S. 45. Die Fusswurzelknochen werden in
jedem Lebensalter ziemlich häufig befallen, während tuberkulöse Erkrankungen der Handwurzel bei Kindern recht selten sind, dagegen
häufiger nach der Pubertät und gerade bei schon ziemlich alten Personen auftreten. In diesem Lebensabschnitt entsteht, worüber später
in dem Kapitel über die ätiologischen Verhältnisse ausführlicher ge-
sprochen werden soll, das Leiden sowohl an Hand als an Fuss weitaus
am häufigsten nach Distorsionen.

Die Erkrankung zeigt die Eigenthümlichkeit, dass es mit Ausnahme
des Calcaneus, seltener des Talus fast nie zur Sequesterbildung kommt.
Im Calcaneus dagegen werden namentlich centrale sequesterhaltige Höhlen
gar nicht selten beobachtet, vgl. Abb. 18, S. 38. An den andern Knochen

entwickeln sich für gewöhnlich dicht unter dem Gelenkknorpel tuberkulöse
Infiltrationen, welche rasch erweichen und zur Zerstörung des Knorpels
führen. Die natürliche Folge ist dann die frühzeitige Infection der Gelenke mit Entstehung tuberkulöser Gelenkeiterungen oder sogenannter
Caries.

Sehr häufig werden bei den Erkrankungen des Carpus und Tarsus
eine grössere Anzahl einzelner Knochen hinter einander ergriffen, oft
durch Infection, indem nach Zerstörung der trennenden Knorpelflächen
der Nachbarknochen ebenfalls in den Bereich des Leidens gezogen wird.
Doch kommen unzweifelhaft auch Fälle vor, wo ganz unabhängig tuberkulöse Herde in weit von einander abgelegenen Carpal- oder Tarsal-
knochen entstehen. Indessen gerade bei Kindern, bei denen ja die

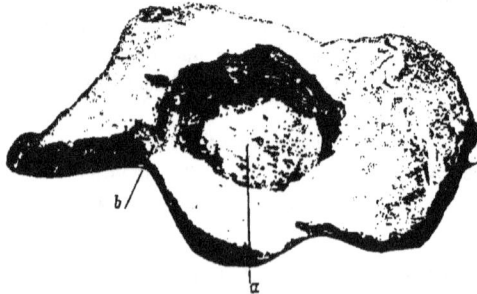

Abbildung 18.

Calcaneus, sagittal durchsägt. Nat. Grösse.
Mitten im Calcaneus grosse, einen käsigen Sequester (a) enthaltende Höhle. Bei b Durchbruch
nach aussen in Form einer Kloake.

tuberkulösen Erkrankungen der Fusswurzel ausserordentlich häufig sind,
wird oft bloss ein Knochen befallen, die Störung bleibt also umschrieben, und wir haben daher, wenn wir das vorwegnehmen dürfen, hier
recht häufig, oft allerdings erst nach mehrfachen Eingriffen, Heilung ohne
verstümmelnde Operationen erreicht; selbst typische Gelenkresectionen
wurden sehr selten nothwendig.

Erkrankungen der platten Knochen.

Am Schulterblatt kommen tuberkulöse Erkrankungen mit und ohne
Sequesterbildung zuweilen vor, am häufigsten in jenen sehr schweren
Fällen, in denen gleichzeitig noch eine Reihe anderweitiger Knochen

und Gelenke ergriffen sind. Wir haben hier Beobachtungen gemacht, wo der grössere Theil eines Schulterblattwinkels weggesägt werden musste, andere, wo der Knochen in der Fossa infraspinata einen grossen, durch die ganze Dicke der Scapula gehenden Sequester enthielt. Das Gelenkende berücksichtigen wir hier nicht, da es den Epiphysen zugerechnet werden muss.

Die primären tuberkulösen Erkrankungen des **Schlüsselbeins** sind selten und nicht von besonderer Wichtigkeit. Man findet hier zuweilen kleine, nach aussen aufgebrochene Herde mit erbsengrossen Sequestern; zweimal haben wir bei jüngeren Kindern die nekrotisch gewordene, tuberkulös infarcirte Clavicula in toto herausgenommen. Häufiger sind am Schlüsselbein die Erkrankungen des Sternoclaviculargelenks, oft mit erheblicher, Tumor-albus-artiger Schwellung, und da an derselben Stelle eine sehr ähnliche syphilitische Erkrankung nichts weniger als selten vorkommt, so ist dieser Umstand bei der Diagnose wohl zu beachten.

Am **Brustbein** sahen wir eine Anzahl sehr schwerer Erkrankungen bei halbwüchsigen oder erwachsenen Personen, wo sich jedesmal das Manubrium sterni ergriffen zeigte. Zuweilen war nur eine kloakenartige Knochenfistel vorhanden, welche in eine grössere Höhle führte, einige Male fand sich aber auch das ganze Manubrium käsig infiltrirt und musste vollständig fortgenommen werden, so dass der vordere Mediastinalraum nur durch das verdickte, tuberkulös erkrankte Periost abgeschlossen war. Sehr ähnliche Veränderungen, ebenfalls das Manubrium sterni betreffend und zuweilen diagnostische Schwierigkeiten bietend, haben wir in einzelnen Fällen auch bei Osteomyelitis infectiosa gesehen und hier ebenfalls den ganzen betreffenden Knochentheil, ja noch daran anstossende Abschnitte des Corpus sterni entfernen müssen.

Die tuberkulösen Erkrankungen der **Rippen** sind häufiger und kommen namentlich oft bei stark in ihrer Gesundheit geschwächten Leuten vor. Man findet entweder reine granulöse Knochenhautentzündungen mit Anfressung der dem Periost anliegenden Knochenoberfläche oder auch Sequester. Ziemlich häufig werden ausgedehnte Rippenresectionen nothwendig, wenn man Heilung erreichen will. Oft ist der Knochen hauptsächlich an der, der Pleura zugewandten Seite erkrankt. In diesen Fällen bilden sich nicht selten grosse, zwischen Rippen und Pleura belegene tuberkulöse Abscesse. Dieser peripleurale Sitz der Abscesse und die Schwierigkeit ihrer vollständigen Reinigung von jedem tuberkulösen Granulationskorn erklärt es, weshalb bei der Behandlung durch Incision mit so grosser Leichtigkeit Recidive einzutreten pflegen.

Von den Rippen aus geht die Erkrankung gelegentlich auch auf die **Rippenknorpel** über. Die tuberkulösen Granulationen dringen in den Knorpel ein, verzehren ihn und setzen sich an seine Stelle. So entstehen, namentlich wenn Eiterung hinzutritt, zuweilen sehr erhebliche gruben- und lochförmige Zerstörungen des Rippenknorpels. Auch primär kann das Perichondrium, ebenso wie das Periost der Rippen, von Tuberkulose befallen und der Knorpel in Mitleidenschaft gezogen werden.

Am **Becken** haben wir, abgesehen von der Pfanne, welche wie das Gelenkende des Schulterblatts den Epiphysen analog ist, die verschiedensten Stellen mit und ohne Sequesterbildung und auch mit vollständiger Durchbohrung des Knochens (vgl. die Krankengeschichte S. 34) erkranken sehen. Von besonderer Wichtigkeit erschienen uns einige Fälle, in denen das Becken sehr nahe der Pfanne ergriffen war, ohne dass das Hüftgelenk specifisch in Mitleidenschaft gezogen wurde, ferner zwei Beobachtungen von primär vom Knochen ausgehender tuberkulöser Zerstörung der Symphyse, welche beide Male Frauen betrafen. Dabei wurde die Verbindung so gelockert, dass man die Beckenknochen mit den Händen gegen einander bewegen konnte; dasselbe Verhalten wurde bei einer vollständigen tuberkulösen Zerstörung der rechten Synchondrosis sacroiliaca festgestellt.

Die Tuberkulose der **Schädelknochen**, welche, abgesehen vom Processus mastoideus und dem Gehörorgan, fast immer ihren Sitz am S t i r n - oder an den beiden S e i t e n w a n d b e i n e n hat, ist, nachdem die von N é l a t o n herrührende Schilderung in Vergessenheit gerathen war, zuerst wieder von V o l k m a n n genauer beschrieben worden.[1] Nachträglich hat sich jedoch herausgestellt, dass bereits der Jenenser Chirurg R i e d gleiche Fälle beobachtet hatte. V o l k m a n n hob bereits hervor, dass diese Schädelknochentuberkulose in der grossen Mehrzahl der Fälle eine perforirende sei, und zwar bildet sich gewöhnlich ein erbsen- bis bohnengrosser verkäster Sequester, der durch die ganze Dicke der Schädelknochen hindurchdringt. Andere Male, wenn schon viel seltener, findet man bloss tuberkulöses Granulationsgewebe, welches den Knochen verzehrt hat, indessen zuweilen auch in dem Maasse, dass die Schädelhöhle durch ein kleines Loch eröffnet ist. So hat J. I s r a ë l[2] eine Beobachtung von vielfachen tuberkulösen Herden an den Schädelknochen veröffentlicht, wo eine Perforation nur an zwei von den fünf erkrankten Stellen eingetreten war.

---

1) R. V o l k m a n n, Centralblatt für Chirurgie. 1880. Nr. 1.
2) J. I s r a ë l, Deutsche medic. Wochenschrift. 1886. Nr. 6.

Die Störung entwickelt sich in der Weise, dass zunächst auf dem Stirn- oder einem Seitenwandbeine sich ein kalter, oft recht grosser, meist aber sehr schlaffer Abscess bildet, der bei bestehender Eröffnung der Schädelhöhle Pulsation zeigen kann. Nach breiter Spaltung dieser Abscesse findet man das Periost abgehoben und dessen Innenfläche sowie den

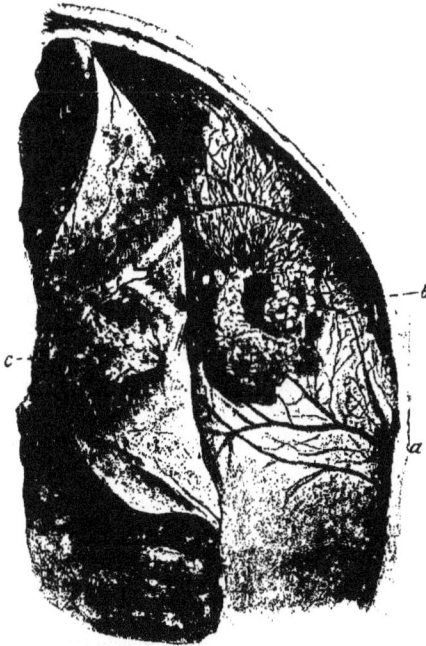

Abbildung 19.

Schädelknochentuberkulose. Zeichnung von der Innenfläche des Schädeldachs, nachdem die Dura mater sammt Gehirn vom Schädel abgehoben und nach links herübergeschlagen ist. ³/₄ nat. Grösse.
a Arteria meningea media; b Perforirende unregelmässige Lücke im Scheitelbein. Ringsherum tuberkulöse Eruptionen und verkäste Knochenabschnitte; c Tuberkulöse Eruptionen auf der Oberfläche der Dura mater sichtbar.

Nachbarknochen von einer mehr oder minder dicken Schicht specifischer Granulationen bedeckt, die leicht weggewischt oder weggekratzt werden können. Ist dies geschehen, so sieht man den verhältnissmässig kleinen, durch seine gelbliche, fast kreidige Beschaffenheit ausgezeichneten Sequester frei zu Tage liegen, und leicht gelingt es, ihn mit Hilfe eines Elevatoriums herauszuheben. In jedem Falle wurde der Vorsicht halber der, die Oeffnung umgebende Knochenrand in mehr oder minder grosser Ausdehnung fortgenommen, also eine förmliche Trepanation gemacht. Darauf zeigte sich die Aussenfläche der Dura mater nicht selten ebenfalls von charakteristischen tuberkulösen Granulationen bedeckt, in denen man wohl die feinen submiliaren Körner mit unbewaffnetem Auge erkennen konnte. Auch die Dura mater wurde dann auf das sorgfältigste abgeschabt. Mehrfach waren mehrere getrennte Knochenherde vorhanden, welche natürlich auch eine mehrfache Trepanation erforderten. Wir haben diese Tuberkulose der platten Schädelknochen ebensowohl bei Kindern als bei Erwachsenen gesehen.

In Abb. 19 gebe ich ein Beispiel einer perforirenden Tuberkulose des Os parietale wieder.

Von Wien aus hat man anfangs Volkmann widersprochen und gemeint, es hätte sich in diesen Fällen um Knochensyphilis gehandelt, obwohl doch Knochensyphilis und Knochentuberkulose gemeiniglich ausserordentlich leicht von einander zu unterscheiden sind, schon allein durch die Consistenz des kranken Gewebes, welche sich namentlich bei der Anwendung des scharfen Löffels so deutlich bemerkbar macht. Gegenwärtig wird man sich wohl aber allgemein überzeugt haben, dass es in der That eine Tuberkulose der platten Schädelknochen in der von Volkmann beschriebenen charakteristischen Form mit Bildung grosser kalter Abscesse giebt. Die Syphilis der Schädelknochen hat bekanntlich keine Neigung, solche Abscesse zu erzeugen.

Die Tuberkulose des Processus mastoideus und der Knochen des Gehörorgans wird keineswegs selten beobachtet. Zuweilen finden sich grosse Höhlen im Warzenfortsatze mit Sequestern, welche sich von den kleinen rundlichen Sequestern bei der Tuberkulose der Epiphysen in nichts unterscheiden.

Von den Gesichtsknochen befällt die Tuberkulose am häufigsten den untern Orbitalrand und bietet hier ein sehr charakteristisches Krankheitsbild. So gut wie ausnahmslos handelt es sich um kleinere Kinder. Die Weichtheile unterhalb des untern Augenlides schwellen an und röthen sich, es kommt zur Abscedirung und zum Aufbruch, und die Fistel führt auf entblössten Knochen. Dieser zeigt sich in mehr oder minder grosser Ausdehnung, aber fast stets in seinen peripherischen Schichten tuberkulös erkrankt. Später lösen sich Sequester von sehr verschiedenem Umfange, und das Endergebniss des Leidens, das sich oft Jahre lang hinziehen kann, sind sehr hässliche Ectropien des untern Augenlides, welches durch Narbenmassen gegen den verheilten Orbitalrand herabgezogen ist.

Auch in der Nase giebt es ausnahmsweise unter den verschiedenen Arten der hier zu beobachtenden tuberkulösen Erkrankungen eine primär ossale Form, während allerdings sehr viel häufiger die scrofulöse Ozaena ursprünglich von der Schleimhaut ausgeht und nur gelegentlich den Knochen blosslegt und in Mitleidenschaft zieht. Um primäre Knochentuberkulose (käsige Osteomyelitis) scheint es sich in den meisten jener Fälle zu handeln, in denen käsige Sequester ausgestossen werden. Wir beobachteten namentlich eine solche primär ossale tuberkulöse Ozaena bei einem 8jährigen Mädchen. Das rechte Nasenloch entleerte in grösserer Menge abscheulich stinkende Jauche und war fast vollständig von tuberkulösen Granulationsmassen verstopft. Bei der Untersuchung mit der Sonde zeigte sich an der äusseren Wand der rechten Nasenhöhle der Knochen in weiter Ausdehnung entblösst. Mit dem bekannten, den Nasenflügel umziehenden und bis zum Auge hinaufreichenden Schnitte wurde die rechte Nasenhälfte abgelöst und zur Seite geklappt. Es fand sich nun ein grosser Theil des rechten Oberkiefers, den unteren Orbitalrand einbegriffen, käsig infiltrirt und zum Theil schon demarkirt, so dass er mit Hilfe von Elevatorien leicht aus der Demarkationslinie herausgebrochen werden konnte. Nach Ausschabung der grossen Knochenhöhle, sowie der Nase trat vollständige und dauernde Heilung mit kaum sichtbarer Entstellung ein. Die Gaumenplatte allein war nicht erkrankt und konnte daher erhalten werden, was wesentlich zu dem vortrefflichen kosmetischen Erfolge beitrug.

Anhangsweise will ich erwähnen, dass in der Nase, und namentlich von der knorpligen Scheidewand ausgehend, zuweilen isolirte Tuberkelknoten vorkommen, die eine erhebliche Grösse erreichen können; Riedel hat durch seine Mittheilung aus König's Klinik[1]) zuerst darauf hingewiesen. Wie es scheint, entstehen diese Knoten in der Schleimhaut.

Primäre tuberkulöse Erkrankungen des Unterkiefers sind sehr selten und bieten so wenig Besonderheiten dar, dass ich keinen Grund habe, auf sie näher einzugehen.

---

1) Riedel, Die Tuberkulose der Nasenscheidewand. Deutsche Zeitschrift für Chirurgie. Bd. X. S. 56. 1878.

Tuberkulöse Erkrankungen der Gelenke.

Die tuberkulösen Erkrankungen der Gelenke treten in zwei verschiedenen Formen auf: das eine Mal handelt es sich ursprünglich um Knochenleiden (Osteopathieen), hier bricht gewissermaassen zufällig ein Epiphysenherd in das benachbarte Gelenk durch, entleert seinen flüssigen oder breiigen Inhalt in dieses und inficirt die Synovialmembran secundär; das andere Mal erkrankt die Synovialmembran primär, wir haben es von vornherein mit einem Gelenkleiden (Arthropathie) zu thun.

Bei der ossalen Form der Gelenktuberkulose erzeugt der Einbruch in's Gelenk, welcher entweder mittelst einer mehr oder minder grossen Knochenfistel oder bei bis dicht an die Gelenkfläche herantretenden Herden nach Ablösung und granulöser Zerstörung der Knorpel erfolgt, zunächst gewöhnlich keine stürmischen Erscheinungen, weil eigentlich septische Stoffe fehlen. Vielmehr entwickelt sich, nachdem das tuberkulöse Gift in die Gelenkhöhle gelangt ist und sich hier theils durch Vermischung mit der Synovia, theils durch

Abbildung 20.

Tuberkulöse Spondylitis der Halswirbelsäule und der obersten Brustwirbel. ³⁄₄ nat. Grösse.
Auf der Vorderfläche der Wirbel zahllose, vom Ligamentum longitudinale anterius ausgehende Annagungen und cariöse Defecte.

die Bewegungen des Gelenks über sämmtliche Theile der betreffenden Membran verbreitet hat, in fast symptomloser Weise der Uebergang der bisherigen **Osteopathie** zu den schwersten Formen der **Arthropathie.** Für die Darstellung dieser Verhältnisse giebt es kein besseres Beispiel als die tuberkulöse Erkrankung der Wirbelsäule, obschon nach dem Vorgange von Luschka die Verbindungen ihrer Körper nur als Halbgelenke bezeichnet werden.

Die **Tuberkulose der Wirbelsäule** beginnt immer an den Wirbelkörpern, ist also zunächst durchaus eine Knochenkrankheit. Mehr als alle andern tuberkulösen Knochenleiden hat sie die Neigung, in vielfachen Herden aufzutreten. Bei Sectionen findet man 20 und 30, ja mitunter 100 und, wie nebenstehende Abb. 20 zeigt, selbst noch mehr einzelne Herde. Diese entwickeln sich besonders gern an denjenigen Stellen, an welchen das Hauptwachsthum der Knochen vor sich geht — eine allgemeine Regel für die tuberkulösen Erkrankungen der Knochen überhaupt, — das heisst dort, wo der Uebergang vom Knochen zum Periost und zu den Zwischenwirbelscheiben statthat.

Die vordere Fläche der Wirbelkörper ist von dem straffen Ligamentum longitudinale anterius überzogen, während eine besondere Gewebsschicht, die man als Periost bezeichnen könnte, sich hier anatomisch nicht darstellen lässt. Ebenso haben wir z. B. am Zahnfleisch und harten Gaumen einen mucös-periostalen (B. von Langenbeck) Ueberzug. Auch hier geht die Schleimhaut ohne scharfe Grenze in's Periost über, das feste und straffe submucöse Gewebe wird in den tiefern Lagen sehr viel blut- und zellenreicher und stellt dann eine dem Cambium des Holzes (Splint) entsprechende Schicht dar, von der man namentlich bei wachsenden Menschen nicht recht sagen kann, ob sie eigentlich noch zum Periost oder schon zum Knochen gehört. In gleicher Weise bildet das Ligamentum longitudinale anterius einen fibrös-periostalen Ueberzug der Wirbelkörper an ihrer vordern Fläche, der in seinen, dem Knochen unmittelbar aufliegenden Theilen die Rolle des Periostes übernimmt. Ein analoges Verhalten bieten beim wachsenden Menschen die Zwischenwirbelscheiben dar. Auch diese sind in ihren, dem Knochen nahe liegenden Schichten zellreich und vollsaftig; von hier aus wird das Längenwachsthum der Wirbelkörper vermittelt.

Am häufigsten nehmen die tuberkulösen Herde von der vordern Fläche, d. h. unter dem Ligamentum longitudinale anterius ihren Ausgang. Hier fangen die Gefässe und die Zellen an zu wuchern, es entsteht fungöses Gewebe mit allen Charakteren der tuberkulösen Neubildung. Bald dringt es in den Knochen hinein, ohne dass zunächst Eiterung entstände, indem sich die Gefässstämmchen, welche mehr oder minder vertical in den Wirbelkörper sich einsenken, mit einem charakteristischen Granulationsmantel umgeben. Infolgedessen bietet eine in diesem Stadium macerirte Wirbelsäule an ihrer vorderen Fläche erweiterte unregelmässige Gefässlöcher dar, die, wo sie sehr eng zusammenstehen oder sogar zusammenfliessen, schon kleine unregelmässige, flache, schüsselförmige Defecte bilden. Die Wirbelsäule sieht wie wurmstichig aus. Dies ist der Grund, weshalb die Franzosen den sogenannten Knochenfrass mit dem Namen „vermoulure" belegt haben. Hat man Gelegenheit, jetzt die Section zu machen, und reisst das Ligamentum longitudinale anterius von der vorderen Fläche der Wirbelkörper ab, so hängen an seiner inneren (hinteren) Fläche die tuberkulösen Granulationen als kleine rothe Knöpfchen und Wärzchen, die aus dem Knochen mit herausgerissen sind. Die Wirbelkörper dagegen zeigen die entsprechenden Defecte (vgl. Abb. 21).

In dieser Weise kann das Leiden lange Zeit fortschreiten, ohne dass eitrige Schmelzung der tuberkulösen Neubildungen einträte, obgleich beträchtliche Knochenzerstörungen vorliegen. Mitunter entwickelt sich allerdings auch jetzt schon um die Granulationen herum etwas Eiterung. Aber auch so ändert sich nichts an dem Bilde. Jedenfalls hat das Leiden in diesem Stadium nur die Bedeutung einer Knochenerkrankung und zwar an einer der Untersuchung nicht zugänglichen Stelle. In gleicher Weise geht die Entwickelung von Herden in den weichen, zwischen den Intervertebralknorpeln und Wirbelkörpern gelegenen Schichten vor sich.

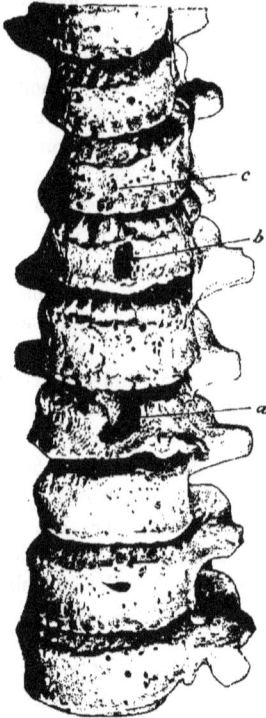

Abbildung 21.

Lenden- und unterer Brusttheil der Wirbelsäule von einem Kinde mit beginnender Spondylitis, das an allgemeiner Miliartuberkulose gestorben ist. ³/₄ nat. Grösse.

a Grösserer lochförmiger Defect an der Vorderfläche des 2. Lendenwirbelkörpers; b ebensolcher an der Vorderfläche des 12. Brustwirbelkörpers; c beginnende Annagung des 11. Brustwirbels. Ausserdem einzelne vergrösserte und unregelmässig veränderte Gefässlöcher.

Viel seltener ereignet es sich, dass die Tuberkulose wie an den

Gelenkenden der grossen Röhrenknochen in der Mitte eines Wirbelkörpers ohne Zusammenhang mit dem Ligamentum longitudinale anterius oder einer Zwischenwirbelscheibe beginnt, völlig central verläuft und nach citriger Einschmelzung oder Sequesterbildung sich eine kloakenförmige Oeffnung nach aussen bildet. Einen hierhergehörigen, auch in anderer Beziehung merkwürdigen Fall hat Buckley [1]) mitgetheilt. Hier hatte sich ohne irgend welche Krankheitserscheinungen bei einem 7jährigen Kinde im Körper des zweiten Halswirbels gerade unterhalb seines Zahnfortsatzes ein tuberkulöser Herd entwickelt, durch welchen die Basis des Zahnes bis auf dünne Knochenreste zerstört worden war. Ein leichter Schlag auf den Rücken reichte aus, den Zahnfortsatz abzubrechen und nach dem Rückenmark hin zu verschieben: sofortiger Tod war die Folge.

In den oben geschilderten Veränderungen haben wir das Stadium prodromorum vor uns gegenüber dem ausgeprägten Pott'schen Buckel. In diesem Zustande kann das Leiden längere Zeit verharren, ja es kann selbst Heilung erfolgen, ohne dass eine Verkrümmung der Wirbelsäule zu Stande gekommen wäre. Namentlich tritt dieser günstigste Fall dann ein, wenn im Ligamentum longitudinale anterius periostale Knochenwucherungen entstehen und brückenförmige Knochenspangen sich bilden, welche die Wirbelkörper unbeweglich zusammennieten und eine Ankylose des bezüglichen Abschnittes der Wirbelsäule erzeugen (vergl. Abb. 22A und B, S. 48 u. 49).

Schreitet aber das Leiden fort, so zerfallen die tuberkulösen Granulationen schliesslich doch eitrig. Es bilden sich zunächst kleine flache, prävertebrale Abscesse, die man bei magern Kindern zuweilen durch die Bauchdecken hindurch fühlen kann, und welche, sobald sie die Zwischenwirbelscheiben erreichen, deren weiches Gewebe rasch durch ihren Eiter zerstören. Die Wirbelsäule ist jetzt nur noch hinten durch die Processus obliqui gestützt und knickt daher um so leichter nach vorn zusammen, als das Gewicht des Körpers ganz überwiegend vorn liegt. Das Ergebniss ist die Bildung einer Knickung, eines Gibbus, der, weil gemeiniglich nur ein Zwischenwirbelkörper zerstört ist, einen winkligen, aber schwach vorspringenden Buckel darstellt. Ausnahmsweise kommt es auch vor, dass ohne jede Eiterung ein Zwischenwirbelknorpel oder selbst ein Wirbelkörper nur durch Granulationsmassen ersetzt wird, und dass sich auf diese Weise der Gibbus bildet.

Mag nun der Vorgang auf die eine oder auf die andere Art erfolgen, so bekommt das Leiden, welches bisher durchaus den Charakter einer

---

[1]) Buckley, British medic. Journal 1880. Bd. I. S. 517.

Knochenkrankheit gehabt hat, jetzt mit einem Schlage den einer Gelenkkrankheit, und zwar machen sich die ungünstigen Verhältnisse, welche wir weiter unten in ihrer verderblichen Wirkung bei den Gelenkerkrankungen genauer kennen lernen werden, von jetzt ab geltend: nämlich die gegenseitige Infection der blossliegenden Knochen

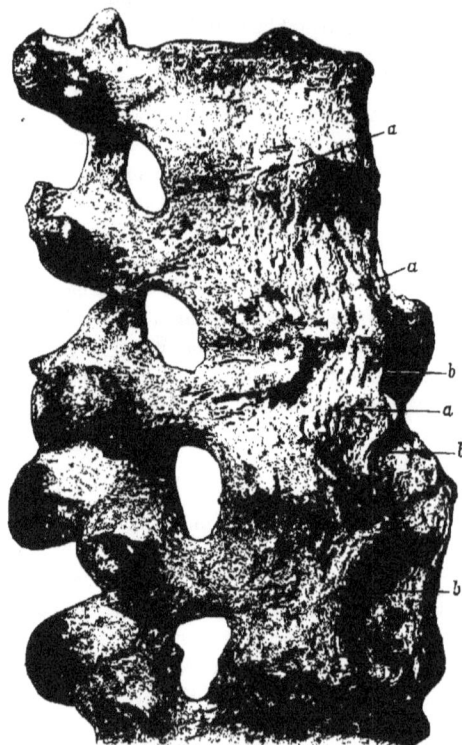

Abbildung 22 A.

Tuberkulöse Spondylitis der untern Brustwirbelsäule, A. von der Oberfläche photographirt. Nat. Grösse. *aa* Sehr starke Knochenneubildungen im Ligamentum longitudinale anterius, welche das Einknicken der Wirbelsäule und die Gibbusbildung verhindert haben; *bb* kleinere Defecte an der vorderen Fläche der Wirbelkörper.

durch den tuberkulösen Eiter und vor allen Dingen der Druck der Wirbelkörper auf einander.

Bisher waren die Zerstörungen im Knochen ganz unregelmässig vor sich gegangen, die tuberkulöse Granulationsbildung und Verschwärung hatte in unberechenbarer Weise bald hier, bald dort den Knochen augefressen. Gerade das atypische Umsichgreifen bildete den Typus. Ganz anders gestalten sich die Verhältnisse, sobald der obere Wirbel und damit der ganze obere Abschnitt der Wirbelsäule auf den erkrankten unteren Wirbel einen Druck ausübt. Dieser wirkt natürlich am stärksten auf die vordere Kante ein, der Knochen wird in regelmässiger Form

Abbildung 22 B.

Tuberkulöse Spondylitis der untern Brustwirbelsäule, B. von der Sägefläche photographirt. Nat. Grösse. *aa* Sehr starke Knochenneubildungen im Ligamentum longitudinale anterius, welche das Einknicken der Wirbelsäule und die Gibbusbildung verhindert haben; *c* grosse tuberkulöse Knochenhöhle im Innern zweier Wirbelkörper.

zerstört. Die Druckusur erreicht oft genug einen so hohen Grad, dass der erkrankte Wirbelkörper keilförmige Gestalt erhält (vgl. Abb. 23, S. 50), wodurch natürlich eine Zunahme des Gibbus begünstigt wird.

Werden mehrere Zwischenwirbelknorpel durch Eiter- oder Granulationsmassen zerstört, und gewinnen die betheiligten Wirbelkörper all-

mählich eine mehr oder minder keilförmige Gestalt, so verliert selbstverständlicher Weise nach dem Gesetze der Bogenconstruction der Gibbus
seine Winkligkeit und nimmt statt dessen die Form eines Rundbogens
an. Dies war schon den Alten bekannt, welche den Satz aufstellten,
dass bei winkligem Vorsprung eines Dornfortsatzes auch nur ein Wirbel

Abbildung 23.
Wirbelsäule in sagittaler Richtung aufgesägt.
¹/₂ nat. Grösse.
a Keilförmige Zerstörung des 4. Lendenwirbelkörpers infolge von Druckwirkung; b der betreffende Processus spinosus springt hinten vor.

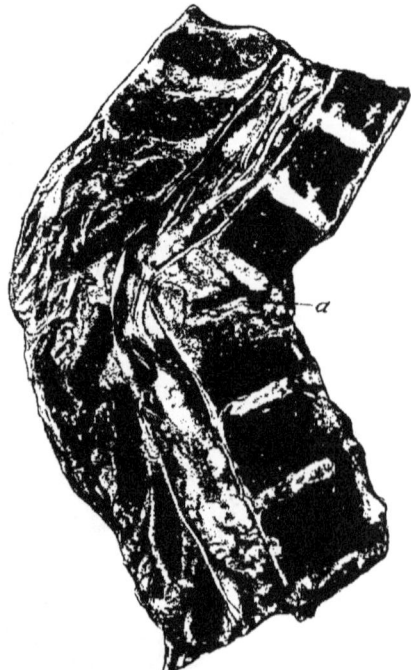

Abbildung 24.
Caries der unteren Brustwirbelsäule mit der gewöhnlichen winkligen Gibbusbildung. ³/₄ nat. Grösse.
a Fast vollständiger Defect des 9. Brustwirbelkörpers, von ihm
ist nur ein kleiner keilförmiger Rest zurückgeblieben. Vor diesem Fistelgang, der zu einem Psoasabscess führt.

erkrankt sei, bei bogenförmiger Kyphose dagegen eine weit verbreitete
Zerstörung angenommen werden müsse.

Durchbruch tuberkulöser Epiphysenherde in die Gelenke.

Was nun den Durchbruch tuberkulöser Herde von den knöchernen
Epiphysen aus in die eigentlichen Gelenkhöhlen anbelangt, der, wie

wir auf S. 44 gesehen haben, sich auf verschiedene Weise vollziehen kann, so kommt es hier zunächst darauf an, ob eben dieser Einbruch infectiöser, d. h. bacillenhaltiger Stoffe in ein bis dahin völlig gesundes oder vorher schon pathologisch verändertes Gelenk erfolgt. Wir betrachten zunächst den letzteren Fall.

Gelenkveränderungen nicht-tuberkulöser Natur bei primären Epiphysenherden treten oft und in verschiedener Form auf. Es ist sehr begreiflich, dass das Vorhandensein eines tuberkulösen Knochenherdes, namentlich wenn er grösser ist, Sequester und puriforme Massen enthält und der Gelenkkapsel oder dem Gelenkknorpel näher liegt, gewisse Reizungserscheinungen in dem benachbarten Gelenke hervorruft; hierbei handelt es sich um ausstrahlende und reactive entzündliche Vorgänge.

In dem betreffenden Gelenke greifen dann und wann, namentlich wenn Ueberanstrengungen, Traumen u. dgl. hinzukommen, exsudative Vorgänge Platz, so dass vorübergehend ein Erguss in den Kapselraum entsteht, der indessen mit dem später zu erwähnenden Hydarthros tuberculosus (König) nichts zu thun hat; oder aber das Gelenk ist eine Weile sehr empfindlich und etwas geschwollen, um nach

Abbildung 25.

Ausgedehnte tuberkulöse Zerstörung der Brustwirbelsäule mit keilförmiger Verbildung mehrerer Wirbelkörper und Herstellung einer starken bogenförmigen Kyphose anstatt des winkligen Gibbus. $\frac{1}{2}$ nat. Grösse.

einiger Zeit wieder normale Verhältnisse darzubieten; oder endlich es treten ernsthaftere Veränderungen in der Synovialis ein. Sie nimmt einen mehr granulationsartigen Charakter an, ist stark geröthet und verdickt und zeigt deutliche Gefässinjection; ihre Oberfläche erscheint nicht mehr glatt, sondern körnig, wie eine granulirende Schicht. Immerhin ist aber bei der histologischen Untersuchung noch keine Spur von tuberkulösen Veränderungen nachzuweisen.

Weiterhin entwickelt sich der Zustand, welcher freilich bei der acuten Osteomyelitis, wenn sie sich in der nächsten Nähe der Gelenke abspielt, ohne jedoch in diese durchzubrechen, sehr viel häufiger ist,

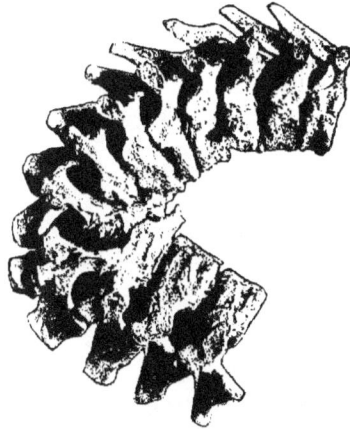

4*

ein Zustand, welchen **Volkmann** bereits im Jahre 1857 in seiner Habilitationsschrift [1]) beschrieben und mit dem Namen der **pannösen Chondritis** oder **Synovitis** belegt hat. Vom Limbus cartilagineus her wachsen in einer feinen Schicht, genau wie das bei Conjunctival- und Cornealerkrankungen an der Hornhaut geschieht, Gefässe nach der Mitte des Knorpels hin, bald in grösserer, bald nur in geringerer Ausdehnung, zuweilen mehr pterygiumartig. Andere Male verwachsen die Synovialtaschen und Gelenkbuchten vollständig mit einander, ja es können sogar die beiden sich gegenüberliegenden Gelenkflächen in ihrer ganzen Ausdehnung von der pannösen Bindegewebs- und Gefässschicht überwuchert werden. Die Folgen sind dann Adhäsionen, Schrumpfungen und Verödungen des Synovialsackes, entweder partielle oder selbst totale, so dass die ganze Gelenklichtung verloren gehen kann.

Selbstverständlich müssen diese Veränderungen, abgesehen davon, dass das Gelenk nun seine Bewegungsfähigkeit zum Theil oder ganz verliert, einen ausserordentlich günstigen Einfluss beim etwaigen späteren Einbruch tuberkulöser Stoffe haben, da diese alsdann entweder einen sehr verkleinerten oder einen nur noch in Form einer begrenzten Tasche bestehenden oder aber auch gar keinen eigentlichen Kapselraum mehr vorfinden. In letzterem Falle verläuft das Uebel als reine Osteopathie weiter; die schweren Erscheinungen der tuberkulösen Gelenkentzündungen kommen überhaupt nicht zur Entwickelung.

Am Knie ist es nach längerem Bestehen tuberkulöser Herde in den Epiphysen, wie schon **Stromeyer** hervorgehoben, geradezu die Regel, dass, wenn der Durchbruch geschieht, nur noch ein Theil der Gelenkhöhle vorhanden ist und zwar oft ein sehr beschränkter. Daher findet man hier häufiger einmal begrenzte Eiterungen und cariöse Zerstörungen nur des einen oder des andern Condylus.

Seltener ereignen sich die gleichen Vorgänge am Hüftgelenke wegen der ungünstigen Lage des obern Endes des Femur im Verhältniss zur Kapsel, insofern jenes, wie wir auf S. 25 erörtert, tief in diese eingestülpt ist und tuberkulöse Herde, die im Schenkelkopf oder Schenkelhalse, ja selbst im Trochanter major sitzen, sehr früh in das noch nicht verödete Gelenk durchbrechen. Immerhin haben wir es auch hier gesehen, dass bei einem klinisch als schwere tuberkulöse Coxitis aufzufassenden Krankheitsbilde das eigentliche Gelenk vollständig oblterirt, der Gelenkkopf fest mit der Pfanne verwachsen war und sich nur

---

1) Richard Volkmann, Observationes anatomicae et chirurgicae quatuor. Cap. III. Nonnulla de ankylosium anatomia. Lipsiae 1857. Breitkopf & Härtel.

in der eitrig zerstörten Epiphysenlinie abgelöst hatte, wie dies viel
häufiger bei acuter Osteomyelitis vorkommt, worauf dann Erscheinungen
wie bei Fractura colli femoris eintraten. An derartige Vorgänge im
Hüftgelenk wird man besonders zu denken haben, wenn das Bein stark
verkürzt und trotzdem gleichzeitig nach aussen gedreht ist. Mitunter
treten auch Symptome der Luxatio femoris iliaca ein, wie z. B. bei
einem 14jährigen Knaben, welchen ich nach erfolgter Heilung auf dem
XVIII. Congresse der Deutschen Gesellschaft für Chirurgie 1889 vorgestellt
habe [1]). Die anatomischen Verhältnisse waren hier so bemerkenswerth,
dass ich die halbschematische
Abbildung 26 in ²/₃ der natür-
lichen Grösse und einige erläu-
ternde Worte beifüge.

Bei der Hüftresection zeigte
es sich, dass der Femurschaft zusammen mit einem kleinen Stück
des Femurhalses auf die äussere
Fläche der Darmbeinschaufel verschoben war. Der Femurkopf sass
ganz fest und völlig unbeweglich in
der Pfanne. Als ich den Femurschaft dicht unter dem Trochanter
major durchgemeisselt hatte, gelangte ich in eine etwa wallnuss-
grosse Höhle in der Diaphyse,
welche mit schwefelgelben bröck-
ligen, theilweise verkalkten, käsigen Massen erfüllt war und
sehr stark sklerosirte Wandungen
darbot. Ein ähnlicher, gut erbsengrosser Herd fand sich mitten im
Femurkopfe, als dieser herausge-
meisselt wurde. Der Knorpelüberzug des Kopfes sowohl als der der
Pfanne war an einigen kleinen

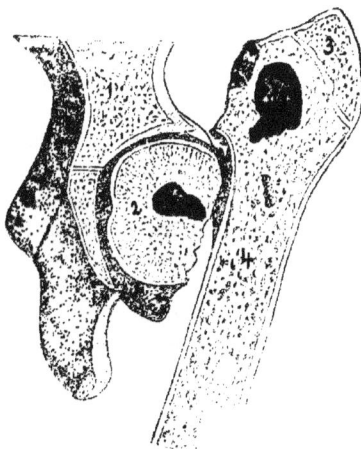

Abbildung 26.
Frontalschnitt.
1 Becken. 2 Femurkopf mit käsigem Herd *a*. 3 Trochanter
major. 4 Femurschaft mit käsigem Herd *b*.

Stellen erhalten und hier von ziemlich normalem Aussehen, nur stark verdünnt; dagegen war eine Gelenkspalte nirgends nachzuweisen. Wir hatten es
also an einigen Stellen mit einer knorpeligen, an anderen mit einer knöchernen Ankylose zu thun.

In dem betreffenden Falle hatte das tuberkulöse Leiden bei dem Knaben
im Alter von 3 Jahren begonnen und, wie so häufig, seinen ursprünglichen
Sitz im Schenkelhalse und im Trochanter major gehabt. Ohne in's Gelenk
durchzubrechen und dieses tuberkulös zu inficiren, führten die Herde zu einer
nicht specifischen Entzündung des Hüftgelenks und zu einer allmählichen

---

1) **Fedor Krause**, Ueber die Behandlung und besonders über die Nachbehandlung der Hüftgelenksresectionen. v. Langenbeck's Archiv XXXIX. Heft 3.

innigen Verwachsung zwischen Kopf und Pfanne, während der tuberkulöse Process durch sein Umsichgreifen im weiteren Verlaufe zu einer Lösung im Schenkelhalse und so zur Verschiebung des Femurschaftes auf die Darmbeinschaufel Veranlassung gab. Die tuberkulösen Herde wurden durch Sklerose des umliegenden Knochengewebes abgekapselt. Zehn volle Jahre ruhte das Leiden, und der Knabe war bis auf seinen hinkenden Gang gesund.

Daraus ergiebt sich, wie lange solche tuberkulöse Herde verborgen bleiben können, um nach vielen Jahren wieder aufzuleben und neue Erscheinungen zu machen. Bei diesem Knaben kam es nach 10 Jahren scheinbarer Heilung zu neuer Abscessbildung.

Wie man sieht, sind derartige Vorgänge, welche auf einer fortgeleiteten und reactiven Entzündung im Gelenk beruhen, völlig identisch mit den adhäsiven und obliterirenden Processen, welche so unendlich häufig an der Pleura bei Lungenerkrankungen, am Peritoneum bei schweren Störungen im Darm und bei Erkrankungen von Leber, Milz und Nieren vorkommen, wie ja denn überhaupt die serösen Häute mit den Synovialhäuten vieles gemeinsame in Bezug auf die pathologischen Veränderungen darbieten.

Aber auch wenn in dem Gelenk Verlöthungen und Verwachsungen nicht stattgefunden haben, wenn sich die Synovialis nur in der oben beschriebenen entzündlichen Weise verändert zeigt, so gewährt doch dieser, von derbem Granulationsgewebe sich nicht allzusehr unterscheidende Zustand grössere Widerstandsfähigkeit gegenüber der tuberkulösen Infection, als die normale Synovialhaut sie besitzt.

Erfolgt hingegen der **Durchbruch tuberkulöser Epiphysenherde in völlig normale Gelenke**, so wird sehr bald die ganze innere Oberfläche mit dem tuberkulösen Materiale in Berührung kommen. Ganz leichte Bewegungen schon begünstigen die Verstreuung und gewissermaassen die Aussaat der eingedrungenen infectiösen Stoffe. Ein gesundes Gelenk ist ferner für jede Infection ausserordentlich empfänglich, es wird daher meist wohl zu einer Erkrankung der ganzen Synovialhaut kommen.

Unsern aus den Thierversuchen gewonnenen Erfahrungen entsprechend, darf man im allgemeinen annehmen, dass nach erfolgtem Durchbruch 3—4 Wochen vergehen, ehe die Tuberkulose der Synovialis entsteht und das Uebel nun den specifischen Charakter eines tuberkulösen Gelenkleidens annimmt. In jedem Falle, sei es dass der Durchbruch in ein gesundes, sei es dass er in ein schon vorher irgendwie verändertes Gelenk erfolge, haben wir es mit **secundärer Synovialistuberkulose** zu thun.

Davon ist jene Form zu trennen, welche sich entwickelt, ohne dass die Epiphysen der, das ergriffene Gelenk zusammensetzenden Knochen

zunächst erkrankt wären, das ist die **primäre Synovialistuberkulose.** Ausgeschlossen von unserer Darstellung bleiben, weil sie nicht von chirurgischer Wichtigkeit sind, jene Fälle, in denen es bei acuter allgemeiner
Miliartuberkulose ebenso wie im Mark der Diaphysen auch in den Synovialhäuten zum Auftreten zahlreicher Knötchen kommt.

Ein wesentlicher Unterschied beider Arten der Synovialistuberkulose
in Bezug auf anatomisches Verhalten ist nicht vorhanden, daher ist
auch eine gesonderte Besprechung nicht angezeigt. Allerdings befinden
sich die Kranken, welche an primärer Synovialistuberkulose erkranken
und meist den späteren Lebensjahren angehören, oft schon vorher in
sehr schlechten Gesundheitsverhältnissen, haben namentlich häufig bereits Tuberkulose der innern Organe oder werden sehr bald von ihr
befallen, während die bei Kindern und jüngern Personen vorwiegende
secundäre Erkrankungsform viel seltener mit Tuberkulose der Lungen,
des Darms u. s. w. vergesellschaftet ist.

Tuberkulose der Synovialmembran.

Die Synovialistuberkulose tritt in zwei, in ihrem Verlaufe durchaus
verschiedenen Formen auf. Bei der ersten überwiegt die Neigung zu
tuberkulöser Neubildung und Granulationswucherung, während oft genug
gar kein flüssiger, weder seröser, noch eitriger Inhalt im Gelenke vorhanden ist. Die Synovialmembran erscheint in ihrem ganzen Parenchym
sehr stark verdickt, bis zu einem Centimeter, ja noch darüber (**parenchymatöse Synovialistuberkulose**); besonders ausgesprochen pflegt die Schwellung an den Umschlagsfalten zu sein. Die Oberfläche ist feucht, glän-
zend, glatt; überall sehen wir die miliaren und submiliaren durchscheinenden Tuberkelkörner, welche gerade die oberflächlichsten Schichten
durchsetzen. Zwischen diesen blassen Knötchen ist die Synovialhaut
stark geröthet, und schon mit blossem Auge lassen sich vereinzelte Gefässe erkennen.

Die Neigung zur Verkäsung und zum Zerfall ist bei dieser Form
nicht in hervorragender Weise ausgesprochen. Immerhin erscheinen auch
hier die grössern Tuberkelknötchen in der Mitte trübe, weiss oder
gelblichweiss zum Zeichen beginnender Verkäsung. Charakteristisch ist
vielmehr die derbe Beschaffenheit und der feste Zusammenhang der
ganzen erkrankten Membran. Daher ist es meist unmöglich, mit dem
scharfen Löffel auch nur ein einziges miliares Korn fortzuschaben, ein
Unterschied, der namentlich gegenüber der so leicht von der Unterlage
zu entfernenden Abscessmembran hervorsticht.

Bei der zweiten Form der Synovialistuberkulose herrscht die **Verkäsung, der Zerfall und die Vereiterung** vor, so dass es zu mehr oder
minder grossen Ansammlungen serös-eitriger oder rein eitriger Massen
im Gelenkinnern kommt. Die Flüssigkeit unterscheidet sich gegenüber
dem phlegmonösen Eiter ebenso wie die der tuberkulösen Abscesse meist
durch ihre weissliche, helle, selbst kalkige Farbe. Nicht selten schwim-
men in ihr gröbere Theile vollständig abgelösten tuberkulösen Gewebes
oder verkäste Fibrinklumpen. Auch an ihrer Innenfläche ist die Synovialis oft mit einer dünnen Schicht fibrinösen Exsudats oder käsigen
Eiters bedeckt. Dieser pflegt sehr bald die häufig nur wenig, zuweilen
kaum verdickte Kapsel zu durchbrechen, und nun kommt es zu paraarticulären Abscessen, die natürlicher Weise wieder den tuberkulösen
Charakter an sich tragen. In vielen Fällen lässt sich bei der Operation
noch die Fistel nachweisen, welche von dem Abscess in's Gelenk führt.
Mitunter aber liegt sie verborgen, oder sie ist vielleicht auch durch
spätere Veränderungen verschlossen worden, so dass wir sie nicht mehr
auffinden. Nur in Ausnahmefällen sind solche Abscesse, wie schon S. 32
auseinandergesetzt, durch Fortleitung des Processes auf dem Wege der
Lymphbahnen entstanden zu denken.

Ueber den **Inhalt der Gelenke** bei tuberkulöser Erkrankung der
Synovialhaut müssen wir den obigen Andeutungen noch einige Worte
hinzufügen. Er kann zunächst in einer rein serösen oder nur wenig
durch lymphoide Elemente getrübten Flüssigkeit bestehen (**Hydrops arti-
cularis tuberculosus**, König). Mitunter ist dieser Erguss leicht hämor-
rhagisch. Ganz ausnahmsweise haben wir gesehen, dass er nach kurzem
Stehen an der Luft zu einer klaren durchsichtigen Gallerte gerann. In
einem Falle fanden wir in dem serösen Exsudat ein fingernagelgrosses
Stück der abgerissenen Synovialmembran. Nachdem durch die mikroskopische Untersuchung in diesem das Vorhandensein von Tuberkeln
nachgewiesen worden war, konnte mit Sicherheit die Diagnose auf
tuberkulöse Erkrankung gestellt werden, während nur die Symptome
eines reinen Hydrops genu vorhanden waren.

Der Gelenkinhalt kann aber auch rein eitrig und sehr reichlich
sein. Diese Fälle sind von Bonnet als **kalte Gelenkabscesse** beschrieben
und von König[1]) als **Synovitis suppurativa tuberculosa (tuberkulöse Syno-
vialeiterung)** bezeichnet worden, weil in der That hier die Bildung oft
massenhaften tuberkulösen Eiters im Gelenk ganz in den Vordergrund
tritt. Häufig sogar ist dessen Innenfläche mit einer charakteristischen

---

1) **König**, Tuberkulose der Knochen und Gelenke S. 78.

Abscessmembran überzogen, nach deren Fortschaben man auf die blasse, kaum oder nur wenig verdickte, von zahlreichen miliaren Körnern durchsetzte Synovialhaut gelangt. Sind die Tuberkel, wie nicht selten, hier so zahlreich, dass sie dicht aneinander stossen, so gewinnt die Synovialis ein völlig froschlaichartiges Aussehen, wie es von der Abscessmembran S. 31 beschrieben ist. Bei den kalten Gelenkabscessen handelt es sich öfter um primäre Synovialistuberkulose als um Infection der Synovialhaut von einem Epiphysenherde aus.

Infolge der dauernden Bespülung der Gelenkknorpel durch die eitrige Flüssigkeit tritt an diesen meist bald eine sehr ausgedehnte Zerstörung mit Blosslegung der Knochen, Knochenusur und Knochendecubitus ein. Billroth hat diese Veränderungen unter dem Namen der **atonischen Gelenkcaries** zusammengefasst. Sie ist übrigens die erste Gelenkerkrankung gewesen, bei der man den tuberkulösen Charakter des Leidens erkannt hat.

Endlich kann, wenn auch seltener, der Inhalt des Gelenks in dicken, breiigen, käsigen Massen bestehen, welche zuweilen fast die Consistenz von Glaserkitt darbieten.

Häufigkeit der primären und secundären Synovialistuberkulose.

Die primäre Synovialistuberkulose ist entschieden viel seltener als die secundäre, namentlich gilt dies für Kinder und jugendliche Personen. Ausserdem neigen die verschiedenen Gelenke mehr oder minder zu der einen oder andern Art der Erkrankung; so werden z. B. Knie- und Handgelenk verhältnissmässig oft von primärer Synovialistuberkulose befallen. Bei einer ganzen Anzahl wegen Caries der Handwurzelgelenke amputirter Vorderarme haben wir nicht bloss die Epiphysen des Radius und der Ulna, sondern auch alle Carpusknöchelchen durchsägt, ohne auch nur einen einzigen Knochenherd zu finden. Je mehr man bei den operativen Gelenkeröffnungen darauf achtet und alle Theile der Gelenkhöhle einer genauen Betrachtung unterwirft, und je mehr man es sich zum Grundsatz macht, die resecirten Knochenenden stets auf mehrfachen Sägeschnitten zu untersuchen, um so seltener werden die Fälle, wo wir eine primäre Synovialistuberkulose anzunehmen genötigt sind.

Um an einer grösseren Zahlenreihe die Frage nach der Häufigkeit der primären und secundären Gelenktuberkulose statistisch zu prüfen, habe ich unsere sämmtlichen Operationsbücher daraufhin durchgesehen und zwar bis zu der Zeit zurück, wo über die Beschaffenheit der eröffneten Gelenke genaue Bemerkungen niedergeschrieben worden sind.

aus denen sich nach der einen oder andern Richtung hin ein zuverlässiges Ergebniss ableiten liess. Die nur irgendwie zweifelhaften Fälle
habe ich gesondert gestellt. Die ersten beiden Lebensjahre schliesse
ich aus der Uebersicht aus. Ich habe da nur genauere Angaben über
9 Hüftgelenksresectionen, von denen 7 ossalen, 2 zweifelhaften Ursprungs waren, und über 2 Kniegelenksresectionen, von denen 1 ossalen,
1 zweifelhaften Ursprungs war, gefunden. Leider hat sich ergeben, dass
nach den Amputationen, welche wegen Caries ausgeführt werden mussten,
der anatomische Befund der erkrankten Gelenke oft nicht in der für
unsere Zwecke durchaus nöthigen Genauigkeit niedergeschrieben worden
ist. Daher sind die Amputationen ganz aus der Statistik fortgelassen
worden. So haben wir für Hand- und Fussgelenke, deren Erkrankungen Volkmann überhaupt viel häufiger mittelst Amputation oder
atypischer Ausschabung als durch typische Resection zu behandeln
pflegte, allzu kleine Zahlen gewonnen, welche auf das Endergebniss
ohne Einfluss sind und aus diesem Grunde in der Tabelle fortgelassen
wurden.

Lebens-alter	Schulter-gelenk	Ellenbogen-gelenk	Hüftgelenk	Kniegelenk	Summa		
2½—14 J.	4 o, 1 s, 2?	8 o, 1 s, 3?	112 o, 21s, 16?	25 o, 13 s, 10?	149 o	36 s	31?
					69%	16⅔%	14⅓%
					80½%	19½%	—
15—30 J.	5 o, 3 s, 5?	5 o, 5 s, 4?	14 o, 4 s, 5?	12 o, 8 s, 6?	36 o	20 s	20?
					47½%	26⅓%	26⅓%
					64⅓%	35⅔%	—
31 J. und darüber	3 o, — s, 3?	4 o, 2 s, 5?	3 o, 1s, 1?	3 o, 2 s, —?	13 o	5 s	9?
					48%	18½%	33⅓%
					72%	28%	—
Summa	12 o, 4 s, 10?	17 o. 8 s, 12?	129 o, 26 s, 22?	40 o, 23 s, 16?	198 o	61 s	60?
					62%	19%	19%
					76½%	23½%	—

In der Tabelle bedeutet:

o ossalen Ursprung,

s synovialen Ursprung der Gelenktuberkulose,

? heisst, dass der Ursprung sich nicht hat mit völliger Sicherheit
feststellen lassen. In der letzten Spalte rechts habe ich die procen-
tischen Berechnungen zuerst so gemacht, dass die Fälle zweifelhafter

Entstehung bei der Gesammtsumme mitgerechnet, an zweiter Stelle aber
so, dass sie ganz fortgelassen worden sind. Letzteres Verfahren scheint
mir das richtigere; denn will man die Erkrankungen zweifelhaften Ursprungs überhaupt zählen, so müsste man sie viel eher zu den Fällen
ossaler Entstehung rechnen und zwar aus folgenden Gründen. Zuweilen
finden wir bei der Operation den primären Knochenherd nicht, weil er ganz
ausserordentlich klein, oft kaum halblinsengross ist, oder wir übersehen
ihn, weil er eine sehr versteckte Lage hat, oder aber er ist durch die
fortschreitende Caries der Gelenkenden bereits seit längerer Zeit vollständig zerstört worden, oder der Sequester ist durch eine schon bestehende Fistel ausgestossen, wenn wir die Operation und damit die
Besichtigung des Gelenks vornehmen. Man wird also nicht fehlgehen,
wenn man die primäre Synovialistuberkulose eher für seltener erklärt,
als es nach den Erfahrungen, die wir bei unseren Operationen gemacht,
und die in obigen Zahlen ausgedrückt sind, den Anschein hat.

Ich habe in der Tabelle die Anordnung nach dem Lebensalter in
derselben Weise vorgenommen, wie es König (S. 66 f. seiner Mono-
graphie) gethan hat, um einen Vergleich der beiderseitigen Zahlen zu
ermöglichen. Meine Ergebnisse stimmen mit König's Angaben ziemlich gut überein. Von allen Gelenktuberkulosen sind etwa 23 % synovialen, die andern ossalen Ursprungs. Am Kniegelenk sind die synovialen Erkrankungen viel häufiger als am Hüftgelenk, wo die ossalen
Formen ganz entschieden überwiegen. Das Verhältniss ist nach unserer
Zusammenstellung am Knie 40 ossale zu 23 synovialen, am Hüftgelenk
129 ossale zu 26 synovialen Erkrankungen. Auch am Ellenbogengelenk
nehmen die synovialen Formen an Häufigkeit zu.

Was das Lebensalter anlangt, so sind die ossalen Erkrankungen
bis zum 14. Jahre noch mehr in der Ueberzahl als späterhin; bis zu
jenem Zeitpunkt fanden wir 80%, späterhin 64% und 72% vom Knochen ausgehender Gelenktuberkulosen. Das Geschlecht macht hinsichtlich des Verhältnisses von ossaler zu synovialer Erkrankung keinen
bemerkenswerthen Unterschied, ich habe daher in der Tabelle die Zahlen
in dieser Beziehung überhaupt nicht getrennt.

Caries sicca.

Sehr eigenthümlich gestalten sich die Verhältnisse, wenn bei primärer Synovialistuberkulose die Eiterung ganz in den Hintergrund tritt
oder geradezu ausbleibt und sich nur ein meist dünnes Lager von Granulationsgewebe entwickelt, welches, von der Synovialhaut ausgehend,

die Knorpel überwächst und zerstört. Volkmann[1]) hat diese Form, die bei weitem am häufigsten am Schulter- und Hüftgelenke, doch auch am Knie und an andern Gelenken vorkommt, mit dem Namen der Caries sicca belegt und früher geglaubt, dass sie mit Tuberkulose nichts zu schaffen habe. Spätere mikroskopische Untersuchungen haben indessen festgestellt, dass es sich auch hier immer um tuberkulöse Erkrankungen handelt. Wir behalten den Namen „Caries sicca" in Ermangelung eines bessern bei, obwohl sich gegen ihn mancherlei einwenden lässt, zumal die Franzosen noch immer die Arthritis deformans, bei der doch oft so grosse synoviale Ergüsse vorkommen, als Arthrite sèche bezeichnen.

Bei dieser Form der tuberkulösen Gelenkerkrankung wächst gewöhnlich von der Umschlagsstelle der Kapsel her ein spärliches, derbes und verhältnissmässig gefässarmes Granulationsgewebe in den Knochen hinein, ihn in unregelmässiger Weise zerstörend, nicht selten so, dass ein tiefer Graben im Halse der Epiphyse entsteht. Gleichzeitig obliterirt das Gelenk, und dieselben Granulationen dringen auch durch den verloren gehenden Gelenkknorpel in die knöchernen Gelenkenden, welche theils im allgemeinen verkleinert, theils in Gestalt schüsselförmiger und grubiger Vertiefungen zerfressen werden. Die zuweilen wirklich nur mit Mühe aufzufindende dünne Lage von Granulationen hängt mit dem rauhen Boden der Defecte

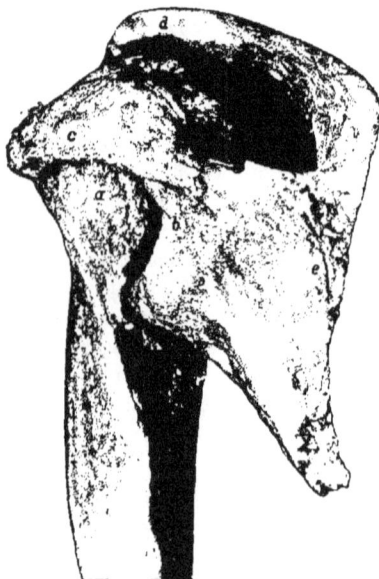

Abbildung 27.
Caries sicca humeri dextri, von vorn photographirt.
Nat. Grösse.
a Humeruskopf fehlt fast ganz. Der Rest war durch spärliche straffe Granulationsmassen so fest an die wenig veränderte Gelenkpfanne der Scapula (b) herangezogen, dass am Lebenden die Bewegungen im Schultergelenk vollständig aufgehoben waren und der Anschein einer Luxatio subcoracoidea bestand; c Processus coracoideus; d Akromion; e Scapulakörper, abgesägt.

----

1) R. Volkmann, Berliner klinische Wochenschrift 1567. Nr. 43.

oft so innig zusammen, dass sie sich nur mit einer gewissen Gewalt herausreissen lässt.

Auf diese Weise entstehen nach und nach die beträchtlichsten Knochenverluste, der Gelenkkopf verkleinert sich, und die Diaphyse rückt immer näher an die Pfanne heran (vgl. das Schultergelenk Abb. 27), oder jener erleidet eine Verschiebung und verlässt die Pfanne. Hat die Erkrankung einige Zeit gedauert, so findet man statt der Gelenkenden häufig nur noch kleine unregelmässige Stümpfe, die von einer grössern oder geringern Zahl erbsen- bis haselnussgrosser rauher, buchtiger Aus-

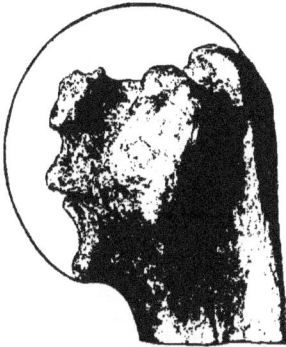

Abbildung 28.
Rest des linken Humeruskopfes bei Caries sicca,
von vorn photographirt. Nat. Grösse.
Tiefe grubige Defecte. Contur des normalen Humeruskopfes ausgezogen.

Abbildung 29.
Oberes Humerusende bei Caries sicca.
Nat. Grösse.
Kopf völlig verschwunden. Der Defect mit
einer dünnen Schicht sehr fester tuberkulöser
Granulationen überkleidet. Normale Contur
ausgezogen.

höhlungen durchsetzt sind (Abb. 28), oder der Gelenkkopf ist wohl auch völlig verschwunden (Abb. 29). Die Resection kann, namentlich an der Schulter, dadurch sehr erschwert werden, dass jener, von dem nur noch ein ganz kleiner Rest vorhanden, straff gegen die Pfanne und unter das Akromion gezogen ist, so dass seine Herausbeförderung bei der grossen Festigkeit des Granulationsgewebes Mühe verursacht. Dieses Verhalten wird aus Abb. 27 deutlich.

Indessen geschieht es auch gelegentlich, dass durch die, den Gelenk-kopf unterminirenden Granulationen oberflächliche Stücke vollständig von ihm abgelöst werden, so dass sie als Sequester frei zwischen den Gelenkflächen liegen, was natürlich zu gewissen Reizungszuständen führt. Ja es entwickelt sich dann wohl in ihrer Umgebung eine geringe Eiterung, die jedoch in dem verödeten Gelenk keine Ausbreitung gewinnt.

Knotige Form der Synovialistuberkulose, Solitärtuberkel des Gelenks.

Zuweilen kommen an der Innenfläche der Synovialis vereinzelte umschriebene tuberkulöse Bildungen vor, welche man etwa mit den Solitärtuberkeln des Gehirns oder des Hodens vergleichen könnte, und die grosse Aehnlichkeit mit bestimmten Formen der Peritonealtuberkulose haben. Sie ragen mehr oder weniger gestielt in den Kapselraum hinein, haben die Grösse einer Erbse, Haselnuss, ja selbst eines Taubeneis und sind, wenn sie so gross werden, infolge des Druckes, den sie erleiden, oft mehr oder minder stark abgeplattet. Klinisch nehmen sie sich bei erheblicherer Grösse nicht selten wie gestielte Gelenkkörper aus.

Von diesen Solitärtuberkeln kann man zwei verschiedene Formen unterscheiden: zunächst eine fibröse, welche besonders im Kniegelenk vorkommt. Es bilden sich hier sehr derbe Knoten, welche entweder vereinzelt oder zu mehreren nebeneinander auftreten. Sie sind meist nur in spärlicher Menge von miliaren Tuberkeln durchsetzt, welche keine grosse Neigung zur Verkäsung und zum Zerfall zeigen. Die Farbe dieser eigenthümlichen Gewächse ist meist eine grauröthliche, sie erreichen von allen Solitärtuberkeln die bedeutendste Grösse. Zweitens findet man zuweilen Bildungen, deren bindegewebige Grundlage die specifischen Knötchen in ausserordentlich viel grösserer Menge und in grösseren Herden nahe aneinanderliegend enthält. Hier ist nicht selten eine ausgesprochene Neigung zum centralen käsigen oder eitrigen Zerfall vorhanden, derart dass das eine Mal die Schnittfläche vollkommen käsig erscheint, andere Male förmlich gestielte tuberkulöse Abscesse in das Gelenk hineinhängen. In der unmittelbaren Umgebung der Solitärtuberkel findet man die Synovialhaut mitunter auf eine Strecke hin tuberkulös erkrankt, während sie im übrigen sich normal verhalten kann. Oft gehen jene Knoten aus den subsynovialen Schichten hervor, die Synovialis zieht dann ganz unverändert oder nur etwas verdickt und vielleicht stärker vascularisirt über sie hinweg.

In anderen Fällen ist die ganze Synovialmembran oder ein grösserer Theil davon mit zottigen, baumförmig verzweigten Wucherungen besetzt, welche mit mehr oder weniger langen Stielen der Unterlage aufsitzen und von dem Umfange eines Stecknadelkopfes bis zu dem

einer Erbse und Bohne verschieden sind. Sehr häufig zeigen sie sich
von Faserstofflagen überzogen, ja es scheint sogar, als ob ihr Wachsthum zum Theil so vor sich ginge, dass an der Oberfläche immer neuer
Faserstoff sich niederschlägt, während von der Tiefe her eine fortschreitende Vascularisation und Organisation stattfindet. Hier haben wir schon
den Uebergang zu den tuberkulösen reiskörperbildenden und fibrinösen Gelenkentzündungen (s. unten). Mikroskopisch bestehen die zottigen Wucherungen grösstentheils aus Bindegewebe, oft sind Läppchen von Fettgewebe eingesprengt. Dieses bildet zuweilen den Hauptbestandtheil der
neugebildeten Massen, so dass wir es in der That mit einem verzweigten
Lipom (Lipoma arborescens) zu thun haben. Auch auf diesen Gegenstand werde ich sofort etwas ausführlicher eingehen. Bei den mehr
fibrösen Formen sind Tuberkel durch die ganze Dicke der Zotten nachzuweisen und gerade dort am häufigsten, wo Gefässe in grösserer Menge
vorkommen. Zuweilen nehmen diese sehr überhand und zeigen stark
verdickte Wandungen.

Reiskörperbildung und fibrinöse Niederschläge in tuberkulös erkrankten Gelenken.

In einzelnen Fällen bietet sich nach der Eröffnung tuberkulöser Gelenke das merkwürdige Schauspiel dar, dass in ihnen und zwar am häufigsten bei gleichzeitigen stärkeren serösen Ergüssen, seltener bei eitrigem
Gelenkinhalte, gelegentlich aber auch bei der ganz trockenen granulirenden Form der Synovialistuberkulose sich in verschiedener Menge
die sogenannten **Reiskörper (Corpora oryzoidea)** vorfinden. Diese sind
glatt, meist von weich-elastischer oder selbst gallertiger Beschaffenheit,
haben eine weisse oder weissgraue Farbe und die bekannte Gestalt von
allerhand Samen- oder Gurkenkörnern. Sie zeigen nicht selten einen
concentrisch geschichteten Bau und die grösseren zuweilen in ihrem
innern einen Hohlraum. Derartige Bildungen können auch in fädiger
Form oder als mehr oder weniger membranartige Fetzen vorkommen,
zuweilen bieten sie zottige, ja sogar verzweigte Formen dar. Entweder sind sie völlig frei, was das gewöhnlichste ist, oder sie hängen
noch mit einem Stiele der Kapselwand an. Das letztere findet besonders dann statt, wenn gleichzeitig Ergüsse im Gelenk vorhanden sind.
Da man diese eigenthümlichen Bildungen für einfache Fibringerinnungen ansprach, so hat man der Form des Hydrops tuberculosus, bei
welcher sie vorkommen, den Namen **Hydrops tuberculosus fibrinosus**
gegeben.

Nach der Ansicht **Volkmann's** geht die Fibrinbildung der Tuberkulose gewöhnlich voraus und liefert nur für deren Entwickelung einen
überaus günstigen Boden, namentlich dadurch, dass neben den freien
oder gestielten Reiskörpern meist auch die ganze Innenfläche der Synovialis von einer dünnern oder dickern Fibrinschicht überzogen zu sein
pflegt. Wir haben einige Fälle von reiskörperhaltigen Gelenken untersucht, bei denen mit völliger Sicherheit keine Spur von gleichzeitiger
Tuberkulose vorhanden war und auch der weitere Verlauf diese Thatsache bestätigte. Um einen Augenblick von den Gelenken abzuschweifen,
so giebt es z. B. auch an Hand und Vorderarm in der Form des Zwerch-
sackhygroms der Beugesehnen reiskörperhaltige Bildungen, die durchaus
nichts mit Tuberkulose zu thun haben.

Sowohl die gestielten als die ungestielten Reiskörper, mögen sie nun
in den Gelenken oder, was das viel häufigere ist, in den Sehnenscheiden
oder Schleimbeuteln vorkommen, zeigen in ihrer Mitte zuweilen einzelne Bindegewebszüge. Es handelt sich hier um die sehr bekannte
Thatsache, dass Fibrinniederschläge sich mit besonderer Vorliebe auf
Rauhigkeiten, vorspringende Bindegewebs- und Granulationsknöpfchen
und ebenso auch auf Synovialiszotten absetzen.

Neuerdings hat **Schuchardt**[1]), wenigstens für eine Anzahl von
Fällen, durch histologische Untersuchungen nachgewiesen, dass die Reiskörper nicht Fibringerinnungen aus dem verdickten Gelenkinhalte darstellen, sondern eigenthümlich veränderte Gewebstheile der Synovialhaut
selbst sind. Mit Hilfe der von **Weigert** angegebenen Methode der
Fibrinfärbung[2]) lässt sich nämlich der Beweis erbringen, dass bei jeder
schweren tuberkulösen Gelenkerkrankung fibrinöse Einlagerungen in der
Synovialis vorhanden sind. Zur Entstehung von Reiskörpern genügt aber
offenbar diese eigenthümliche Veränderung nicht, sondern es muss gleichzeitig ein gewisser Grad von Beweglichkeit des Gelenks zurückgeblieben
sein. Denn nur durch die rein mechanischen Vorgänge bei Bewegungen
ist eine Abblätterung der innersten entarteten Schichten und deren Ab-
schleifung zu Reiskörpern möglich. Damit stimmt auch die Beobachtung
König's überein, dass es so gut wie ausnahmslos noch bewegliche Gelenke sind, in welchen Reiskörper gefunden werden. Da nun aber die
Beweglichkeit tuberkulös erkrankter Gelenke fast immer bald erhebliche
Einschränkungen erleidet, so erklärt sich daraus ohne Mühe, dass Reis-
körperbildung in ihnen selten eintritt.

---

1) K. Schuchardt, Virchow's Archiv 1888. Bd. 114. S. 200.
2) C. Weigert, Fortschritte der Medicin 1887. Nr. 8.

Tuberkulose fettig hypertrophirter Gelenkzotten, Lipoma arborescens tuberculosum.

Die hierhergehörigen Fälle sind ganz ausserordentlich selten. In der bekannten Weise, wie es Johannes Müller geschildert, bildet sich

Abbildung 30a.
½ nat. Grösse.

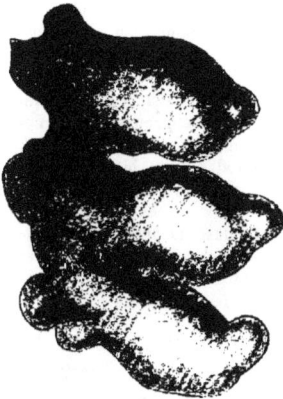

Abbildung 30b.   Abbildung 30c.
Nat. Grösse.   Nat. Grösse.
Secundäre Tuberkulose ausserordentlich stark hypertrophirter Gelenkzotten. Alle drei Stücke aus einem
Kniegelenk stammend. In 30c die Tuberkelknötchen deutlich zu sehen. Zeichnung.

ein traubiges, oft über die ganze Synovialis ausgebreitetes Convolut mehr oder weniger deutlich gestielter, fast aus reinem Fettgewebe bestehender, aber mit einer glänzenden Synovialschicht überzogener Gelenkzotten aus, welche die Grösse von Melonenkernen bis zu Fingergliedern und selbst

darüber erreichen.   In den für unsere Betrachtungen bemerkenswerthen
Fällen findet man unmittelbar unter der Synovialis oder in ihr selbst mehr
oder minder reichlich Tuberkelknötchen.   Wir haben in den letzten
Jahren zwei derartige Beobachtungen gemacht.   Die eine davon gebe
ich mit der Zeichnung des durch die Operation gewonnenen Präparates
wieder (Abb. 30), sie ist von Schmolck in seiner Inauguraldissertation
veröffentlicht worden.[1])

Ein 23jähriger, kräftiger und gesund aussehender Herr, P. R., litt seit
vielen Jahren an Schmerzen im rechten Kniegelenk, die zuerst nach einer
Contusion aufgetreten waren und sich von Zeit zu Zeit erheblich verschlimmerten.
Bei jedem Anfalle stellte sich ziemlich beträchtliche Schwellung ein, schliesslich
blieb das Gelenk auch während der schmerzfreien Zwischenzeiten verdickt.
Trotzdem war der Kranke im Gehen fast gar nicht behindert, doch war er,
früher ein ausgezeichneter Schlittschuhläufer, in der letzten Zeit nicht mehr
im Stande, diesem Sport zu huldigen.   Einige Tage bevor der Kranke in die
Klinik kam, trat wieder eine acute Verschlimmerung ein.   Bei der Untersuchung zeigte sich das rechte Kniegelenk im ganzen stark geschwollen, am
meisten jedoch die Bursa extensorum an ihrer inneren Seite vorgebuchtet.   Die
Kniescheibe war etwas emporgehoben, „tanzte" aber nicht.   Im ganzen Bereich der Gelenkkapsel liess sich nur undeutliche Fluctuation nachweisen.   Nach
der Eröffnung des Kniegelenks, welche durch einen Längsschnitt an der innern
Seite vorgenommen wurde, entleerte sich klare Synovia in geringer Menge,
zugleich aber fiel eine grosse Anzahl dunkelrother zottenartiger Gebilde vor,
welche von Linsen- bis Wallnussgrösse schwankten und sämmtlich mit einem
mehr oder weniger dicken Stiel der ebenfalls stark gerötheten und geschwollenen Synovialhaut aufsassen.   Diese polypenartigen Bildungen wurden sämmtlich, nachdem noch eine zweite Oeffnung an der andern Seite neben der Kniescheibe angelegt worden war, im Zusammenhang mit der angrenzenden Synovialmembran entfernt.   Die Heilung verlief ohne Störung und war von Bestand.
Der Kranke konnte zwei Jahre nach der Operation das Knie bis zum rechten Winkel beugen, ohne Schiene umhergehen und wieder wie früher schlitt-
schuhlaufen.
Die Untersuchung der entfernten Theile ergab, dass es sich um Gelenkzotten handelte, welche in Form gestielter Lipome gewuchert waren.   Auf ihrer
Oberfläche, sowie auf derjenigen der Synovialhaut fand sich eine grosse Zahl
typischer Tuberkel; einzelne davon zeigten beginnende Verkäsung.

In solchen Fällen, wie dem eben angeführten, unterliegt es bei der
Grösse der Fettzottenbildung und der, im Verhältniss dazu spärlichen
Ausstreuung von miliaren Körnern keiner Frage, dass die Tuberkulose
das secundäre ist, und dass nur das weiche veränderte Synovialisgewebe
den günstigen Boden zu ihrer Entstehung abgegeben hat.

---

1) Schmolck, Deutsche Zeitschrift f. Chirurgie 1886. Bd. XXIII.

Reactive Vorgänge in der Umgebung der Gelenke bei tuberkulösen Erkrankungen.

Secundäre Erkrankungen der Weichtheile.

Bei längerem Bestehen tuberkulöser Gelenkerkrankungen setzen sich von der Kapsel aus auf das umgebende fibröse Gewebe, die verschiedenen Bindegewebslager, das Fettgewebe und selbst bis in die Cutis hinein reactive entzündliche Processe fort, welche lange Zeit hindurch an gewissen Gelenken der Erkrankung geradezu einen besonderen Stempel aufdrücken und den Namen des Tumor albus (white swelling) oder auch Fungus articuli veranlasst haben. Es entwickelt sich infolge dieser Reizung und fortgepflanzten Entzündung im extrasynovialen Gewebe bis in die Muskel- und Sehneninterstitien hinein eine Bindegewebsneubildung, welche in verschiedenen Fällen sehr verschiedenes Aussehen und sehr verschiedene Consistenz darbieten kann.

Die periarticulären reactiven Bindegewebswucherungen dringen sogar an denjenigen Gelenken, über welche die Sehnen dicht hinwegziehen, zuweilen in die Sehnenscheiden ein, diese völlig erfüllend und Sehne mit Sehnenscheide zu unbeweglicher Verwachsung bringend. Am häufigsten kommt der Zustand am Handgelenke vor, wo man nach der Amputation wegen Caries gelegentlich sämmtliche Sehnenscheiden so fest durch nicht tuberkulöses Granulations- und Bindegewebe mit ihren Sehnen verschmolzen findet, dass jede Möglichkeit der Bewegung der Finger ausgeschlossen ist.

Zuweilen werden ausserordentlich feste fibröse, schwielige, selbst unter dem Messer knirschende Lagen gebildet, die das ganze Gelenk umhüllen (**Tumor albus** κατ᾽ ἐξοχήν, **Tumor albus fibrosus**; von den Alten ganz besonders häufig auf rheumatische Einflüsse bezogen und daher auch **Tumor albus rheumaticus** genannt).

Oder es bilden sich zweitens weichere, stark vascularisirte Bindegewebsmassen, die oft eine unregelmässigere, fast bucklige Configuration des Gelenks bedingen und selbst das Gefühl der Pseudofluctuation darbieten können (**Fungus articuli**).

Oder endlich drittens das die Gelenkkapsel umhüllende, bis an die Synovialis heranreichende Fettgewebe geht Veränderungen ein, welche es in einen gallertartigen Zustand versetzen. Diese gallertigen Massen, die ebenfalls unmittelbar nach aussen von der erkrankten Synovialis beginnen, können die ausserordentliche Stärke von einem, ja selbst zwei Zoll erreichen und einen sehr verschiedenen Härtegrad darbieten. Einen

5*

tuberkulösen Charakter hat die Neubildung keineswegs, sie ist also nicht etwa, wie es nahe läge, mit der Laёnnec'schen tuberkulösen „Infiltration gélatineuse" in eine Linie zu setzen. Vielmehr handelt es sich darum, dass das Fettgewebe atrophirt, und dass statt dessen seröse oder schleimige Massen die noch vorhandenen Bindegewebszüge auseinanderdrängen. Die veränderte Gewebsschicht, welche vollkommen dem Myxomgewebe Virchow's entspricht, beruht also im wesentlichen nur auf einer sehr starken Durchtränkung des Bindegewebes mit vermehrter Parenchymflüssigkeit, in manchen Fällen bietet sie einen geradezu schleimigen oder synoviaähnlichen Charakter dar. Die englischen Autoren haben diese Form besonders als **gelatinöse Infiltration der Gelenke (gelatinous infiltration of the joints)** bezeichnet.

Bei ihrer Entstehung wirken hauptsächlich zwei Ursachen mit: erstens die Unthätigkeit des Gliedes und zweitens, was wir für ganz besonders wichtig halten, die durch Zunahme des Kapselinhalts und der extracapsulären Wucherungen bedingte Venenstauung und ödematöse Durchtränkung der Theile. Durch letztere wird das im Bindegewebe, wie die Untersuchungen von Kühne und seinen Schülern [1] gelehrt haben, normaler Weise enthaltene Mucin gelöst. Hat doch auch Köster [2] nachgewiesen, dass die in Myxomen in oft so bedeutender Menge vorkommende Gallertmasse, welcher diese Geschwülste sogar ihren Namen verdanken, nichts weiter darstellt, als eine durch Serum bedingte Aufquellung des in dem eigentlichen Geschwulstgewebe befindlichen Mucins. Je lockerer das Gewebe ist, desto leichter und in desto grösserem Maassstabe kann diese Aufquellung von statten gehen.

Secundäre Erkrankungen des Periosts, Periostitis ossificans.

In gleicher Weise setzt sich die entzündliche Reizung theils von ossalen Herden, theils von der Kapsel aus auf das Periost fort und veranlasst hier Knochenneubildungen, welche an den verschiedenen Gelenken verschieden häufig sind und sehr verschiedene Gestalt anzunehmen pflegen. Während es am Schulter-, Hüft- und Sprunggelenk gewöhnlich überhaupt nur zu sehr geringen, mehr gleichmässigen Knochenauflagerungen kommt (Abb. 31), findet man bei tuberkulöser Caries des Ellenbogengelenks die beiden Gelenkenden oft in der sonderbarsten Weise mit langen unregelmässigen Knochenstacheln besetzt, die mehr oder

1) Kühne, Verhandlungen des naturhistorisch-medicinischen Vereins zu Heidelberg. Neue Folge. Bd. I. 1877. S. 233 u. 236.
2) Köster, Ueber Myxom. Berl. klin. Wochenschr. 1881. Nr. 36.

weniger senkrecht gegen die Oberfläche des Knochens gerichtet sind (Abb. 32). Am Knie zeigen sich Knochenauflagerungen gewöhnlich nur an der Epiphyse der Tibia und bestehen hier im Gegensatz zum Ellen-

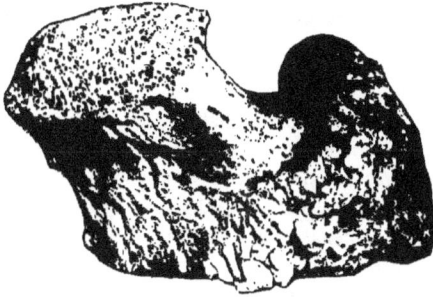

Abbildung 31.
Resecirtes oberes Femurende, von vorn photographirt. Nat. Grösse.
Kopf zum grossen Theil cariös zerstört. Periostale Knochenneubildungen am Schenkelhalse in Form flacher Auflagerungen.

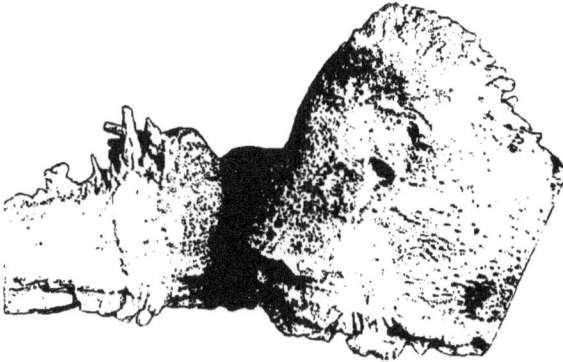

Abbildung 32.
Tuberkulöse Zerstörung des Ellenbogengelenks (von vorn photographirt) mit griffelförmigen Knochenneubildungen infolge von reactiver Periostitis ossificans. Nat. Grösse.

bogengelenk wieder in mehr oder minder gleichmässigen, den Knochen verdickenden Schichten.

Indessen darf man nicht vergessen, dass, worauf zuerst vor langen Jahren W. Roser die Aufmerksamkeit gelenkt hat, die Betastung der erkrankten Gelenke oft Knochenverdickungen nachzuweisen scheint,

während in der That nur fibröse Schichten vorhanden sind, welche die
Gelenkenden umhüllen und die bezügliche Verdickung oder, wie die
älteren Chirurgen sagten, Auftreibung hervorrufen.

Betheiligung der Gelenkknorpel bei tuberkulösen Gelenkentzündungen.

Sobald tuberkulöse Massen sich im Gelenke anhäufen, beginnt eine
starke Gefährdung der Gelenkknorpel. Diese sind wegen ihres Gefäss-
mangels nicht im Stande, die vasculösen und granulösen Formen der
Entzündung einzugehen, sie werden höchstens durch die über sie hin-
wegwuchernden, aus den Randschichten der Synovialis hervorspriessen-
den Granulationen angenagt und zerstört, wie dies auch bei den nicht
specifisch tuberkulösen Processen eintreten kann (vgl. S. 52). Der dort
erörterte Zustand, bei dem die Gelenklichtung kleiner und kleiner wird
und schliesslich ganz verschwindet, hat stets die Folge, dass allmählich
die unter jenen Granulationsschichten liegenden Knorpeldecken verzehrt
werden. So entsteht zuweilen eine vollständige Ankylose, wobei die
Gelenkflächen nur durch eine einzige, dünne, stellenweise sogar unter-
brochene Knorpelschicht mit einander verbunden erscheinen (**Ankylosis
cartilaginea**). Nach langem Bestehen des Leidens verschwindet jedoch
auch diese feine Knorpelschicht vollständig, und das Endergebniss ist
eine bindegewebige Ankylose oder selbst eine einfache Synostose.

Ferner haben wir auf S. 60 bei Besprechung der sogenannten Caries
sicca gesehen, dass die trockenen tuberkulösen Granulationsmassen in
den Knorpel hineinwachsen und selbst den darunter liegenden Knochen
in der Form schüsselartiger Defecte zerstören.

Viel wichtiger und gefährlicher sind jedoch diejenigen Veränderungen, welche der Knorpel erleidet, wenn bei einer tuberkulösen Gelenkentzündung, mag sie nun primär von den Knochen oder von der
Synovialis ausgehen, das Gelenk sich mit mehr oder minder eiterartiger
Flüssigkeit anfüllt. Die Ernährung des Knorpelgewebes, welche wohl
zum grösseren Theile von den Knochengefässen her und durch die Zufuhr flüssigen Ernährungsmateriales von Zelle zu Zelle, indessen in einem
gewissen Grade vielleicht durch Imbibition des Knorpels mit synovialer
Flüssigkeit erfolgt, wird dann bald schwer gestört.[1]

---

1) Schon Cruveilhier hatte gezeigt, dass, wenn man Dinte in Gelenke ein-
spritzt, die Knorpel eine schwärzliche Färbung annehmen. Es lässt sich jederzeit
darthun, dass z. B. auch Borax- und Lithioncarminlösungen u. s. w., in die Gelenke
gespritzt, dem Knorpel durch Imbibition eine rothe Farbe geben.

Der Knorpel fängt an zu erweichen und zu zerfallen, indem er seine glänzende Oberfläche und bläulich-weisse Farbe verliert und statt dessen ein mehr gelbliches Aussehen gewinnt. Gleichzeitig nimmt seine Consistenz ab, seine physiologisch so bedeutungsvolle Elasticität verliert sich mehr und mehr, und, im fortwährenden Eiterbade liegend, nimmt er zuletzt eine fast schmierige Beschaffenheit an. Es giebt Fälle, wo der Knorpel geradezu wie Seife abgewaschen wird, so dass nur entweder an den Rändern oder in der Mitte der Gelenkenden dünne Kränze oder Inseln von ihm stehen bleiben.

Auf diese Weise geht von der Fläche her der Knorpel allmählich verloren, bis zuletzt der Knochen blossgelegt und der tuberkulösen Infection ausgesetzt ist. Fast immer betrifft jedoch die Tuberkelentwickelung hier nur eine schmale Randschicht. Die Knötchen gehen bald regressive Veränderungen ein, sie verkäsen und zerfallen; so wird eine fortschreitende Zerstörung des Knochens herbeigeführt. Auch jetzt schon können die geschwürigen Defecte sehr bedeutende werden; grosse Theile der Gelenkköpfe, selbst ganze Epiphysen gehen verloren, kleine Knochen, wie z. B. einzelne Handwurzelknochen verschwinden spurlos.

Als eine weitere Schädlichkeit wirkt aber auf die knorpelentblössten Knochen noch der **Druck** ein, den die beiden Gelenkenden auf einander ausüben [ulceröser **Decubitus**[1]) der **Knorpel und Gelenkenden**]. Schon auf die Oertlichkeit und die Form der Knorpelverluste, die man mit völligem Rechte geradezu als Knorpelgeschwüre bezeichnet hat, ist der gegenseitige Druck der Epiphysen, welcher ja auch unter normalen Verhältnissen und an gesunden Gelenken in gewisser Weise vorhanden ist, von allergrösstem Einfluss. Bei den tuberkulösen Gelenkentzündungen ist dieser Druck durch die charakteristischen Muskelcontracturen, Schwielenbildungen und zuweilen selbst durch die Vermehrung des Gelenkinhalts oft erheblich gesteigert und findet nun weniger widerstandsfähiges, häufig geradezu erweichtes Knorpelgewebe. Die Folge ist daher, dass sich an den am meisten gedrückten Stellen Knorpel- und Knochengeschwüre bilden, welche letzteren in ihrer Entstehung durch die tuberkulöse Infection wesentlich begünstigt werden. Ihre Lage hängt wiederum ganz von der Stellung des Gelenks (Contracturen) ab, die einander gegenüberliegenden Geschwüre entsprechen sich genau in ihrer Form. Das ist der Zustand, den man früher schlechthin als **Gelenkcaries** bezeichnete. Indessen kommt er nicht allein bei tuberkulösen Gelenkleiden vor, sondern kann sich ebensogut bei nicht tuberkulösen eitrigen und jauchigen, namentlich traumatischen Gelenkentzündungen entwickeln.

---

1) R. Volkmann, Krankheiten der Bewegungsorgane S. 525.

Selbst wenn der Knorpel bereits lange Zeit verschwunden und der Knochen beträchtlich zerstört ist, halten die ungünstigen Wirkungen des Druckes noch an, so dass sich z. B. der eine Condylus tief in den entsprechenden des andern Gelenkendes hineinbohrt. Gegenüber der Unregelmässigkeit und Willkür, mit denen ausserhalb der Gelenke die tuberkulösen Knochenzerstörungen verlaufen, als deren Characteristicum Rokitansky geradezu ein bienenwabenartiges Aussehen hervorgehoben hat, zeigt sich hier eine physikalische Regelmässigkeit. So haben wir ja schon bei Besprechung der tuberkulösen Spondylitis auf S. 48 f. gesehen, dass zuerst ganz unregelmässige Anfressungen der Wirbelkörper vorhanden zu sein pflegen, während nach der Vereiterung der Zwischenwirbelknorpel und der Einführung des Druckes als neuen, die Zerstörung begünstigenden Moments die Wirbelkörper regelmässigere Keilform annehmen.

Am Hüftgelenk entstehen als Wirkungen eben dieses Druckes nach Verlust der schützenden Knorpeldecke jene regelmässigen Ausweitungen der Pfanne, die entsprechend der adducirten und flectirten Stellung des Beines meist nach hinten und oben erfolgen. Aber auch die Oberschenkelköpfe werden oft auf das allerregelmässigste verkleinert und abgeflacht, und es erfolgt nun durch den Muskelzug eine Verschiebung des verkleinerten Gelenkkopfes in der ausgeweiteten Pfanne; eine Verschiebung, der man geradezu den Namen der intraacetabulären gegeben hat. In solchen Fällen ist die Unterscheidung von einer Luxation oft schwierig, zuweilen ganz unmöglich.

Die ausgeweitete Pfanne ist infolge der durch diese Vorgänge am Periost hervorgerufenen Reizung oft von einem mehr oder minder regelmässigen Kranze von Knochenneubildungen umgeben, so dass sie wie ein Schwalbennest der Darmbeinschaufel aufsitzt. Ja zuweilen greift ihr Rand soweit über den Gelenkkopf hinüber, dass es unmöglich ist, diesen bei der Resection oder selbst nach der Maceration aus der Pfanne zu entfernen. In solchen Fällen ist es durchaus nothwendig, den hoch aufgebauten knöchernen Pfannenrand zum Theil mit dem Meissel fortzunehmen, um auch für die Heilung günstigere Verhältnisse zu schaffen.

Erfolgt eine Subluxation, wobei der Gelenkkopf auf dem Pfannenrande reitet, so findet man sehr häufig an jenem eine entsprechende mehr oder weniger tiefe Druckfurche (vgl. Abb. 1, S. 13).

Solche durchaus regelmässige, durch den Druck erzeugte Knochendefecte, welche am Pfannenboden oft genug zu ganz scharfrandigen, kreisrunden, ja selbst so grossen Perforationen führen, dass der Gelenkkopf durch das entstandene Loch in die Beckenhöhle treten kann, unter-

scheiden sich auf das deutlichste von den unregelmässigen Tuberkel-
herden, -höhlen und -anfressungen, wie man sie ebensowohl am Schenkelkopfe als an der Pfanne findet.

Andere Male wird der Knorpel nicht von der Fläche, sondern von
der Tiefe her zerstört. Zuweilen sieht man, wie er über einem tuberkulösen Knochenherde, welcher dicht unter ihm in der Epiphyse gelegen
ist, blasenförmig abgehoben und verdünnt erscheint (vgl. Abb. 5, S. 26).
Schliesslich wird auf diese Weise der Knorpel durchbrochen und in einer
gewissen Ausdehnung abgeworfen. Oder aber die unmittelbar unter dem

Abbildung 33.
Resectio coxae dextrae. Nat. Grösse.
Tuberkulöse Herde unmittelbar unter dem Gelenkknorpel, der durch die Eiterung haubenartig ab-
gehoben ist. a Siebförmige Perforation des Gelenkknorpels. Aus Volkmann a. a. O. Taf. II.

Gelenkknorpel liegende Knochenschicht wandelt sich stellenweise oder in
einem zusammenhängenden Lager in Granulationsgewebe um (Ostitis gra-
nularis), welches den Knorpel allmählich durchbricht. Zuweilen ist er
dann durch einen ganzen Trupp dicht bei einander stehender Granula-
tionszapfen durchbohrt (Siebförmige Perforation des Gelenkknorpels, Volkmann[1]); oder der Knorpel wird durch die Granulationen und den Eiter
in Form einer Kappe, welche von unten her gewöhnlich angenagt ist,
abgehoben (vgl. Abb. 33).

1) R. Volkmann, Krankheiten der Bewegungsorgane S. 527. Auf S. 525 befindet sich dort eine bezügliche Abbildung.

Nach Freilegung derartiger Gelenke kann man, namentlich bei beträchtlicher Ausdehnung der subchondralen Granulationen, oft mit grosser Leichtigkeit den ganzen Gelenkknorpel entfernen. Man findet dann unter ihm zunächst eine dünne, von Tuberkeln durchsetzte Granulationsschicht und unter dieser wieder erweichtes stark vascularisirtes Knochengewebe, das ebenfalls mit dem scharfen Löffel sorgfältig fortgenommen werden muss.

Tuberkulöse Erkrankungen der Lymphdrüsen bei Tuberkulose der Knochen und Gelenke.

Tuberkulöse Erkrankungen, Schwellungen und Vereiterungen derjenigen Lymphdrüsen, welche ihren Zufluss von dem ergriffenen Gelenk oder Knochen erhalten oder wenigstens in deren Nähe liegen, kommen an den Extremitäten im ganzen selten vor, wie denn überhaupt die Lymphdrüsen der Glieder unendlich viel geringere Neigung haben, tuberkulös zu werden, als die des Gesichts und Halses. Am ehesten zeigen sich noch bei tuberkulösen Herden an der Hand die Cubitaldrüsen erkrankt, wohl auch einmal die Achseldrüsen, die gelegentlich bis über faustgrosse höckerige Geschwülste darstellen können. Wir haben eine Anzahl derartiger Kranken operirt.

Bei Coxitis findet man zwar ziemlich häufig Schwellungen der Leistendrüsen, indessen pflegen sie gewöhnlich nur einfach entzündlicher Natur zu sein, so dass sie, wenn das Grundübel gehoben ist, von selbst wieder verschwinden. Indessen kam uns doch auch eine Reihe von Fällen zur Beobachtung, in denen die Leistendrüsen wirklich tuberkulös erkrankt waren, aufbrachen und zur Entstehung tuberkulöser Geschwüre Veranlassung gaben. Zweimal wurde hierbei die Arteria cruralis angefressen. Ebenso hat man sich die Frage vorzulegen, ob nicht ein Theil der Iliacalabscesse bei tuberkulöser Coxitis, wenn bei der Resection keine wesentlichen Veränderungen in der Pfanne und namentlich keine Perforation gefunden wurde, auf Erkrankung und Vereiterung der, die grossen Gefässe begleitenden Lymphdrüsen zu beziehen ist.

Bei Erkrankungen des Kniegelenks und der Fusswurzel ist es eine seltene Ausnahme, wenn etwa die poplitealen Lymphdrüsen ergriffen werden.

Ausgänge der Knochen- und Gelenktuberkulose.

Was zunächst die Gelenkerkrankungen anlangt, so kann es in jedem Stadium zum Stillstand des Leidens und zur Ausheilung kommen. Allerdings tritt selbst in leichteren Fällen oft eine gewisse Beschränkung der Beweglichkeit ein. Die Heilung erfolgt ja doch auf die Weise, dass das tuberkulöse Gewebe durch gesunde Granulationen ersetzt wird, und dass diese sich in Narbengewebe umbilden. Auch die periarticulären Bindegewebslagen schrumpfen und bilden ihrerseits gleichfalls ein Hinderniss für die freie Bewegung des Gelenks. Hatte sich dieses in einer falschen Stellung z. B. in Flexion längere Zeit befunden, so pflegen die an der Beugeseite liegenden Bänder, Sehnen, Fascien und auch Muskeln verkürzt und retrahirt zu sein und leisten beim Versuche, die Gelenkstellung zu verbessern, bedeutenden, oft geradezu unüberwindlichen Widerstand.

Haben wir es aber gar mit schwereren Vorgängen im Gelenk zu thun, sind die Knorpel zerfallen, die Knochenoberflächen geschwürig zerstört, so ist die Ausheilung nur unter mehr oder weniger vollständiger Verödung des Gelenks möglich. Zuweilen verknöchern die aus dem Knochen hervorgewucherten Granulationen, und es kommt somit zur **knöchernen Ankylose**. In anderen Fällen bilden sie sich in ein straffes Narbengewebe um, dann entsteht eine narbige, fibröse Verwachsung der Gelenkenden (**bindegewebige Ankylose**).

Im allgemeinen sind jedoch völlige Verödungen, totale bindegewebige oder knöcherne Ankylosen nicht so häufig, wie man gemeiniglich annimmt; sondern die bei der Ausheilung vor sich gehende Umwandlung der Synovialis und Kapsel in Narbengewebe und die Obliteration einzelner Gelenkbuchten, sowie endlich etwa eintretende Adhäsionen und Verklebungen bringen oft nur eine Verkleinerung der Gelenkhöhle zu Wege, wie dies z. B. am Kniegelenk die Regel ist.

Von den Knochen selbst haben wir schon gesehen, dass die sogenannte Spina ventosa, die doch auf einer tuberkulösen Osteomyelitis beruht, häufig bei kleinen Kindern ausheilt, ohne auch nur eine Spur der früheren Erkrankung oder sonst eine Störung zu hinterlassen (s. S. 36). Ebenso heilen Epiphysen- und andere Knochenherde aus, ja selbst vollständig gelöste tuberkulöse Sequester können zuweilen resorbirt oder, richtiger gesagt, von den andringenden trockenen Granulationen völlig aufgezehrt werden (vgl. S. 24).

Von besonderer Wichtigkeit aber sind jene Fälle, in denen nach Ablauf tuberkulöser Erkrankungen in der Tiefe des Knochens oder des

Gelenks käsige Herde lange Zeit reactionslos liegen bleiben. Klinisch
ist scheinbar vollständige Heilung eingetreten, der Kranke empfindet
nicht die geringsten Schmerzen, und die Untersuchung vermag keine
Abweichung vom gesunden nachzuweisen. Nur die zurückgebliebenen
Ankylosen, Luxationen, Verkrümmungen oder sonstige Deformitäten veranlassen uns zu einer orthopädischen Operation, welche dann zur Entdeckung jener alten Herde führt. So haben wir selbst 17 Jahre nach
Ablauf der Erkrankung bei einer grossen Keilosteotomie aus dem in
spitzwinkliger Beugung ankylotisch ausgeheilten Kniegelenk mitten im
Knochen einen alten käsigen Herd von der Grösse einer Haselnuss ge-
funden. In vereinzelten Fällen sahen wir dann kleine, äusserst harte
Sequester in vollkommen geschlossenen Höhlen liegen.

Oefter noch als im Knochen selbst findet sich an irgend einer Stelle
der früheren Gelenklichtung eine kleine Menge stark eingedickter käsiger
Masse, welche nicht selten Kalkniederschläge aufweist. Einmal habe
ich in einem solchen Käseherde, der zwei Jahre nach Heilung des Leidens durch eine orthopädische Kniegelenksresection blossgelegt wurde,
Tuberkelbacillen, freilich in spärlicher Anzahl aufgefunden. Jene Herde
sind, wie wir schon Seite 18 für alte Epiphysenherde dargelegt, durch
eine derbe schwielige Bindegewebslage oder durch Sklerose des umliegenden Knochens abgekapselt.

Abnormes Wachsthum der Knochen (Elongation).

Bei starken Contracturstellungen zumal des Kniegelenks jüngerer
Kinder, bei denen das Knochenwachsthum noch ein sehr reges ist, können
die durch jene Contracturen veränderten Druckverhältnisse im Gelenk
einen sehr ungünstigen Einfluss auf das Wachsthum der Epiphysen ausüben. Wenn bei einem Kinde z. B. eine Kniecontractur mit spitzwinkliger Stellung entsteht, so werden die vordern Theile der Femurepiphyse
vollständig vom Druck befreit, während dagegen in den hinteren Abschnitten des Gelenks die articulirenden Flächen hart gegen einander
gepresst sind. Hierbei muss man bedenken, dass durch Zusammenziehung
und nutritive Verkürzung der Muskeln und durch allerhand Schwielenbildung an der Synovialmembran und fibrösen Kapsel der Narbenzug und
die gegenseitige Pression der Gelenkenden an den Berührungsstellen zuweilen noch auf's äusserste vermehrt werden. Die Folge ist, dass nun
der vordere druckbefreite Theil der Condylen besonders lebhaft wächst,
während umgekehrt hinten, wo die Gelenkenden mit grosser Gewalt
gegen einander gezogen sind, das Knochenwachsthum stark behindert
wird. Die Condylen des Femur verlängern sich dann nicht selten ganz

ausserordentlich (Elongation) und nehmen eine mehr eiförmige Gestalt an, während hinter ihnen der durch den Druck im Wachsthum beträchtlich zurückgebliebene Tibiakopf sitzt.

In solchen Fällen wird gewöhnlich eine einfache Subluxation oder selbst vollständige Luxation der Tibia nach hinten diagnosticirt, und es ist oft ganz unmöglich, ohne starke Infraction der verlängerten Femoralcondylen oder ohne deren Resection die Tibia wieder an ihre richtige Stelle zu bringen. Denn die Ligamenta lateralia spielen gewissermaassen die Rolle von Radii vectores und sind viel zu kurz, um es zu gestatten, dass selbst bei Anwendung der grössten Gewalt der Tibiakopf von hinten nach vorn auf die verlängerten Schenkelcondylen gleitet.

Ferner ist es bekannt, dass andauernde Reize, welche den Knochen während der Wachsthumsperiode treffen und eine gesteigerte Zufuhr von Blut und Ernährungsstoffen veranlassen, zu einer mehr oder minder erheblichen Verlängerung des betreffenden Knochens (Elongation) führen können. Am häufigsten kommt dies wohl nach Osteomyelitis acuta infectiosa jüngerer Kinder vor, wenn Jahre lang ein Sequester in einer Knochenhöhle nahe dem Epiphysenknorpel liegen bleibt. Sehr viel seltener ist es bei tuberkulösen Processen, die überhaupt, die sogenannte Spina ventosa (vgl. S. 35) und die secundären Osteophyten (vgl. S. 68) ausgenommen, im allgemeinen wenig zu Knochenneubildungen neigen. Indessen haben wir doch mehrere diesbezügliche Fälle gesehen. Der auffallendste von ihnen, der meines Wissens keine Analogie in der Casuistik findet, kam bei einem jungen Manne vor, der in seiner Kindheit eine primär ossale tuberkulöse Gonitis durchgemacht hatte, und bei dem, als er bereits erwachsen war, die Resection des Kniegelenks nothwendig wurde. Obschon ungefähr 4 Finger breit(!) Kochensubstanz weggenommen werden musste, so war doch das nach der Resection in gestreckter und ankylosirter Stellung geheilte Bein immer noch erheblich länger als das gesunde, so dass der Kranke an dem gesunden (nicht resecirten) Beine einen erhöhten Absatz tragen musste.

Ebenso hat Volkmann eine Beobachtung mitgetheilt, dass bei Spondylitis mit Senkungsabscess, der dicht an der Hüftgelenkkapsel lag, der entsprechende, im übrigen völlig gesunde Gelenkkopf durch die gesteigerte Blutzufuhr zu stark wuchs, so dass er sich gegenüber dem der andern Seite beträchtlich vergrössert zeigte.

Atrophieen der Knochen und Wachsthumsstörungen.

Viel häufiger ereignet es sich, dass umgekehrt infolge der Monate und Jahre langen Ruhe und Bettlage sich atrophische Zustände heraus-

bilden. Der Knochen wird immer reicher an Fettmark, in den Epiphysen vergrössern sich die Markräume in dem Maasse, dass zuletzt nur
ganz dünne Knochenscheidewände, oft nur fadenförmige Reste von ihnen
stehen bleiben, und dass man z. B. am Fuss bei Caries des Sprunggelenks den im übrigen völlig gesunden Metatarsus und Tarsus einfach
mit einem Amputationsmesser in dünne Scheiben zerschneiden kann. An
den Diaphysen nimmt der Markcylinder ausserordentlich zu und die Sub-
stantia compacta verdünnt sich mehr und mehr, so dass selbst Spontan-
fracturen eintreten können, die jedoch unter zweckmässiger Behandlung
gewöhnlich rasch und mit festem Callus heilen. Bei der Beseitigung
falscher Stellungen und den Drehungen der Knochen, wie sie bei manchen Resectionen nothwendig werden, hat man daran wohl zu denken
und in den bezüglichen Fällen keine zu grosse Kraft anzuwenden. Auch
Ablösungen der Epiphysen von den Diaphysen kommen dabei vor. Wir
haben es ferner erlebt, dass nicht hinreichend erfahrene Aerzte diesen Zustand der Erweichung des Knochengewebes, den man als **fettige Atrophie**
oder als **Lipomasie** bezeichnen kann, für eine so schwere Erkrankung
hielten, dass sie deshalb hohe Amputationen ausführten.

Das Knochen- wie das Muskelgewebe bedarf zu seiner vollkom-
menen Ernährung des functionellen Reizes und atrophirt und magert
rasch ab, wo dieser fehlt. Sobald das Glied wieder gebraucht wird,
stellt sich auch die Knochenbildung wieder ein, und das überschüssige
Fett wird resorbirt, so dass Knochen, welche den höchsten Grad der
fettigen Erweichung darboten, wieder vollkommen fest und stützfähig
werden. Natürlich geht diese Umbildung langsam vor sich, und es giebt
genug Fälle, wo Personen, welche man zwingen wollte, im Zustande
der äussersten Malacie sich auf das betreffende Glied zu stützen, sofort
schwere Zusammenquetschungen der Knochen oder Fracturen erleiden
würden. Die nach der Ausheilung vorzunehmenden, anfangs sehr vorsichtig auszuführenden Bewegungen, selbst schon das Hängenlassen des
Gliedes und die dadurch hervorgerufene venöse Hyperämie, dann die
Fortbewegung mit Hilfe von Stützapparaten führen bald die normale
Knochenfestigkeit wieder herbei.

Viel schwerer und bleibend sind die Wachsthumsstörungen, welche
sich entwickeln, wenn durch die tuberkulöse Eiterung der Epiphysenknorpel ganz oder zum grösseren Theile zerstört wird, so dass nachher
eine **prämature Synostose** entsteht, wie wir analoges durch die Untersuchungen von V i r c h o w im ausgedehntesten Maasse vom Schädel
kennen. Auch die Veränderungen, welche Synostosen der Knorpelfugen
bei noch wachsenden Personen am Becken hervorrufen, sind bekannt.

Die Verkürzungen, die sich nach Zerstörung der Epiphysenknorpel an den Knochen ausbilden, zeichnen sich, wenn keine Complication mit Inactivitätsatrophie vorliegt, wovon gleich mehr, dadurch aus, dass sie stets auf den e i n e n Knochen beschränkt sind. Natürlich werden sich aber die Folgen derartiger vorzeitiger Synostosen da am meisten geltend machen, wo der Knochen am raschesten wächst. Die Unterschiede hinsichtlich der oberen und unteren Epiphyse des Femur sind in dieser Beziehung besonders schlagend.

Aber unendlich viel häufiger ist das Zurückbleiben der Knochen im Wachsthum nur die Folge einer **Inactivitätsatrophie**, richtiger **Inactivitätsaplasie**. An den nicht gebrauchten, oft genug ganz unbeweglich gehaltenen und stark abgemagerten Gliedern geht auch das Knochenwachsthum mit verminderter Energie vor sich; es können dadurch sehr bedeutende Verkürzungen entstehen, welche alsdann das eigenthümliche haben, dass alle dem Gliede zugehörigen Knochenabschnitte mehr oder minder im Wachsthume zurückbleiben. Man findet in solchen Fällen z. B. bei Coxitis nicht bloss das Femur und die Unterschenkelknochen verkürzt, sondern auch gleichzeitig die ganze Planta pedis verkleinert. Wir haben durch fixirte Russabdrücke oder noch einfacher dadurch, dass wir die Sohlen beider Füsse mit dicker Dinte bestrichen und dann die Kranken auf starkes Löschpapier treten liessen, sehr anschauliche Bilder gewonnen. Worauf es beruht, dass gerade bei Coxitis in einzelnen Fällen die Unterschenkelknochen und namentlich auch die Füsse noch mehr im Wachsthum zurückbleiben wie das Femur, ist uns unbekannt geblieben.

Thierversuche.

Wahl der Versuchsthiere und Versuchsanordnung.

Es war mein Bestreben, auf experimentellem Wege bei geeigneten Thieren Tuberkulose der Knochen und Gelenke hervorzurufen. Will man mit solchen Versuchen Ergebnisse erzielen, welche zur Deutung der beim Menschen vorkommenden gleichen Leiden brauchbar sind, so muss man auch einen Weg einschlagen, welcher demjenigen entspricht, den die Tuberkulose der Knochen und Gelenke beim Menschen zu nehmen pflegt. Es ist nun eine allgemein bekannte Thatsache, dass Traumen von geringer Heftigkeit, so z. B. leichte Distorsionen und Contusionen, bei disponirten Personen häufig Gelenktuberkulose im Gefolge haben, während heftigere Verletzungen, wie Luxationen oder Knochenbrüche, soweit unsere Erfahrungen reichen, niemals tuberkulöse Erkrankungen der betroffenen Gelenke und Knochen bei erblich selbst hervorragend belasteten Menschen nach sich ziehen. Auch die schwersten und sehr lange eiternden Haut- und Knochenwunden (z. B. complicirte Fracturen) sind bei Leuten, die schon an Lungenschwindsucht litten, niemals tuberkulös geworden. Ebensowenig haben wir jemals nach Amputation eines Gliedes wegen Gelenkcaries, sobald nur keine Fistel in den Lappen zurückgelassen wurde, welche tuberkulöse Massen enthielt, ein Tuberkulöswerden der Amputationswunde beobachtet.

Unser erstes Bestreben musste es sein, Thiere, die zu tuberkulösen Erkrankungen neigen, zum Versuche auszuwählen. Dazu eignen sich am besten Kaninchen und Meerschweinchen, von denen es seit langer Zeit bekannt ist, dass sie für Impfungen mit tuberkulösem Gifte ausserordentlich empfänglich sind. Mit Hunden zu experimentiren, habe ich absichtlich vermieden, da wir namentlich durch Robert Koch's zahlreiche Versuche wissen, dass bei diesen Thieren nur sehr schwer das tuberkulöse Gift haftet. Als Impfmaterial habe ich ausschliesslich Reinculturen von Tuberkelbacillen benutzt, welche lange Zeit hindurch auf Hammelblutserum fortgezüchtet waren. Sie entstammten dem hygienischen Institut zu Berlin, woselbst ich im Sommer 1886, dank der gütigen Erlaubniss des Herrn Geheimraths R. Koch, meine Thierversuche begonnen. Fortgesetzt und vollendet habe ich sie während der beiden folgenden Jahre in der chirurgischen Klinik zu Halle.

Wie bekannt, wachsen die Tuberkelbacillen auf der Oberfläche des erstarrten Blutserums als ein mattgrauer, ganz trockener Belag, während sich am Boden des Reagensgläschens etwas Condenswasser ansammelt. Sollte nun ein Thier subcutan geimpft werden, so wurde an der betreffenden rasirten und desinficirten Stelle mit einer durch Hitze sterilisirten Schere eine kleine Hautfalte eingeschnitten und eine subcutane Tasche gebildet. In diese wurde mit einer ausgeglühten Platinöse etwas von dem trockenen Häutchen der Bacillenreincultur gebracht. In vielen Fällen habe ich es vorgezogen, Injectionen mit sterilisirten Spritzen in die Blutbahn oder in die Bauchhöhle vorzunehmen, seltener in die Gelenke selbst. Um für diese Zwecke ein gleichmässiges Injectionsmaterial zu erhalten, verrieb ich in einer ausgeglühten Achatschale das Condenswasser aus den Reagensgläsern mit der abgehobenen Bacillencultur und verdünnte erforderlichen Falles die Aufschwemmung noch mit sterilisirter 0,6 % Kochsalzlösung. Diese bacillenreiche Flüssigkeit habe ich dann zur Einspritzung verwandt.

Durch sehr sorgfältiges Zerdrücken aller sichtbaren Häufchen der recht fest aneinander haftenden Tuberkelbacillen kann man es zu einer ziemlich gleichmässigen Vermischung der Mikroben mit der Flüssigkeit bringen. Filtrirt man diese Masse noch durch feine sterilisirte Gaze, so werden wenigstens gröbere Embolien mit Sicherheit verhütet. Zur Einspritzung in die Blutbahn habe ich bei Kaninchen immer die, mit einem einzigen Hautschnitte so leicht frei zu legenden grossen Ohrvenen benutzt. Die Masse gelangt dann zunächst in die Lungen, und Embolien von irgend welchem erheblicheren Umfange können daher auch nur in diesen stattfinden, nicht aber in den Organen des grossen Kreislaufs, also auch nicht in den Extremitäten.

Gelenktuberkulose bei Impfung in's Gelenk selbst.

Um eine Anschauung über die Art und Weise, wie die Tuberkulose der Synovialhaut bei Kaninchen sich entwickelt, zu gewinnen, habe ich von der oben angegebenen Flüssigkeit bei mehreren Thieren etwa 5 Tropfen unmittelbar in's Kniegelenk eingespritzt. Nach 14 Tagen

fing das Gelenk an etwas anzuschwellen, die Thiere verloren sehr bald
die Fähigkeit, sich auf den Fuss zu stützen und schleppten ihn nach.
Die Verdickung des Gelenks nahm dann ziemlich rasch zu, sodass am
Ende der 3. Woche gewöhnlich schon eine sehr beträchtliche Schwellung
vorhanden war, welche sich auch heiss anfühlte. Nach 4 — 5 Wochen
starben die Thiere; Lungen, Leber und Milz zeigten sich von Tuberkeln
dicht durchsetzt. Die ganze Umgebung des erkrankten Kniegelenks war
in jedem Falle stark geschwollen. Bei einem Thier fand sich an der
Aussenseite des Gelenks, da wo die Einspritzung vorgenommen worden
war, ein etwa haselnussgrosser, mit käsigem bröckligem Eiter erfüllter
Abscess. In diesem Eiter waren Tuberkelbacillen in spärlicher Menge
vorhanden; anderweitige Mikroorganismen liessen sich auch durch Aussaat auf die üblichen Nährböden nicht nachweisen.

Das Verhalten des erkrankten Kniegelenks selbst war bei allen
Thieren ungefähr das gleiche: die ganze Synovialhaut war stark geröthet und geschwollen, ihre Innenfläche in den meisten Fällen glatt.
In ihren oberflächlichen Schichten fanden sich submiliare und miliare
Knötchen in nur geringer Zahl, in grösserer Menge dagegen dicht unter
der Oberfläche, hier und da zeigten sich einzelne grössere Tuberkelherde,
deren Centrum gelblichweiss, käsig aussah. Die mikroskopische Structur
ergab keine Abweichungen gegenüber jener Form der Synovialistuberkulose, welche wir durch Distorsion der Gelenke bei allgemein inficirten
Thieren erzeugt haben (vgl. Phot. 10 und 11 auf Tafel IV). Nach
diesen Vorversuchen konnte ich beurtheilen, ob die auf andere Weise
beim Kaninchen veranlasste Synovialistuberkulose dasselbe Bild darböte
oder nicht.

Durch unmittelbare Impfung in's Gelenk entsteht die Tuberkulose
der Synovialis beim Menschen so gut wie nie. Ein entsprechender Fall
ist allerdings in der chirurgischen Klinik zu Würzburg beobachtet und
von G. Middeldorpf[1]) mitgetheilt worden.

Ein 16jähriger Zimmerlehrling zog sich durch einen Beilhieb eine perforirende Wunde des rechten Kniegelenks zu, welche er mit einem angeblich
reinen Taschentuch selbst verband. Acht Tage lang konnte er umhergehen,
musste aber das Bein steif halten. Hierauf war das Knie volle 8 Tage frei
beweglich und schmerzlos. Genau 14 Tage nach der Verletzung schwoll jedoch
das Gelenk stark an, der Kranke konnte nur mit Mühe einige Schritte gehen,
die heftigen Schmerzen zwangen ihn bald, dauernd das Bett zu hüten. Sechs
Wochen nach der Verletzung wurde in der Würzburger Klinik die Resection
des Kniegelenks ausgeführt. Die Synovialmembran war in ihrer ganzen Ausdehnung tuberkulös erkrankt. Bei der mikroskopischen Untersuchung fanden
sich in ihr auch Tuberkelbacillen in mässiger Menge.

1) G. Middeldorpf, Fortschritte der Medicin 1886. S. 249.

Bei meinen weiteren Thierversuchen habe ich ausschliesslich den Weg eingeschlagen, den mir die klinische Beobachtung, wie schon oben auseinandergesetzt, an die Hand gab.

Impfung und weitere Manipulationen an den Versuchsthieren.

Die **Meerschweinchen** habe ich stets subcutan am Bauche geimpft. Nach 10 Tagen war die Impfstelle stark verdickt und hart, noch einige Tage später bildete sich gewöhnlich ein käsiger Abscess, nach dessen Aufbruch ein tuberkulöses Geschwür zurückblieb. Die benachbarten Lymphdrüsen fingen an zu schwellen, das Thier wurde matt, unlustig zum Fressen, bis unter Zunahme der Erscheinungen 30—34 Tage nach der Impfung der Tod einzutreten pflegte. Von der Zeit an, wo die Infection eben eine allgemeine zu werden begann, also vom 11. Tage ab, habe ich nun Gelenke durch gewaltsame Bewegungen distorquirt, einzelne Epiphysen subcutan im Schraubstock gequetscht, andere Gelenke luxirt, ferner auch Fracturen an den grossen Röhrenknochen erzeugt. Bei keinem Thiere habe ich mehr als 2—3 Gelenke in dieser Weise in Angriff genommen oder mehr als einen oder zwei Knochen gebrochen. Zu den Versuchen wurden Schulter-, Ellenbogen-, Hand-, Hüft-, Knie- und Sprunggelenk gewählt.

Die **Kaninchen** habe ich entweder durch Einspritzung von Tuberkelbacillen in die Bauchhöhle oder, da diese Methode sich für meine Zwecke als die bessere erwies, häufiger durch Injection in die Blutbahn (etwa 1/2—1 Spritze) inficirt. Nach letzterem Eingriff sind eine grosse Anzahl der Thiere so rasch zu Grunde gegangen, dass sich an den Gelenken und Knochen nicht die geringsten tuberkulösen Veränderungen vorfanden. Diese Experimente lasse ich natürlich unberücksichtigt. Andere Thiere lebten nach der Einspritzung noch 3—7 Wochen und lieferten in Bezug auf Gelenk- und Knochenerkrankungen positive Ergebnisse.

Die Dauer des Lebens nach der Injection hängt offenbar grossentheils von der Menge der einverleibten Bacillen ab, und da deren Vertheilung in der bezüglichen Flüssigkeit trotz aller Vorsichtsmaassregeln immerhin eine ungleichmässige ist, so kann man die einzuspritzende Menge von Bacillen auch nur annäherungsweise abschätzen.

Den in die Blutbahn geimpften Kaninchen habe ich nun entweder unmittelbar nach der Injection, oder andere Male unmittelbar vorher, oder aber mehrere Tage und Wochen danach Gelenkdistorsionen und

Gelenkquetschungen in derselben Weise wie den Meerschweinchen beigebracht und die Manipulation zuweilen bei demselben Thier und an
demselben Gelenke an verschiedenen Tagen wiederholt. Mehreren dieser
Thiere habe ich auch einzelne grosse Röhrenknochen gebrochen.

Ergebnisse der Versuche.

Bei der recht erheblichen Anzahl meiner Versuche würde die Auf-
zählung jedes einzelnen viel zu weitschweifig werden, auch nicht von
Wichtigkeit sein, zumal die klinischen Erscheinungen ausserordentlich geringfügig sind. Erkrankt ein Meerschweinchen oder Kaninchen infolge von Impfung unter die Bauchhaut oder Einspritzung bacillärer Reinculturen in die Venen und nachfolgender Verletzung eines
Gelenks hier oder in den benachbarten Knochenabschnitten an Tuberkulose, so schwillt die Gelenkgegend an, fühlt sich auch wohl etwas
wärmer an als die entsprechende der gesunden Seite. Dabei wird das
betreffende Glied geschont. Die Thiere magern allmählich ab, verlieren
die Fresslust und gehen unter diesen Erscheinungen an allgemeiner
Tuberkulose zu Grunde.

Untersuchungsmethode.

Da in den kleinen Gelenken der Meerschweinchen die Veränderungen
mit blossem Auge sich schwer erkennen lassen, habe ich sie nur in
wenigen Fällen gleich nach dem Tode eröffnet und frisch untersucht.
Gewöhnlich habe ich vielmehr die ganzen Glieder, einschliesslich Becken
und Schulterblatt, nach Abziehen der Haut in Alkohol erhärtet, die
Knochen durch 3% wässerige Salpetersäurelösung entkalkt, die Gelenke
in Celloidin eingebettet und an mikroskopischen Schnitten besichtigt. In
jedem einzelnen Falle wurden die drei grossen Gelenke aller vier Glieder,
also jedesmal zwölf Gelenke untersucht.

Bei Kaninchen dagegen habe ich die Gelenke stets gleich nach dem
Tode eröffnet und besichtigt, hierauf bin ich zum Zwecke der mikroskopischen Untersuchung ebenso wie bei den Meerschweinchen vorgegangen.
Auch hier habe ich immer die zwölf grossen Gelenke eines jeden Thieres
der Untersuchung unterworfen.

Da die histologische Diagnose auf Tuberkulose der Synovialmembran
bei unseren Versuchsthieren nicht immer ganz leicht zu stellen war, so
habe ich in keinem Falle versäumt, die Färbung auf Tuberkelbacillen
vorzunehmen, und nur, wenn sich Bacillen in dem veränderten Gewebe

mit Sicherheit nachweisen liessen, habe ich den Fall als positives Ergebniss verwerthet. Denselben Grundsatz habe ich bei der Untersuchung des Knochenmarks auf Tuberkulose festgehalten; auch hier habe ich immer durch den Nachweis der Bacillen die Diagnose sicher gestellt. Diese Vorsicht halte ich bei einer experimentellen Arbeit für durchaus geboten.

Die Einbettung in Celloidin ist für die Untersuchung von so kleinen Gelenken von grossem Werthe, da sonst bei feinen Schnitten die einzelnen Theile des Gelenks auseinander fallen. Für Celloidinschnitte kann man aber nicht die Färbung mit Anilinwasser-Methylviolett brauchen, da das Anilinwasser bei der zur Färbung nothwendigen längeren Einwirkung die Schnitte zum Kräuseln bringt und dadurch unbrauchbar macht. Man färbt daher in Celloidinschnitten die Tuberkelbacillen am besten mit Carbolfuchsin, bringt die Schnitte aus der Farbe unmittelbar in 5 % Schwefelsäure für etwa 20 Sekunden und lässt in 80—90 % Alkohol die weitere Entfärbung vor sich gehen. Bei diesem Verfahren ist für die histologische Nachfärbung Methylenblau oder eine ähnliche Farbe zu verwenden, dagegen nicht das gerade für die Färbung von tuberkulösen Geweben sonst so werthvolle Pikrokarmin, weil dann die Zellkerne gleichfalls roth gefärbt werden.

Versuche an Meerschweinchen und deren Ergebnisse.

Bei 15 ausschliesslich durch Impfung unter die Bauchhaut tuberkulös inficirten Meerschweinchen, welche für unsere Untersuchungen lange genug am Leben geblieben waren, habe ich das Hüftgelenk und Kniegelenk je achtmal, das Fussgelenk viermal, das Schultergelenk wiederum achtmal, das Ellenbogengelenk zehnmal, das Handgelenk sechsmal distorquirt. Ferner habe ich zweimal ein Kniegelenk im Schraubstock gequetscht, einmal die Hüfte, einmal das Knie und einmal die Schulter vollständig luxirt. Ausserdem habe ich viermal den Oberschenkel, dreimal die Unterschenkelknochen, je zweimal den Oberarm und den Vorderarm gebrochen.

Ganz frei von Tuberkulose der Knochen und Gelenke ist nur eins von diesen 15 Thieren geblieben, es starb wie alle andern an ausgebreiteter Tuberkulose der Lungen, Nieren und Milz. Bei diesem Thiere hatte ich ausser zwei Gelenkquetschungen eine Fractur des Femur erzeugt, die durchaus in normaler Weise verheilte. Ich scheide indessen diesen Knochenbruch für die gleich folgenden Betrachtungen vollständig aus, da der Einwand berechtigt wäre, dass bei jenem Thiere etwa eine

besondere Widerstandsfähigkeit der Knochen und Gelenke gegen tuberkulöse Erkrankungen vorhanden gewesen sein könnte.

Was nun zunächst die andern **Knochenbrüche** anlangt, so sind sie
sämmtlich ohne Ausnahme durch knöchernen Callus geheilt. Dieser hat
weder, was den zeitlichen Verlauf, noch was die Art und Weise seiner
Entwicklung betrifft, die geringste Verschiedenheit gegenüber der Callusbildung bei nicht tuberkulös inficirten Thieren gezeigt. In zwei Fällen
von Oberschenkelfractur und einem Falle von Oberarmfractur habe ich
die Consolidation des Knochenbruches absichtlich verhindert. Schon bei
Anlegung der Fractur wurden die beiden Knochenenden durch Verschiebung möglichst weit von einander entfernt. Bei dem Oberarmbruch habe
ich z. B. das untere Fragment bis auf das Sternum hin verschoben.
Weiterhin habe ich meinen Zweck dadurch erreicht, dass ich jeden Tag
die Fragmente gegen einander bewegte. Indessen zeigte sich bei
der Autopsie in keinem dieser Fälle die geringste Spur
von tuberkulöser Erkrankung an den Bruchstellen selbst,
vielmehr hatte sich jedes Mal die Markhöhle beider Bruchenden durch
knöchernen Callus vollständig abgeschlossen. Dieser ragte etwa 4 mm
in die Markhöhle hinein; ausserdem zeigten sich die Knochenenden durch
periostale Auflagerung kolbig verdickt.

Der Fall, in welchem das untere Humerusfragment bis auf das
Sternum verschoben worden war, bot genau die gleichen Verhältnisse
dar; trotzdem war das Mark eben desselben Röhrenknochens nicht gesund geblieben. Aber erst 1,5 cm unterhalb der Bruchstelle — also für
den nur wenige Centimeter langen Knochen weit entfernt von ihr —
fand sich im Mark ein miliarer Tuberkel mit allen charakteristischen
Eigenschaften, natürlich auch mit Bacillen vor. Ebenso zeigten die andern Thiere, bei denen ich Fracturen erzeugt, stets in dem einen oder
andern der gleichzeitig verletzten Gelenke, zuweilen auch in mehreren
ausgesprochene Tuberkulose. Dagegen waren wieder die im Schraubstock gequetschten Kniegelenke von Tuberkulose völlig frei geblieben,
obschon beide Thiere in anderweitigen nur distorquirten Gelenken tuberkulöse Veränderungen der Synovialis aufwiesen.

Von den drei **verrenkten Gelenken** erkrankte nur eines und zwar
ein Hüftgelenk. Bei der Untersuchung — das Gelenk war sofort nach
dem Tode in Alkohol gelegt worden — ergab sich, dass der Trochanter
major in der Gelenkpfanne des Beckens stand; es handelte sich also
um eine vollständige Luxation (Luxatio pubica). An der Kapsel waren
sehr ausgesprochene tuberkulöse Veränderungen vorhanden, die Verdickung durch tuberkulöse Neubildung betrug an der stärksten Stelle

2 ½ mm, was für ein Thier mit so kleinen Gliedmaassen sehr beträchtlich ist. Photogramme eines mikroskopischen Schnittes gebe ich auf Tafel III, Nr. 6 und 7.

Von den 44 distorquirten Gelenken sind im ganzen 15 tuberkulös erkrankt, und zwar zeigte bei der Mehrzahl allein die Synovialis pathologische Veränderungen, während die Epiphysen der das Gelenk zusammensetzenden Knochen nur in 6 Fällen tuberkulöse Herde in ihrem Marke aufwiesen. Die **tuberkulös erkrankte Synovialhaut** erschien mehr oder weniger stark verdickt. Bei der Untersuchung in frischem Zustande, die aus oben angeführten Gründen nur in wenigen Fällen vorgenommen wurde, gewahrte man an ihr eine ziemlich glatte Oberfläche, starke Röthung und eine reiche Zahl submiliarer und miliarer Tuberkel, zuweilen auch etwas grössere Knötchen. Selbst die kleineren von ihnen sahen nicht immer graudurchscheinend aus, sondern oft trübe und gelblich weiss, die grösseren boten stets dieses Verhalten dar.

Die mikroskopische Untersuchung ergab folgendes Bild (vgl. Phot. 6 und 7): Die ganze Synovialhaut war stark mit Rundzellen durchsetzt und ziemlich gefässreich. In ihr traten mehr oder weniger scharf abgegrenzte runde oder länglichrunde Herde hervor, die bei stärkerer Vergrösserung sich als aus Rundzellen und einzelnen epithelioiden Zellen bestehend erwiesen. Letztere waren grösser, zeigten einen bläschenförmigen Kern mit Kernkörperchen; die einfachen Rundzellen entsprachen in ihrem Aussehen den weissen Blutkörperchen und überwogen nach der Peripherie der Knötchen hin weitaus an Zahl. Hier handelte es sich also um ganz frische, noch nicht verkäste Tuberkel. In der Mitte der etwas grösseren Knötchen zeigten sich dagegen die Erscheinungen der regressiven Umwandlung, man sah hier in einer körnigen Grundsubstanz in spärlicher Menge Kerne und Zellen; es begann hier schon die Verkäsung. Riesenzellen habe ich in den Tuberkeln der Synovialmembran bei Meerschweinchen nicht gefunden, nur hier und da eine grössere epithelioide Zelle, die zwei bläschenförmige Kerne enthielt.

Tuberkelbacillen liessen sich jedesmal nachweisen, aber auffallender Weise für gewöhnlich nur in äusserst geringer Anzahl. Das ist besonders merkwürdig, wenn man bedenkt, wie ausserordentlich zahlreich die Mikroben in den Tuberkeln der Milz, Lungen und überhaupt der innern Organe der Meerschweinchen zu sein pflegen. In der Synovialhaut dieser Thiere muss man aber oft mehrere Tuberkel ganz genau durchsuchen, ehe man einen einzigen Bacillus antrifft.

In dem einen Falle fand sich am Schultergelenk eine ganz ungewöhnlich starke Verdickung der tuberkulös erkrankten Synovial-

membran. Ich gebe hiervon die Photogramme 8 und 9 auf Tafel IV.
Die histologische Untersuchung zeigte keine Abweichung von dem eben
geschilderten Verhalten.

Die Gelenkknorpel erwiesen sich ebenso wie die Epiphysenknorpel
in allen Fällen als vollkommen gesund. Dagegen fand ich im **Knochenmark** der Epiphysen, wie schon erwähnt, in sechs Fällen ausgesprochene
Tuberkulose. Gewöhnlich handelte es sich um einzelne miliare und
submiliare Knötchen. Die Bacillen waren hier im allgemeinen ebenso
spärlich wie in den Tuberkeln der Synovialis. Im Diaphysenabschnitte
der langen Röhrenknochen habe ich in vielen Fällen verstreute Tuberkel gefunden, auch wenn die Epiphysen und Synovialhäute nicht erkrankt waren, während sich Eruptionen im Epiphysenmark nur da nachweisen liessen, wo auch das benachbarte Gelenk tuberkulöse Veränderungen darbot. Die Tuberkel in den Diaphysen lagen immer vereinzelt,
dagegen habe ich in den Epiphysen zweimal wirklich grössere Conglo-
merate von Tuberkeln gefunden, so dass man hier in der That schon
von einem tuberkulösen Knochenherde zu sprechen berechtigt war. Der
eine Fall bot auch noch in anderer Beziehung bemerkenswerthes, so dass
ich die Beschreibung folgen lasse.

Ein Meerschweinchen mit noch vorhandenen Epiphysenknorpeln wurde
mit einer Reincultur von Tuberkelbacillen unter die Haut geimpft. 10 Tage
darauf starke Lymphdrüsenschwellung in der Weiche. 19 Tage nach der
Impfung, als man sicher sein konnte, dass eine Allgemeininfection eingetreten
war, wurde das linke Kniegelenk zum ersten Male, 3 Tage später noch einmal
distorquirt. Das Thier starb 30 Tage nach der Impfung an verbreiteter Tuberkulose der innern Organe.

Während die übrigen Gelenke des Thieres und die Kapsel des linken,
der Quetschung unterworfenen Knies selbst bei mikroskopischer Untersuchung
nicht die geringsten Abweichungen darboten, zeigten sich in den knöchernen
Epiphysen eben dieses Gelenks beträchtliche Veränderungen. Zunächst traf
ich in der unteren Epiphyse des Femur in drei verschiedenen kleinen
Gefässen Tuberkelbacillen enthaltende **Emboli.** Dieses Meerschweinchen ist
das einzige Thier, bei dem ich solche Embolien gesehen habe, obgleich ich
während der ganzen Reihe meiner Untersuchungen das Augenmerk auf derartige Vorkommnisse besonders gerichtet hatte. Der eine Embolus lag an der
Theilungsstelle eines Gefässes. Abb. 34 zeigt bei einer Vergrösserung von
58 : 1 die Lage dieser kleinen Arterie. Sie befindet sich bei *a* dicht über
dem Gelenkknorpel (*b, b*) der unteren Epiphyse des Femur und theilt sich an
dieser Stelle in zwei Aestchen. Weiter oben liegt das Mark der Epiphyse (*c*),
welches fast nur aus kleinen Rundzellen besteht. Das Innere des Gefässes *a*
enthielt mitten zwischen den rothen Blutkörperchen in sehr beträchtlicher
Menge Tuberkelbacillen, welche in einer amorphen Masse eingebettet lagen.
Auch die beiden andern Gefässe, welche je einen bacillenhaltigen Embolus aufwiesen, hatten ihre Lage nahe dem Gelenkknorpel derselben Epiphyse. Der
Knorpel selbst verhielt sich ganz normal. Im Mark der Epiphyse waren zer-

streute Knötchenbildungen in ziemlich grosser Anzahl vorhanden, sie zeigten einen spärlichen Gehalt an Bacillen.

Dass solche Anhäufungen der Mikroben in den Gefässen Veranlassung zu tuberkulösen Herden an Ort und Stelle geben müssen, ist an sich klar. Ob aber die in diesem Falle schon vorhandene Tuberkulose des Knochenmarks der Epiphyse auf die Embolien zurückzuführen war, liess sich nicht entscheiden. Möglicherweise kann ein solcher bacillenbeladener Embolus, der so dicht an der Gelenkspalte liegt, eine tuberkulöse Erkrankung des Gelenks selbst herbeiführen. In unserem Falle waren die Embolien sicher sehr jung, denn es war weder an der Gefässwandung noch in deren unmittelbarer Umgebung, noch auch im Gelenke selbst die geringste Veränderung wahrzunehmen.

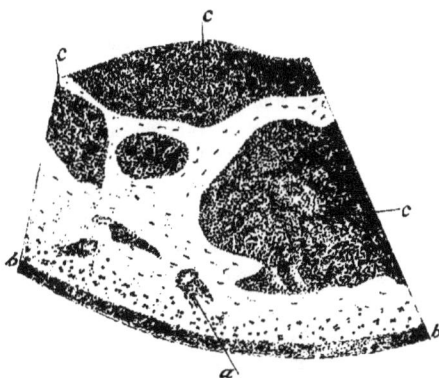

Abbildung 34.
Zeichnung. Erklärung S. 88.

In der oberen Epiphyse der linken Tibia desselben Thieres fand sich ein **Tuberkelconglomerat**, welches, von unregelmässiger Gestalt, etwa die halbe Höhe der Epiphyse einnahm, also in der That einen grossen Erkrankungsherd darstellte. In ihm fanden sich die Bacillen ausnahmsweise in etwas grösserer Zahl.

Bei Meerschweinchen habe ich niemals eine tuberkulöse Erkrankung in einem nicht gequetschten Gelenke gefunden.

Versuche an Kaninchen und deren Ergebnisse.

Ich spreche nur über diejenigen Kaninchen, bei welchen die Impfung unmittelbar in die Blutbahn vorgenommen und von denen dieser Eingriff einige Wochen überstanden wurde.

Wie oben auseinandergesetzt, wurde diesen Thieren eine Aufschwemmung von rein cultivirten Tuberkelbacillen in eine der grossen Ohrvenen eingespritzt. Oertlich habe ich an der Injectionsstelle niemals
eine Störung beobachtet; sowohl vor als nach der Einspritzung wurde
die kleine Wunde desinficirt. Es handelt sich im ganzen um 14 Thiere.
Schultergelenke habe ich bei drei Thieren, Ellenbogengelenke viermal,
Handgelenke zweimal, Hüftgelenke siebenmal, Kniegelenke sechsmal,
Fussgelenke ebenfalls sechsmal distorquirt. Zweimal wurde das Kniegelenk, einmal das Ellenbogengelenk im Schraubstock zertrümmert.
Ferner habe ich dreimal den Oberschenkel, zweimal den Unterschenkel gebrochen. Keines von diesen Thieren ist gänzlich von Tuberkulose der Gelenke verschont geblieben; alle sind sie 4 bis 7 Wochen
nach der Impfung an Tuberkulose der innern Organe zu Grunde gegangen.

Im ganzen habe ich an den 28 distorquirten Gelenken vierzehnmal
tuberkulöse Erkrankungen beobachtet, und zwar ergab sich, dass das
Hüftgelenk und Kniegelenk am meisten dazu neigen. Denn von den
sieben distorquirten Hüftgelenken erkrankten sechs, von den sechs distorquirten Kniegelenken fünf an Tuberkulose. Das Fussgelenk fand
sich bei sechs distorquirten Gelenken nur zweimal, das Schultergelenk
bei dreien nur einmal erkrankt, Ellenbogen- und Handgelenk blieben
völlig frei, obschon bei allen diesen Gelenken die Verletzungen etwa
mit derselben Gewalt vorgenommen und ungefähr eben so oft wiederholt wurden.

Was zunächst die **Knochenbrüche** betrifft, so sind sie alle in derselben Weise geheilt, wie ich das oben beim Meerschweinchen (S. 86)
auseinander gesetzt habe. Um Wiederholungen zu vermeiden, verweise
ich daher auf jene Ausführungen. Nirgends fand sich eine Spur von
Tuberkulose an den Fracturstellen, auch wenn die Consolidation durch
tägliches Bewegen verzögert oder durch starke Verschiebung der Bruchenden verhindert wurde. Und doch habe ich bei Kaninchen öfter noch
als bei Meerschweinchen im Mark derselben Knochen, deren Fracturen
anstandslos durch knöchernen Callus geheilt waren, Miliartuberkel gefunden, allerdings erst ein oder mehrere Centimeter von der Bruchstelle
entfernt.

Auch die beiden im Schraubstock zertrümmerten Kniegelenke sind
geheilt, ohne dass eine Spur von Tuberkulose in den zermalmten Knochen oder in der Gelenkkapsel aufgetreten wäre. Diese starken Verletzungen der Gelenkenden stellen doch im wesentlichen ausgedehnte
Splitterfracturen (oder Fractures par écrasement) dar.

Was nun die Erkrankung der Gelenke selbst anlangt, welche nach Distorsionen eintraten, so habe ich in der Mehrzahl der Fälle nur **Tuberkulose der Synovialmembran** gefunden. Bei den Kaninchen wurden die Gelenke sämmtlich in frischem Zustande unmittelbar nach dem Tode makroskopisch untersucht. In den ausgeprägtesten Fällen von Synovialistuberkulose am Knie- und Hüftgelenk fand ich die Synovialmembran im ganzen sehr stark geschwollen und geröthet. Dabei erschien ihre Oberfläche glatt. Am Kniegelenk war die Schwellung besonders stark vorn dicht unterhalb der Patella und hinten in der Kniekehle. In der geröteten Synovialis bemerkte man schon mit blossem Auge submiliare bis miliare helle Herde, die sich stets von einem dunkelrothen Hofe umgeben zeigten. Die kleineren dieser Herde waren zuweilen durchscheinend, meistens aber, wie die grösseren, in der Mitte trübe, gelblich. Auch am gefärbten mikroskopischen Präparate liessen sich diese Herde noch mit blossem Auge infolge des blassen Farbentones unterscheiden, welchen ihr Centrum angenommen hatte. Dieses zeigte sich namentlich bei den grösseren Knötchen durchaus im Zustande der Verkäsung, man sah hier in einer gleichmässig körnigen Grundsubstanz nur einige Reste von Kernen und einige Rundzellen. Die Verkäsung tritt beim Kaninchen in den Tuberkeln der Synovialhaut noch früher ein als beim Meerschweinchen, schon 3 Wochen nach der Infection fand sie sich in der Mitte der kleinsten Tuberkel. Im übrigen entspricht das histologische Bild vollständig dem oben S. 87 vom Meerschweinchen beschriebenen, vgl. Photogr. 10 u. 11 auf Taf. IV.

Auch beim Kaninchen ist die Zahl der in der tuberkulös erkrankten Synovialmembran nachzuweisenden Bacillen verschwindend klein gegenüber der sehr reichlichen Menge, welche man in Tuberkeln der innern Organe und in Tuberkeln der Iris bei diesen Thieren zu finden pflegt. Es ist dies eine sehr eigenthümliche, aber ganz regelmässig festzustellende Thatsache, welche ich besonders hervorheben muss. Die geringe Zahl der Mikroben bei diesen Gelenkerkrankungen weicht von allem ab, was wir über das Vorkommen von Tuberkelbacillen bei den verschiedensten tuberkulösen Erkrankungen des Kaninchens und Meerschweinchens wissen. Man muss der Regel nach sehr lange suchen, zuweilen mehrere Schnitte genau durchsehen, bevor man nur einen Bacillus findet. Nicht ganz selten liegen die Bacillen auch ausserhalb der Tuberkel im scheinbar noch gesunden Gewebe verstreut.

Die tuberkulöse Erkrankung der Synovialhaut habe ich schon drei Wochen nach der Einspritzung in die Blutbahn beobachtet; sie prägt sich natürlicher Weise um so stärker aus, je länger das Thier nach der

Impfung am Leben bleibt. Dann nehmen auch die Verkäsungen an
Ausdehnung zu, in zwei Kniegelenken habe ich sogar eiterigen Inhalt
gefunden. Der Eiter bot, wie der Kanincheneiter gewöhnlich, ein käsiges
Verhalten dar, er war dick, schmierig, etwas bröcklig. Diese beiden
Thiere sind 5 und 6 Wochen nach der Impfung zur Section gekommen.
Bei ihnen und ebenso in einigen der andern Fälle von Synovialistuber-
kulose fanden sich Knötchenbildungen auch im Gewebe der fibrösen
Gelenkkapsel. Histologisch boten diese Tuberkel dasselbe Verhalten
wie die der Synovialhaut selbst dar.

Die Gelenkknorpel zeigten sich ebenso wie die Epiphysenknorpel
in allen Fällen gesund. Auch bei Kaninchen fand ich in der Nähe der
tuberkulös erkrankten Gelenke im **Knochenmark** der Epiphysen zuweilen
Tuberkelbildungen. Meist handelte es sich um vereinzelte submiliare
bis miliare Knötchen. Ein Zusammenfliessen zu grösseren Gruppen habe
ich nur in einzelnen Fällen beobachtet. Wie bei den Meerschweinchen,
so fanden wir auch hier in den Knochenmarktuberkeln gelegentlich
eine Riesenzelle und hin und wieder die Bacillen ein wenig zahlreicher
als bei der Synovialistuberkulose. Im Mark der Diaphysen der langen
Röhrenknochen habe ich etwas seltener als in den Epiphysen ein Auftreten von verstreuten Tuberkelkörnern festgestellt; auch kam es hier
nie zur Entwicklung grösserer Herde.

Einige Versuche will ich wegen bemerkenswerther Ergebnisse, welche
sie lieferten, besonders besprechen.

1. Einem starken grauen Kaninchen wurde eine Spritze der Tuberkel-
bacillen-Aufschwemmung in eine linksseitige Ohrvene injicirt. Unmittelbar
danach wurde ihm das linke Hüft-, Knie- und Fussgelenk distorquirt und der
rechte Oberschenkel gebrochen. Das Thier schonte von Anfang an bis zu
seinem 6½ Wochen nach der Impfung erfolgten Tode das linke Bein; irgend
welche Schwellungen liessen sich an den Gelenken nicht nachweisen. Die
Section ergab schwere Miliartuberkulose der Lungen und Nieren, während
Leber und Milz sich als frei erwiesen. Der Bruch des rechten Oberschenkels
war, da die Fragmente ziemlich stark aneinander verschoben lagen, mit sehr
dickem knöchernen Callus und zwar in Zeit von 3 Wochen geheilt. Auch bei
der mikroskopischen Untersuchung, welche nach Entkalkung an Längsschnitten
des Femur vorgenommen wurde, zeigte sich völlig normale Callusbildung, keine
Spur von Tuberkulose an der Bruchstelle.
Die Synovialis des linken Hüftgelenks, welches gewaltsam distorquirt
worden war, sah etwas geröthet und leicht geschwollen aus, mit blossem Auge
liessen sich Tuberkel in ihr nicht erkennen. Dagegen wies die mikroskopische
Untersuchung einzelne Knötchen nach, welche ausschliesslich aus epithelioiden
und Rundzellen bestanden und äusserst spärliche Bacillen enthielten; Verkäsung
war noch nirgends vorhanden. Auf mikroskopischen Schnitten durch das ent-
kalkte Femur zeigte sich eine ausgesprochene Miliartuberkulose des Marks,
namentlich im Femurkopf und im Trochanter major, in geringerem Maasse in

der Diaphyse. Ueberall im Knochenmark enthielten die Tuberkel auch vereinzelte Riesenzellen neben den epithelioiden und Rundzellen, Verkäsung hatte auch hier nirgends Platz gegriffen, die Bacillen waren sehr spärlich.

Einen wichtigen Befund bot das distorquirte linke Kniegelenk dar. Das Gelenk selbst und seine Kapsel waren makroskopisch und histologisch völlig normal. Dagegen zeigte sich auf einem Sagittalschnitte durch die das Kniegelenk zusammensetzenden Knochen in der unteren **Epiphyse des Femur**, fast deren ganze Höhe einnehmend und hauptsächlich im Condylus internus gelegen, ein etwa **erbsengrosser Abscess**, welcher mit käsigem Eiter erfüllt war (s. Taf. V, Photogramm 12). Nach dessen Entfernung erschien die Abscesshöhle von ziemlich glatten, etwas unregelmässigen Wandungen gebildet. Sie war in ihrer grössten Ausdehnung reichlich 4 mm hoch, 3 mm breit. Ringsherum in einer Ausdehnung von 1—3 mm war das Epiphysenmark, wie die mikroskopische Untersuchung am entkalkten Knochen ergab, von Tuberkeln durchsetzt und zwar in dem Maasse, dass stellenweise Knötchen unmittelbar an Knötchen stiess und ein Zwischengewebe fast nicht mehr vorhanden war, s. Taf. V, Photogramm 13 *g*. Auch Bacillen waren in spärlicher Anzahl aufzufinden. In Präparaten, welche zur Controle nach der Gram'schen Methode oder einfach mit wässriger Methylenblau- oder Fuchsinlösung gefärbt wurden, liessen sich keine anderen Mikroorganismen nachweisen. Ebensowenig konnte ich in den Gefässen, so viele Schnitte auch daraufhin untersucht wurden, irgendwo einen Embolus von Tuberkelbacillen (s. S. 88) auffinden. Alle übrigen Gelenke, namentlich auch das distorquirte Fussgelenk erwiesen sich bei diesem Thiere als gesund.

2. Einem kräftigen weissen Kaninchen wurden 1 1/2 Spritzen der bacillenhaltigen Flüssigkeit in eine Ohrvene gespritzt. Unmittelbar danach wurde das rechte Hüft-, Knie- und Fussgelenk distorquirt, der rechte Unterschenkel gebrochen. Schon nach 3 Wochen war der gebrochene Knochen durch ziemlich festen Callus verheilt. Dagegen begann um diese Zeit das rechte Kniegelenk zu schwellen und auf Druck empfindlich zu werden. Die Schwellung nahm im weitern Verlaufe zu, 39 Tage nach der Impfung starb das Thier, wie die Section erwies, an ausgebreiteter Lungen- und Nierentuberkulose.

Beim Eröffnen des sehr stark verdickten **rechten Kniegelenks** entleerte sich eine geringe Menge völlig klarer Synovia. Die Synovialhaut erwies sich in ihrer ganzen Ausdehnung auffallend geröthet und geschwollen, namentlich im vordern Abschnitte unterhalb der Patella, aber auch hinten in der Kniekehle. Schon mit blossem Auge waren miliare und submiliare Tuberkel zu erkennen; bei der mikroskopischen Untersuchung bestätigte sich dieser Befund. Die Tuberkel zeigten ausgesprochene Verkäsung. Riesenzellen fanden sich nirgends, Bacillen nur in sehr spärlicher Anzahl. Ausserdem ergab die Untersuchung noch vereinzelte Tuberkel im Mark der Diaphyse der Tibia nahe dem Epiphysenknorpel.

Das **linke Kniegelenk**, welches nicht distorquirt worden war, bot trotzdem makroskopisch und mikroskopisch ungefähr dasselbe Bild wie das rechte. Die auffallend starke Tuberkulose der Synovialis war am gefärbten mikroskopischen Präparat mit blossem Auge zu erkennen, da die Knötchen in der Mitte verkäst waren und diese Abschnitte nur einen blassen Farbenton angenommen hatten. In der oberen Epiphyse der Tibia fand sich ausgebreitete Tuberkelbildung im Mark mit beginnender Verkäsung. Emboli liessen sich nirgends nachweisen. Die andern Gelenke, namentlich auch das distorquirte rechte Hüft- und Fussgelenk waren völlig gesund geblieben.

3. Einem starken weissen Kaninchen wurde ½ Spritze der bacillenhaltigen Mischung in eine linke Ohrvene gespritzt. Sofort danach wurde das linke Hüft-, Knie- und Fussgelenk distorquirt; 22 Tage nach der Impfung auch noch der rechte Oberschenkel gebrochen; 39 Tage nach der Einspritzung wurden die drei Gelenke noch einmal distorquirt. Das Thier starb 48 Tage nach der Impfung an ausgebreiteter Lungentuberkulose.

Bei der Autopsie und mikroskopischen Untersuchung erwies sich der rechte Oberschenkel an der Stelle der Fractur in keiner Weise tuberkulös erkrankt, obschon die Bruchenden so stark gegen einander verschoben worden waren, dass sie nicht zusammenheilen konnten. Die Markhöhle beider Femurenden war durch Knochenneubildung vollständig abgeschlossen, sie selbst erschienen durch periostale Knochenwucherungen kolbig verdickt.

Das linke distorquirte Kniegelenk sah makroskopisch durchaus normal aus. Histologisch zeigte sich dagegen die Synovialmembran an einzelnen Stellen mit Rundzellen dicht infiltrirt, ohne dass die Anordnung charakteristisch für Tuberkulose gewesen wäre, hier fanden sich auch vereinzelte epithelioide Elemente. Da ich indessen trotz aller Mühe Tuberkelbacillen nicht aufzufinden vermochte, so habe ich natürlich auch die Veränderungen nicht als beginnende tuberkulöse Erkrankung betrachten dürfen. Das Mark des Tibiakopfes verhielt sich normal.

Das linke, gleichfalls distorquirte Fussgelenk bot in den Schichten seiner fibrösen Kapsel das Bild der beginnenden Tuberkulose dar, während die Synovialmembran gesund aussah. An dem erstgenannten Orte zeigten sich an einer Stelle ganz kleine runde Herde, in denen Rundzellen mit epithelioiden Zellen vermischt lagen. Im Centrum sah man schon beginnende Verkäsung. Bacillen fanden sich sowohl in diesen Herden, als auch im verhältnissmässig normal aussehenden Gewebe, jedoch überall nur in spärlicher Menge. Vielleicht war diese noch nicht weit vorgeschrittene Erkrankung in ihrer Entstehung auf die letzte Distorsion zurückzuführen, welche 9 Tage vor dem Tode vorgenommen wurde.

Besonders wichtige Veränderungen bot das gleichfalls unmittelbar nach der Bacilleneinspritzung der Quetschung unterworfene linke Hüftgelenk dar. In der fibrösen Kapsel war ausgesprochene Tuberkulose vorhanden, die einzelnen Tuberkel zeigten bereits Verkäsung. Die Bacillen waren hier an einzelnen Stellen zahlreicher, im übrigen aber ebenso spärlich wie anderwärts. Im Mark des Femurhalses fanden sich einzelne miliare Tuberkel mit Riesenzellen.

In der knöchernen Wand der Beckenpfanne und zwar in ihrem äusseren Abschnitte (s. Photogramm 14 auf Taf. V) dicht oberhalb des Gelenkknorpels war ein grosser **Käseherd** vorhanden, der grösste, den ich überhaupt bei meinen Thierversuchen im Knochen gefunden habe. Er mass in seinem längsten Durchmesser etwa 4 mm, an seiner breitesten Stelle reichlich 2½ mm, so dass bei der Kleinheit des betreffenden Skeletabschnittes der Knochen sich fast in seiner ganzen Dicke erkrankt zeigte. Im Bereich des Herdes waren Knochenmark und Knochenbälkchen der Spongiosa gleichmässig in eine käsige Masse verwandelt, man sah hier als Reste von dem früheren Gewebe nur noch einzelne Kerne und Faserzüge. Nach der einen Seite (links im Photogramm bei *d*) wies dieser Käseherd eine geringe Anzahl leidlich gut erhaltener Tuberkel auf, nach den andern Seiten stiess er entweder unmittelbar an die normale Spongiosa, oder aber es bildeten hier vereinzelte Tuberkel die Grenze. Die Mehrzahl dieser Knötchen war stellenweise auch schon verkäst und ent-

hielt nur sehr spärlich Riesenzellen. Bacillen liessen sich zwar überall nach-
weisen, aber wiederum nur mit einer gewissen Mühe und in recht geringer
Zahl. Nirgends habe ich in den Gefässen der Umgebung des Herdes einzelne
Bacillen oder gar einen bacillären Embolus gefunden.

Schlüsse.

Disposition der Kaninchen und Meerschweinchen zu tuberkulösen Er-
krankungen der Knochen und Gelenke.

Zunächst möchte ich einige Bemerkungen über die Auswahl der
Thiere zum Experiment machen; denn man wird vielleicht einwenden,
dass Kaninchen und Meerschweinchen keine geeigneten Versuchsthiere
wären, da sie ja, wie bekannt, auf die allerleichteste Weise tuberkulös
inficirt werden können. Bei ihnen haftet das Gift in jedem einzelnen
Falle, gleichgültig ob man die Thiere subcutan oder in die Bauchhöhle
oder in die Vorderkammer des Auges oder in die Blutbahn impft. Wenn
also so hervorragend disponirte Thiere tuberkulöse Erkrankungen an
Knochen und Gelenken bekommen, so könnte man einwenden, dass es
nicht berechtigt wäre, aus diesen Ergebnissen Schlüsse auf die gleichen
Leiden der Menschen zu ziehen.

Gegen diesen Einwand lässt sich zunächst geltend machen, dass
ich, wie die oben aufgeführten Zahlen meiner Versuche lehren, nicht
entfernt an allen distorquirten Gelenken tuberkulöse Erkrankungen erzielt habe, dass vielmehr die überwiegende Zahl dieser gequetschten
Gelenke frei von Tuberkulose geblieben ist: von 72 bei Kaninchen und
Meerschweinchen distorquirten Gelenken erkrankten nur 29 tuberkulös,
obschon alle Thiere ohne Ausnahme an Tuberkulose innerer Organe zu
Grunde gingen. Was nun weiter die nicht distorquirten Gelenke bei
eben diesen Thieren anlangt, so ist von allen nur ein einziges und zwar
bei einem Kaninchen nach der Einspritzung von Bacillen in die Blutbahn
tuberkulös erkrankt. Im ganzen blieben 29 Thiere für diese Untersuchungen übrig, eine nicht sehr beträchtliche Menge, wenn man die
Zahl der Thiere in Erwägung zieht, aber ein sehr reiches Material,
wenn man bedenkt, dass bei jedem Thiere zwölf Gelenke untersucht
werden mussten. Nur auf Grund dieser gleichzeitigen Durchmusterung
aller grösseren Gelenke lassen sich meines Erachtens Schlussfolgerungen
ziehen.

Nach den aus obigen Untersuchungen gewonnenen Erfahrungen will
es mir scheinen, als ob Kaninchen und Meerschweinchen sich gegen-

über der tuberkulösen Infection nicht wesentlich anders verhielten, wie
disponirte Menschen. Auch heute, nachdem der Tuberkelbacillus entdeckt und als Erreger der in Rede stehenden Erkrankungen erkannt
worden ist, lässt sich, wie wir bei der Aetiologie genauer besprechen
werden, die Disposition als Hauptfactor durchaus nicht leugnen. Ebenso
wie Kaninchen und Meerschweinchen sind auch hervorragend disponirte
Menschen wenig widerstandsfähig gegen die tuberkulöse Infection, wohl
verstanden gegen die tuberkulöse Infection. Anders freilich ge-
stältet sich der Verlauf, wenn die tuberkulöse Erkrankung einmal
Platz gegriffen hat. Dann gehen Kaninchen und Meerschweinchen ausserordentlich schnell an der unaufhaltsam fortschreitenden Tuberkulose der
innern Organe zu Grunde, was ja glücklicher Weise beim Menschen
nicht die Regel darstellt. Gelenke und Knochen aber widerstehen auch
bei jenen Thieren noch der Erkrankung, selbst wenn die innern Organe
massenhaft von Tuberkeln durchsetzt sind. Erst wenn ein Gelenk infolge eines Traumas stärker vascularisirt ist, Ergüsse in ihm auftreten
und es seine Widerstandsfähigkeit dadurch mehr oder minder eingebüsst
hat, kommt es auch hier örtlich zur Tuberkelentwickelung.

Ich möchte wohl behaupten, dass bei tuberkulös erkrankten oder
besonders belasteten Menschen die Neigung der Bewegungsorgane, von
dem specifischen Leiden befallen zu werden, nahezu so gross ist, wie
ich es bei Kaninchen und Meerschweinchen auf Grund meiner Versuche
gefunden habe. Wie häufig sieht man Kinder, bei welchen die tuberkulösen Erkrankungen des Skelets in so vielfach verstreuten Herden auftreten, dass keines der vier Glieder ganz frei geblieben, und dass mitunter selbst noch die Wirbelsäule erkrankt ist. Die multipeln Knochen-
und Gelenktuberkulosen sind beim Menschen nichts weniger als selten.

Heilung der Knochenbrüche bei tuberkulösen Thieren.

Weiterhin scheint es mir von Wichtigkeit darauf hinzuweisen, dass
Knochenbrüche bei tuberkulös inficirten Thieren durch knöchernen Callus
heilen, und dass an der Bruchstelle selbst niemals Tuberkulose entsteht.
Diese Thatsache ist beim Menschen allgemein bekannt. Meines Wissens
ist es bisher niemals beobachtet, dass an einer Fracturstelle auch bei
schwer tuberkulösen Personen das Knochenmark oder die umgebenden
Gewebe specifisch erkrankt wären. Bei meinen Versuchsthieren habe ich
aber doch noch ganz andere Bedingungen gesetzt, als sie beim Menschen
vorkommen können. Ich habe Knochen gebrochen, unmittelbar bevor
oder nachdem ich Tuberkelbacillen in recht grosser Menge und in fein

vertheiltem Zustande in den Blutstrom eingebracht. Es müssen also nothwendiger Weise auch Bacillen an die Fracturstelle und damit in das Blutextravasat gekommen sein, welches sich stets an der Bruchstelle bildet. Man sollte meinen, dieses extravasirte Blut müsste als todter eiweissreicher Stoff den ausgezeichnetsten Nährboden für die dorthin gelangten Bacillen abgeben, und diese würden durch ihr Fortwuchern tuberkulöse Eruptionen an Ort und Stelle erzeugen. Aber nichts davon habe ich jemals beobachtet; ja selbst wenn wir die Zusammenheilung der Bruchenden künstlich verhinderten, schloss sich wenigstens die Markhöhle durch gesunde Knochenneubildung ab.

Wie anders verhalten sich dagegen die Mikroorganismen, welche im Stande sind phlegmonöse Eiterung zu erzeugen! Macht man dasselbe Experiment und spritzt statt der Tuberkelbacillen Staphylokokkus pyogenes in die Blutbahn, so vereitert in jedem Falle der Knochenbruch.[1]) Die im Blute kreisenden Mikroben gelangen eben auch an die Fracturstelle, finden hier im extravasirten Blute einen geeigneten Nährboden, vermehren sich und erzeugen die pathologischen Veränderungen, welche sie stets hervorrufen, wenn sie Gelegenheit finden, sich innerhalb des Organismus fortzuentwickeln, — in diesem Falle mithin Eiterung. Dieselbe Beobachtung ist wiederholt am Menschen gemacht worden, und auch ich habe eine Reihe von Kranken gesehen, bei denen subcutane Knochenbrüche, einmal auch eine subcutane Oberarmverrenkung vereitert oder gar verjaucht sind, nachdem von einer irgendwo sonst am Körper vorhandenen Wunde aus septisches Gift dem Organismus zugeführt worden war.

Wie soll man sich diesen Unterschied zwischen den Tuberkelbacillen und den, phlegmonöse Eiterung erzeugenden Mikroorganismen erklären? Es giebt da meines Erachtens nur zwei Wege. Entweder muss man annehmen, dass auch beim Kaninchen und Meerschweinchen die langen Röhrenknochen in ihren Diaphysenabschnitten ausserordentlich wenig zu tuberkulöser Erkrankung neigen, eine Thatsache, welche für den erwachsenen Menschen unzweifelhaft feststeht, oder aber die reparative Gewebswucherung, welche jedem Knochenbruch folgt, ist zwar im Stande, die Entwickelung der verhältnissmässig langsam wachsenden Tuberkelbacillen zu verhindern, nicht aber die Vermehrung jener Mikrokokken, welche bekanntlich ganz ausserordentlich schnell vor sich geht. Es bestände gewissermaassen ein Kampf zwischen den durch das Trauma in

---

1) Siehe Fedor Krause, Ueber einen bei der acuten infectiösen Osteomyelitis des Menschen vorkommenden Mikrokokkus. Fortschritte der Medicin 1884. Nr. 7. 8.

Reizung versetzten thierischen Geweben und den Mikroorganismen. Die
Tuberkelbacillen würden unterliegen, die Staphylokokken als Sieger
daraus hervorgehen.

Dass in der That extravasirtes Blut auch im menschlichen Körper
einen ausgezeichneten Nährboden für Tuberkelbacillen darstellt, und dass
in diesem todten Stoffe eine ziemlich rasche Entwickelung der Mikroben
mit Bildung tuberkulösen Gewebes stattfinden kann, beweist folgender
von mir beobachtete Fall.

Ein 8 jähriger Knabe, Karl H. aus Cöthen, litt an einem pflaumengrossen
tuberkulösen Abscess auf dem Rücken des Vorderarms in der Gegend der
unteren Radiusepiphyse. Beim Aufschneiden entleerte sich charakteristischer
Eiter, man gelangte von der Abscesshöhle aus, die mit einer specifisch tuberkulösen Membran ausgekleidet war, zu einer in die Radiusepiphyse hinein-
führenden Fistel. Der Knochen wurde an dieser Stelle aufgemeisselt und
dadurch eine etwa haselnussgrosse Höhle freigelegt, die ihren Sitz in der verdickten Radiusepiphyse hatte. Ein Sequester fand sich nicht vor, sondern nur
käsiger Eiter, so dass es sich um eine tuberkulöse Knochencaverne handelte.
Da sich die Abscessmembran auf das sorgfältigste mit dem scharfen Löffel
entfernen liess, so wurde nach gehöriger Desinfection mit 1 %oo Sublimatlösung
die ganze Hautwunde ohne Drainage zugenäht und der Verband in der Hoffnung angelegt, dass ein Blutgerinnsel die Höhle ausfüllen und Heilung durch
Organisation eben dieses Gerinnsels eintreten würde. Nach 12 Tagen wurde
der Knabe mit völlig geheilter Wunde aus der Behandlung entlassen.

Schon 4 Wochen nach der Operation jedoch kam er wieder und klagte
über Schmerzen an der alten Stelle. Es zeigte sich eine neue Schwellung,
und nach Spaltung der jungen Narbe ergab sich, dass die ganze Knochenhöhle
von einem festen, fast geschwulstartigen Gewebe erfüllt war, welches nur an
kleinen Stellen die Entstehung aus einem früheren Blutgerinnsel erkennen liess,
im übrigen aber, also in seinen Hauptabschnitten, durchaus den Eindruck eines
solitären Tuberkels machte. Die histologische Untersuchung erwies denn auch,
dass fast der ganze Knoten aus frischen Tuberkeln bestand. Die Neubildung
war ihrer Entstehung nach offenbar so zu deuten, dass bei der ersten Operation trotz aller Vorsicht doch etwas bacillenhaltiges Gewebe zurückgeblieben
war, dass die Mikroorganismen in dem Blutgerinnsel einen geeigneten Nährboden gefunden, sich fortentwickelt und die jungen Granulationen sogleich
inficirt hatten.

Dieses Mal wurde die Knochenhöhle nach breiter Spaltung, sehr genauer
Auslöffelung und Reinigung mit Jodoformgaze ausgestopft und bald zur Heilung
gebracht. Ein Rückfall ist nicht mehr eingetreten.

Die tuberkulösen Gelenkerkrankungen der Versuchsthiere.

Was die experimentell erzeugte Tuberkulose der Synovialmembran
betrifft, so geht aus meinen Versuchen hervor, dass auch bei allgemein
inficirten Kaninchen und Meerschweinchen noch eine besondere Ursache

hinzutreten muss, wenn die Gelenke tuberkulös erkranken sollen. Bei meinen Thieren haben Distorsionen, in einem Falle eine Luxation diejenigen Veränderungen in der Synovialhaut hervorgerufen, welche diese für das specifische Gift empfänglich machten. Der einzige Fall, wo bei einem Kaninchen ein nicht distorquirtes Kniegelenk tuberkulös erkrankte, kann diese Behauptung nicht umstossen, er bildet eben eine Ausnahme. Dem entgegen stehen die zahlreichen Gelenke, welche, weil nicht verletzt, auch von Erkrankung frei blieben, während bei ebendenselben Thieren die distorquirten Gelenke zum Theil wenigstens Tuberkulose der Synovialmembran aufwiesen. Aber nicht alle distorquirten Gelenke sind von Tuberkulose befallen worden. Eine Erklärung für das Ausbleiben der specifischen Erkrankung unter den gleichen Verhältnissen bin ich nicht zu geben im Stande. Auch bei tuberkulösen Menschen entsteht durchaus nicht jedes Mal nach einer Distorsion eine fungöse Gelenkentzündung.

Die Fälle von experimentell erzeugter tuberkulöser Erkrankung der Synovialmembran sind mit der **primären Synovialtuberkulose** des Menschen vollkommen identisch. Wenn auch bei unseren Thierversuchen öfter einmal vereinzelte Tuberkel im Knochenmark der Epiphysen nachzuweisen waren, so sind dies Befunde, die jedenfalls mit der Erkrankung der Synovialhaut in keinem Zusammenhange standen.

Dagegen habe ich bei drei Thieren, zwei Kaninchen und einem Meerschweinchen, so grosse **tuberkulöse Herde in den Epiphysen** gefunden, dass sie den entsprechenden Herden des Menschen vollkommen an die Seite zu setzen sind. Bei dem einen Kaninchen handelte es sich um einen grossen käsigen Abscess (s. Photogr. 12 und 13 auf Tafel V), welcher fast die ganze Höhe der untern Epiphyse des Femur einnahm. Es ist klar, dass, wenn das Thier länger gelebt, dieser Abscess bei seinem Wachsthum in das anstossende Kniegelenk hätte durchbrechen müssen, und mit dem Einfliessen des käsigen bacillenhaltigen Eiters wäre auch die tuberkulöse Infection der Synovialmembran erfolgt.

Bei dem zweiten Kaninchen fand sich am Hüftgelenk und zwar in der knöchernen Wand der Beckenpfanne dicht an der Gelenkspalte ein ziemlich grosser käsig-tuberkulöser Herd (s. Phot. 14 auf Tafel V). Hier war das Gelenk schon inficirt und zeigte tuberkulöse Veränderungen. Der Käseherd ging allerdings bis in so unmittelbare Nähe an das Gelenk heran, dass wohl von ihm aus die Infection veranlasst sein konnte. Indess lässt sich das nicht mit völliger Sicherheit entscheiden. Möglicherweise hat sich auch gleichzeitig mit dem Entstehen des Herdes im

Knochen und unabhängig von ihm eine primäre Synovialistuberkulose entwickelt.

Endlich habe ich in einem dritten Falle, bei einem Meerschweinchen, im Mark der obern Epiphyse der Tibia einen grossen tuberkulösen Herd gefunden. Die Synovialis des Kniegelenks war in diesem Falle noch frei. Auch hier hätte bei weiterem Wachsthum des Tuberkelconglomerats schliesslich Durchbruch in's Gelenk und Infection stattfinden müssen. Ferner ist zu beachten, dass die vereinzelten Tuberkel, welche ich häufig im Epiphysenmarke nachweisen konnte, doch nur Anfänge grösserer Tuberkelherde darstellen, da ja in ihrer Umgebung neue Eruptionen und somit Vergrösserungen der Herde zu erfolgen pflegen. Leider trat der Tod bei den Versuchsthieren immer sehr früh ein, so dass wir meist nur die Anfangsstadien zu Gesicht bekamen. Dies ist aber doch nicht ohne Wichtigkeit. Denn gerade die ersten Anfänge sehen wir beim Menschen kaum je, fast immer nur die weit vorgeschrittenen Zustände.

Entstehung der primären Synovialis- und der Knochentuberkulose.

Die Frage, ob die primäre Synovialistuberkulose auf dem Wege der Embolie entsteht, d. h. durch bacillenbeladene Bröckelchen, welche in kleine Arterien der Synovialis gelangen und hier stecken bleiben, muss ich, wenigstens für die weit überwiegende Mehrzahl der Fälle verneinen. Bei allen meinen Untersuchungen haben sich nur bei einem einzigen Meerschweinchen Embolien nachweisen lassen (vgl. S. 88 f.), und zwar sassen die Emboli, mit zahlreichen Bacillen behaftet, in drei Arterien kleinsten Durchmessers, aber nicht im Gewebe der Synovialis, sondern im Knochen dicht unter dem Gelenkknorpel. Gerade in diesem Falle war in dem benachbarten Gelenk keine Spur von Erkrankung nachzuweisen. Auch würde es, wenn man an embolische Entstehung der Synovialistuberkulose dächte, ganz unverständlich sein, weshalb gerade die distorquirten Gelenke so zahlreich erkranken, und weshalb die nicht distorquirten Gelenke so gut wie immer (eine einzige Ausnahme!) gesund bleiben. Für beide würde die Möglichkeit der Embolie doch wohl die gleiche sein.

Ich stelle mir den Vorgang vielmehr folgendermaassen vor. Wenn trotz der oben beschriebenen Vorsichtsmaassregeln bei der Einspritzung Bacillenhaufen in die Ohrvenen der Kaninchen gelangten, so blieben sie in den Lungen stecken. Durch deren Capillaren gehen nur einzelne Bacillen oder kleine Bacillenhäufchen hindurch. Diese kommen nun mit

dem Blutstrom auch in das distorquirte Gelenk. Hier, muss man annehmen, werden sie aus den Capillaren in's Gewebe austreten und durch
ihre Fortentwickelung und Vermehrung Tuberkulose der Synovialis erzeugen. Die Tuberkelbacillen haben, wie Koch nachgewiesen, keine
Eigenbewegung. Sie können also normale Capillaren nur auf dieselbe
Weise verlassen, wie wir es von den rothen Blutkörperchen bei der Diapedese kennen, oder indem Leukocyten sie im kreisenden Blute aufnehmen und mit ihnen beladen durch die Capillarwände hindurchwandern. Aber bei jeder Contusion oder Distorsion einigermaassen erheblichen Grades sind Zerreissungen von Gefässen vorhanden, so dass
die Bacillen leicht diesen entweichen können. Auch die Gewebe selbst
erleiden besonders bei Distorsionen regelmässig beträchtliche Veränderungen, insofern unter entzündlichen Erscheinungen ein acutes Oedem
(Oedema calidum) auftritt, welches die Hauptursache der Gelenkschwellungen nach Distorsionen ist und für diese geradezu als charakteristisch
betrachtet werden darf. Die abnorm mit Parenchymflüssigkeit durchtränkten Gewebe werden sich den eingewanderten Bacillen gegenüber
weniger widerstandsfähig erweisen, als es im gesunden Zustande der
Fall sein würde.

Ich glaube nicht fehl zu gehen, wenn ich für die tuberkulösen
Herde im Knochenmark und namentlich in den Epiphysen bei meinen
Thieren dieselbe Art der Entstehung annehme, wie für die Synovialistuberkulose. Denn ich habe nirgends als Ursache in einem Gefäss einen
Embolus angetroffen. Diejenige Form des primären Knochenherdes,
welche wir beim Menschen als die keilförmige, als die auf embolischer
Entstehung beruhende kennen gelernt, habe ich am Thier bei meinen
Versuchen nicht hervorbringen können.

Zum Schluss möchte ich noch einmal auf die verhältnissmässig sehr
spärliche Anzahl von Bacillen besonders hinweisen, welche ich in den
tuberkulösen Herden der Epiphysen und in den Tuberkeln der Synovialmembran bei den Versuchsthieren gefunden habe. Mehrfache Untersuchungen haben beim Menschen das übereinstimmende und sehr merkwürdige Ergebniss geliefert, dass bei allen sogenannten chirurgischen
Tuberkulosen (Gelenk- und Knochentuberkulose, Abscessmembran, Tuberkulose der Lymphdrüsen, Haut, Sehnenscheiden u. s. w.) die Bacillen
sich nur in sehr geringer Zahl auffinden lassen, während bekanntlich
im Auswurf von Schwindsüchtigen und in tuberkulösen Lungen die
Bacillen ganz ausserordentlich zahlreich zu sein pflegen. Dieses eigenthümliche Verhältniss findet ein Analogon beim Kaninchen und Meerschweinchen. Bei diesen Thieren sind in Tuberkeln der innern Organe

(Lungen, Leber, Niere, Milz) und namentlich auch in den Tuberkeln der Cornea und Iris die Bacillen in erstaunlicher Menge vorhanden; in den Tuberkeln der Synovialhaut und des Knochenmarks sind sie dagegen ganz auffallend spärlich. Es muss uns genügen, diese Thatsache und die eigenthümliche Aehnlichkeit im bacteriologischen Befunde beim Thier und Menschen festzustellen; eine Erklärung zu geben ist in dem einen wie in dem andern Falle bis jetzt ganz unmöglich.

Aetiologie.

Erblichkeit und Disposition.

Wie bei den tuberkulösen Erkrankungen innerer Organe, so spielt auch bei denen der Knochen und Gelenke die Erblichkeit eine ganz hervorragende Rolle. So wenig es nach unseren bisherigen Erfahrungen eine congenitale Tuberkulose beim Menschen giebt[1]), d. h. eine schon

---

[1) Vom Kalbe hat Johne in Dresden einen zweifellosen Fall congenitaler Tuberkulose in den Fortschritten der Medicin 1885. Nr. 7 beschrieben. Der grossen Wichtigkeit des Gegenstandes wegen gebe ich hier einen Auszug aus der Mittheilung.

Die zur Untersuchung vom Thierarzt Misselwitz eingeschickten Organe waren Lunge und Leber eines 8 Monate alten Kalbsfötus, dessen Mutter 4 Wochen vor dem Ende der Tragezeit geschlachtet worden war und an ausgesprochener Lungentuberkulose gelitten hatte. Die andern Organe des Mutterthieres, namentlich Uterus und Placenta, hatten sich als gesund erwiesen. Bei dem Fötus zeigte sich ausser Lunge und Leber kein weiteres Organ befallen. Im rechten Hinterlappen der Lunge fanden sich einige kleine verkäste Herde, die Bronchialdrüsen waren bis zum Umfange einer doppelten Haselnuss vergrössert und auf der Schnittfläche von zahlreichen käsigen Herden durchsetzt. Die Leber bot überall submiliare und miliare, an wenigen Stellen etwas grössere Knötchen dar, in den grösseren war centrale Verkäsung, stellenweise auch beginnende Verkalkung vorhanden. Die portalen Lymphdrüsen zeigten dieselben Veränderungen wie die Bronchialdrüsen, nur in erhöhtem Maasse.

Die mikroskopische Untersuchung wies in den erkrankten Gewebsabschnitten alle charakteristischen Merkmale der Tuberkulose, namentlich auch Tuberkelbacillen in grosser Zahl nach. Die Tuberkel der Leber waren vorwiegend im interlobulären, die der Lunge im peribronchialen Bindegewebe zur Entwickelung gelangt.

In diesem Falle hat es sich offenbar um eine Infection des Fötus auf dem Wege der Blutbahn gehandelt. Die Bacillen gelangten in ihn mit dem Nabelvenenblut von der Placenta aus, wohin sie durch das mütterliche Blut gebracht worden waren. Da die Tuberkelbacillen keine Eigenbewegung besitzen, so muss man annehmen, dass sie in den Gefässen der mütterlichen Placenta von Leukocyten aufgenommen und durch die Gefässwände hindurch in den fötalen Blutstrom geschleppt wurden. Für diese Art der Infection spricht die auffallende Anhäufung der Tuberkel in der Leber, während die Lunge nur ganz vereinzelte Herde zeigte, die übrigen Organe dagegen frei waren.]

im Mutterleibe stattfindende Infection des Fötus mit Tuberkelbacillen,
welche etwa der so häufigen intrauterinen syphilitischen Erkrankung
entspräche, so ist es doch eine nicht zu leugnende Thatsache, dass eine
gewisse Disposition oder Anlage zu tuberkulösen Leiden (erbliche Belastung) von den Eltern auf die Kinder übertragen wird und in der weitaus überwiegenden Mehrzahl der Fälle geradezu nothwendig ist, um die
Entstehung auch von Knochen- und Gelenktuberkulosen zu ermöglichen.
Diese Disposition pflanzt sich, wie jedem viel beschäftigten Arzte bekannt,
von Geschlecht zu Geschlecht in den Familien fort, oft genug eine Ge-
neration überspringend.   Worauf diese ererbte Anlage beruht, wissen
wir nicht.   Vermuthen lässt sich nur, dass bei solchen erblich belasteten Menschen eine gewisse Schwäche der Gewebe und vielleicht eine
Veränderung in der chemischen Zusammensetzung der Parenchymflüssig-
keiten besteht, welche daher einen besonders günstigen Nährboden für
etwa eindringende Bacillen abgeben.   So wissen wir ja auch, namentlich seit den Untersuchungen von Koch, dass sich die verschiedenen
Thiere ausserordentlich verschieden gegen das tuberkulöse Gift verhalten.
Meerschweinchen und Kaninchen sind, wie schon ausgeführt, sehr leicht
tuberkulös zu machen, mit Schwierigkeiten dagegen Hunde.

Es unterliegt keinem Zweifel, dass es auch Menschen giebt, bei
denen tuberkulöses Gift ausserordentlich schwer oder gar nicht haftet.
Den besten Beweis haben die Krankenwärter in den grossen Abthei-
lungen für Phthisiker gegeben, wo oft dergleichen Personen 15 und 20
Jahre inmitten von Schwindsüchtigen lebten.   Diese warfen in der guten
alten Zeit ihre bacillenhaltigen Sputa ohne weiteres auf den sand-
bestreuten Fussboden aus, so dass ein bacillen- und sporenhaltiger Staub
entstand, den die betreffenden Bediensteten fortwährend einathmeten,
ohne doch sämmtlich tuberkulös zu werden.   Ebenso ist es bekannt,
dass Chirurgen, welche ja namentlich seit Einführung des antiseptischen
Verfahrens ihre Hände in tuberkulösen Flüssigkeiten so oft baden und
dabei an scharfen Knochenspitzen nicht selten verletzen, sich im Gegensatze zur Syphilis gewöhnlich nicht inficiren.   Bei manchen entstehen
allerdings nach derartigen Impfungen sogenannte Leichentuberkel, die
wir als eine Form der Hauttuberkulose erkannt haben, aber auch hier
tritt gewöhnlich keine weitergehende Infection ein, sondern diese Leichentuberkel (Lupus anatomicus) verschwinden meist von selbst wieder, wenn
auch oft erst nach jahrelangem Bestehen.

Offenbar verhalten sich aber auch die verschiedenen Körpergegenden
in Bezug auf die grössere oder geringere Leichtigkeit, mit welcher sie
tuberkulös erkranken, sehr verschieden, wie wir dafür schon ein Beispiel

in dem von den secundären Lymphdrüsenerkrankungen handelnden Kapitel
kennen gelernt haben. Gesicht und Kopf zeichnen sich besonders aus.
Allerhand eczematöse und eitrige Entzündungen, auch blosse Schrunden
an Mund, Augen, Ohren, Nase u. s. w. pflegen häufig zu tuberkulösen Erkrankungen der Lymphdrüsen zu führen, die nicht selten nach Abheilung
des veranlassenden Leidens als selbständige Geschwülste weiter wachsen
und die bekannten Veränderungen eingehen. Es scheint keiner Frage
zu unterliegen, dass die ursprüngliche Erkrankung, z. B. ein entzündlicher Vorgang am Auge für sich selbst durchaus nicht tuberkulösen
Charakter darzubieten braucht, und dass die Drüsenschwellungen zunächst rein hyperplastische, sogenannte sympathische sind, dass aber
die in ihnen hervorgerufenen Veränderungen und Gewebswucherungen
bei belasteten Personen in hohem Maasse zum Tuberkulöswerden neigen.
Allerdings sind hier noch eine grosse Reihe sorgfältigster mikroskopischer
Untersuchungen der primären Uebel nothwendig. Manche Formen der
Erkrankung, die man für nicht tuberkulös hielt, sind offenbar schon
bacillärer Natur. So konnte z. B. Volkmann in einem Falle von
tuberkulöser Erkrankung der Cubitaldrüsen an demselben Arme einen
Eczemfleck von Zehnpfennigstückgrösse nachweisen, in dessen abgeschab-
tem Gewebe ziemlich reichlich Tuberkelbacillen aufgefunden wurden.[1]

Wenn nun auch unserer Ansicht nach die angeborene Anlage die
allergrösste Rolle bei der Entstehung der Tuberkulose spielt, so soll
doch keineswegs geleugnet werden, dass nicht gelegentlich auch Personen aus völlig gesunden Familien von ihr ergriffen werden können.
Zuweilen sehen wir, dass dem Ausbruch der Tuberkulose alsdann schwächende Krankheiten, Entbehrungen aller Art, Ausschweifungen u. dgl.,
kurz Ursachen, welche sämmtlich die Ernährung und Widerstandsfähigkeit des Körpers stark beeinträchtigen, vorhergehen. Indessen haben
unsere Beobachtungen und Aufzeichnungen ergeben, dass auch hierbei
vorwiegend Personen aus tuberkulösen Familien gefährdet sind, ausserordentlich viel seltener solche, bei deren Angehörigen seit Geschlechtern
sowohl väterlicher- wie mütterlicherseits keine tuberkulöse Erkrankung
vorgekommen ist.

Namentlich auch in unmittelbarem Anschluss an acute Infectionskrankheiten sehen wir tuberkulöse Gelenkleiden auftreten. Von den
Masern ist es ja allgemein bekannt, dass sie eine entschiedene Neigung zu tuberkulösen Erkrankungen zu schaffen vermögen. Ebenso wie

1) R. Volkmann, Verhandlungen der Deutschen Gesellschaft für Chirurgie 1885.
II. S. 261.

specifische Lungenleiden und die verschiedensten Herderkrankungen sich gelegentlich in ihrem Gefolge entwickeln, haben wir ausser Hüftgelenks-entzündungen häufiger den Hydrops tuberculosus genu als Nachkrankheit bei Kindern beobachtet. Auch nach Keuchhusten kommt es zuweilen mit und ohne Lungentuberkulose zu specifischer Erkrankung eines Gelenks. Besonders zeigt sich unter diesen Umständen das Hüftgelenk gern ergriffen. Scharlach giebt selten einmal Veranlassung zu den in Rede stehenden Knochen- und Gelenkerkrankungen. Von andern schwächenden Einflüssen, welche eine Disposition schaffen, müssen noch Schwangerschaft und Wochenbett genannt werden. Andrerseits bietet selbst der beste Ernährungszustand kein völlig zuverlässiges Schutzmittel gegenüber der tuberkulösen Infection.

Man hat in neuerer Zeit, nachdem die Tuberkelbacillen entdeckt worden waren und unsere Anschauungen über dyskrasische und constitutionelle Krankheiten sich von Grund aus als reformbedürftig erwiesen hatten, die ganze Lehre von der Erblichkeit der Tuberkulose bei Seite zu werfen versucht. Man hat sie durch die Annahme verdrängen wollen, dass Personen, welche aus tuberkulösen Familien stammen, mehr Gelegenheit haben, Tuberkelbacillen auf irgend einem Wege in sich aufzunehmen, also einer grösseren Infectionsgefahr ausgesetzt sind. Obschon nun allerdings die letzterwähnte Thatsache an sich richtig ist, so erklärt sie uns doch nicht, warum erblich belastete Menschen, auch wenn sie in einer völlig gesunden Umgebung aufwachsen, doch so leicht und häufig tuberkulöse Erkrankungen erwerben, während andrerseits nicht disponirte Personen, sie mögen sich der Infection so oft und so stark aussetzen, als sie nur wollen, nur selten an Tuberkulose erkranken.

Will man einen statistischen Beleg zur Entscheidung dieser Frage gewinnen, so eignen sich dazu weniger die in Krankenhäusern und Kliniken gemachten Beobachtungen, weil die niedern Klassen, die solche öffentliche Anstalten doch vorwiegend besuchen, zu wenig Auskunft selbst über ihre nächsten Verwandten zu geben im Stande sind, als vielmehr die lange Jahre hindurch gesammelten Erfahrungen älterer praktischer Aerzte, welche grosse und gebildete Familienkreise übersehen. Aus diesem Material — mir schweben hier Volkmann's Aeusserungen vor, der ja lange Zeit eine grosse allgemeine Praxis ausgeübt hat — lässt sich feststellen, dass die überwiegende Mehrzahl tuberkulöser Knochen- und Gelenkleiden in erblich belasteten Familien vorkommt.

Die Disposition des Körpers zu tuberkulösen Erkrankungen bleibt nicht während des ganzen Lebens immer die gleiche. Wie es Menschen giebt, welche, obwohl nicht erblich belastet, durch eine schwere oder

langdauernde, den Körper stark schwächende Krankheit für die tuberkulöse Infection empfänglich werden, so beobachten wir in andern Fällen,
dass Leute, welche in ihrer Jugend tuberkulöse Erkrankungen überstanden und damit ihre Empfänglichkeit bewiesen haben, sich im späteren Leben einer dauernden Gesundheit erfreuen und von jedem weiteren
tuberkulösen Angriff verschont bleiben.

Man hat früher viel über die Unterschiede und Verwandtschaft von
Scrofulose und Tuberkulose geschrieben und gestritten. Unseres Erachtens gestaltet sich die Frage sehr einfach, indem man unter Scrofulose
mehr die allgemeinen constitutionellen Verhältnisse, unter Tuberkulose
die örtlichen Vorgänge zu begreifen gewöhnt ist. Man nennt ein Kind
scrofulös, wenn es Neigung zu verschiedenartigen chronischen Entzündungen und Eiterungen zeigt, mag es auch zur Zeit völlig gesund sein.
Nie aber wird man einen Menschen tuberkulös nennen, der nicht irgendwo einen tuberkulösen Herd oder eine ausgesprochene örtliche specifische Erkrankung besitzt.

Oertliche Ursachen für die Entstehung tuberkulöser Knochen- und Gelenkerkrankungen.

Unter allen Umständen sind örtliche Ursachen für die Entstehung der
Knochen- und Gelenktuberkulose von grösster Bedeutung. Selbst wenn
man noch so sehr dyskrasischen und humoral-pathologischen Anschauungen
huldigte, müsste man sich doch immer die Frage vorlegen, warum bei
einem bestimmten Menschen die rechte Fusswurzel und nicht der linke
Humeruskopf, warum nicht das Femur anstatt der Wirbelsäule von der
Krankheit ergriffen wird. Als solche örtliche, die Entwickelung der
Tuberkulose an Knochen und Gelenken begünstigende Einwirkungen sind
namentlich **Verletzungen** hervorzuheben. Ein nicht disponirtes Kind fällt,
zieht sich eine Quetschung des Knies oder der Wirbelsäule zu und bekommt vielleicht ein deutlich nachweisbares Blutextravasat, wird aber nicht
tuberkulös. Ein belasteter Mensch dagegen wird nach einem Schlage
gegen den Knochen, welcher eine leichte Infraction von Knochenbälkchen
und einen Bluterguss veranlasst, oder nach einer Distorsion oder einem
Falle, bei dem vielleicht die Wirbelsäule etwas verstaucht wird, leicht
von Tuberkulose der betroffenen Knochentheile befallen.

Schon vor langen Jahren hatte das französische Kriegsministerium
ermittelt, dass die grosse Mehrzahl aller Soldaten, welche wegen tuberkulöser Caries am Fusse sich der Unterschenkelamputation unterziehen
mussten, ihr Uebel infolge einer Distorsion des Fussgelenks erworben

hatte, und aus diesem Grunde war an die Militärärzte die strenge Weisung
ergangen, der Behandlung von Distorsionen jenes Gelenks besondere Sorgfalt zuzuwenden. Ebenso entstehen die meisten Fälle von sogenannter
Caries des Handgelenks und der Handwurzel nach Verstauchungen.

Es ist daher völlig unbegründet, wenn namentlich amerikanische
Chirurgen die unumstössliche Thatsache, dass eine ausserordentlich grosse
Zahl von Knochen- und Gelenkerkrankungen tuberkulösen Charakters
ist, durch den Nachweis zu widerlegen suchen, dass eben diese Uebel
in der Mehrzahl der Fälle durch Verletzungen veranlasst werden. In
der Pathologie herrscht das Gesetz der vielen Ursachen. Oft muss
deren eine grössere, ja grosse Zahl zusammentreffen, um ein bestimmtes
Endergebniss herbeizuführen. Selbst Menschen, die schwer hereditär
belastet sind, können das Glück haben, nie tuberkulös zu werden, und
ein hohes Alter erreichen, wenn zufälliger Weise diese Factoren nicht
zusammengreifen.

Merkwürdig und von grundsätzlicher Wichtigkeit ist es, dass gewöhnlich nur leichtere Traumen Gelenk- und Knochentuberkulosen hervorrufen. Daher geben z. B. Distorsionen sehr häufig, Luxationen kaum
jemals Veranlassung zu deren Entstehung. Man muss annehmen, wie
ich schon bei Besprechung der Thierversuche S. 101 auseinandergesetzt
habe, dass gerade die leichteren Verletzungen vielleicht dadurch, dass
kleine Blutergüsse in das Markgewebe der Knochen oder Ausschwitzungen
in die Gelenkkapsel (vgl. z. B. das dort erwähnte Oedema calidum bei
Distorsionen) erfolgen, einen geeigneten Boden für die Entwickelung der
Tuberkelbacillen in den durch das Trauma gleichzeitig geschwächten
Geweben schaffen. Volkmann hat auf jene merkwürdige Thatsache
bereits in seinen Krankheiten der Bewegungsorgane aufmerksam gemacht,
obschon er dem damaligen Stande der Wissenschaft entsprechend das
Räthsel auf einem andern Wege zu lösen suchte. Er glaubte nämlich,
dass bei Luxationen der grosse Kapselriss den Abfluss von ergossenem
Serum und Blut aus dem Gelenk erleichtere und die Kapsel selbst —
etwa wie die Iridectomie bei Glaucom den Bulbus — entspanne.

Nach heftigeren Verletzungen wie Knochenbrüchen, seien sie compli-
cirt oder subcutan (oder nach Amputationen, grossen Hautverletzungen,
bei monatelang granulirenden Verbrennungen), kommt auch bei erblich
schwer belasteten oder schon tuberkulösen Personen fast niemals Tuberkulose zur Entwickelung. Vergleiche die Ergebnisse der Thierversuche
S. 96 f. Man muss annehmen, dass bei starken Verletzungen die Hei-
lungsvorgänge und die mit ihnen verbundenen Zellen- und Gefässneu-
bildungen in so energischer Weise verlaufen, dass die Tuberkelbacillen

nicht gegen diese gewaltigen Gewebswucherungen anzukämpfen vermögen. Habe ich doch auch bei Versuchen an Kaninchen und Meerschweinchen, bei denen ich die gesammte Blutbahn mit Tuberkelbacillen überschwemmte, niemals das Auftreten von Tuberkulose an einer Fracturstelle beobachtet.

Auch bei andern Mikroorganismen sehen wir ein analoges Verhalten gegenüber den Körpergeweben. Die Streptokokken der Wundrose z. B. vermögen in den Lymphgefässen und Saftkanälchen der Haut fortzuwuchern. Man kann ihrem Wachsthum aber oft eine Grenze setzen, wenn man durch Aetzung der Haut mit Jodtinctur oder mit dem Höllensteinstift, die allerdings ziemlich tief eindringen muss, eine starke Entzündung mit Auswanderung massenhafter weisser Blutkörperchen erzeugt. Diesen Grenzwall vermögen die Streptokokken häufig nicht zu durchbrechen. Wir sehen daher in Fällen, in denen wir jene Mittel früh genug und genügend entfernt von dem Krankheitsherde anwenden können, nicht selten Stillstand des Erysipels und Heilung erfolgen.

Einfluss des Lebensalters und Geschlechts auf die Entstehung von Knochen- und Gelenktuberkulose.

Was das **Lebensalter** betrifft, so lässt sich im allgemeinen sagen, dass die Mehrzahl der tuberkulösen Gelenk- und Knochenleiden in den Kinder- und Jugendjahren vorkommt. Nahezu ein Drittel aller dieser Erkrankungen fällt nach Billroth in die ersten 10 Lebensjahre, ein Sechstel auf das 2. Jahrzehnt, somit die Hälfte aller Fälle auf das 1.—20. Lebensjahr; mit fortschreitendem Alter nimmt die Häufigkeit ab. Dabei ist noch zu bedenken, dass eine gewisse Anzahl der in späteren Lebensjahren auftretenden tuberkulösen Knochen- und Gelenkleiden Rückfälle darstellt, weil so oft Herderkrankungen in der Jugend wohl entstehen, nicht aber zur völligen Ausheilung gelangen.

Aber auch die verschiedenen Körpergelenke zeigen in Betreff der Häufigkeit ihrer Erkrankungen grosse Verschiedenheit je nach dem Alter. Tuberkulose in Hand- und Schultergelenk ist z. B. bei Kindern selten, kommt dagegen im höheren Lebensalter häufiger zur Beobachtung. Diese Thatsache findet ihre Erklärung zum Theil in folgenden Verhältnissen. In der Jugend sind die primären tuberkulösen Herde in den Epiphysen das gewöhnliche, und meist werden erst infolge ihres Einbruchs in die Gelenke diese in Mitleidenschaft gezogen, während im späteren Alter eher einmal primäre Synovialistuberkulose vorkommt. Nun neigen manche

Gelenke vorwiegend zu letzterer Erkrankungsform, daher werden sie auch öfter im höheren Alter ergriffen. Dies trifft z. B. für das Handgelenk zu. Umgekehrt nehmen in der Mehrzahl der Fälle die tuberkulösen Erkrankungen des Hüftgelenks von Knochenherden, sei es des Schenkelhalses und Schenkelkopfs, sei es der Beckenpfanne aus ihren Ursprung, während die primäre Tuberkulose der Synovialmembran bei diesem Gelenk sehr in den Hintergrund tritt. Daher das Vorwiegen der Coxitis in der Jugend.

Das **Geschlecht** hat auf die Häufigkeit der tuberkulösen Knochen- und Gelenkleiden einen nicht unwesentlichen Einfluss. Namentlich ist für die Erkrankungen des Hüft- und Kniegelenks ein deutlicher Unterschied bei beiden Geschlechtern festzustellen. So hatten wir unter 149 Hüftresectionen, welche im Alter von 2½ bis zu 14 Jahren ausgeführt wurden, 91 bei Knaben, 58 bei Mädchen vorzunehmen, im späteren Alter sind beide Geschlechter ungefähr gleichmässig betheiligt. Am Kniegelenk fanden wir einen noch grösseren Unterschied, und zwar nahm die Differenz vom 15. bis zum 20. Jahre um ein bedeutendes zu Ungunsten des männlichen Geschlechts zu. Unter 99 Kniegelenksresectionen und Arthrectomien, die bis zum 20. Lebensjahre vorgenommen wurden, betrafen 84 männliche und nur 15 weibliche Personen; in späteren Jahren ist auch hier kein merklicher Unterschied zwischen beiden Geschlechtern vorhanden. Von Schulter- und Ellenbogengelenkstuberkulosen scheint das männliche Geschlecht bis zum 40. Lebensjahre öfter befallen zu sein, allerdings sind hier meine Zahlen nicht gross genug, um einen sicheren Schluss ziehen zu können.

Als Grund für die eigenthümliche Thatsache, welche doch bei Hüft- und Kniegelenkserkrankungen sehr in die Augen springt, kann man wohl nur anführen, dass bei Knaben und Männern öfter als bei Mädchen und Frauen Verletzungen vorkommen, und, wie oben dargelegt, geben diese ja ganz gewöhnlich die Gelegenheitsursache zur Entstehung von Tuberkulosen der Knochen und Gelenke ab.

Metastatische und primäre tuberkulöse Erkrankungen der Knochen und Gelenke.

Hier müssen wir auch auf die Frage eingehen, ob die Tuberkulose sich überhaupt primär im Knochen oder in einem Gelenk entwickeln kann, oder ob diese Erkrankungen immer als secundäre Vorgänge, als Metastasen von tuberkulösen Herden in andern Organen aufzufassen seien. Von einigen Forschern ist die Ansicht vertreten worden, dass es überhaupt nur an der Oberfläche der Haut und der Schleimhäute, also im wesentlichen des Verdauungs- und des Athmungstractus, seltener auch des Urogenitalapparates eine primäre Tuberkulose gäbe, dass dagegen die tuberkulösen Erkrankungen aller andern Organe, so namentlich die der Knochen und Gelenke immer auf Metastasen zurückzuführen seien, welche von jenen primär ergriffenen Geweben oder den in unmittelbarem Anschluss daran erkrankten Lymphdrüsen ihren Ursprung nähmen.

Diese Behauptung ist entschieden nicht richtig. Allerdings findet man in einer sehr grossen Reihe von Fällen bei Sectionen von Leuten, die an Knochen- oder Gelenktuberkulose gelitten haben, irgendwo im Körper eine verkäste Lymphdrüse, namentlich häufig verkäste Bronchialdrüsen, oder einen kleinen Käseherd in den Lungen. Aber durchaus nicht immer vermag selbst die genaueste Durchsuchung des Körpers bei der Autopsie einen derartigen als primär anzusprechenden Herd nachzuweisen. König erwähnt in seinem wiederholt genannten Buche auf S. 33, dass bei 67 Sectionen von Menschen, welche an Tuberkulose der Knochen und Gelenke gelitten hatten und gestorben waren, nachdem bei der Mehrzahl Amputationen, Resectionen und Abscesseröffnungen voraufgegangen, 14 Mal, d. h. in 21 % der Fälle, sich keine alten Herderkrankungen vorfanden, welche als Quelle für die Knochen- und Gelenktuberkulose hätten angesehen werden können. Er fügt hinzu, dass in Wirklichkeit die letzte Zahl doch noch grösser sein müsse, da ja in der Regel nicht die leichten, sondern die schweren Kranken sterben und zur Autopsie gelangen. Man wird doch auch dem von Buhl aufgestellten Satz, dass in allen Fällen, in denen der primäre käsige Herd nicht gefunden wird, er übersehen sein könne, nicht beipflichten wollen.

Aber selbst wenn man irgendwo im Körper einen tuberkulösen Herd nachweist, ist dieser nicht nothwendig als der Ausgangspunkt der Gelenk- oder Knochenerkrankung aufzufassen. Die Tuberkulose tritt nicht bloss beim ersten Eindringen des Giftes oft in zahlreichen Herden auf, vielmehr können auch zu verschiedenen Zeiten, ganz unabhängig von einander, neue Infectionen von aussen erfolgen. Wissen wir ja doch, dass eine einmalige tuberkulöse Erkrankung den betreffenden Organismus nicht etwa immun gegen neue Anfälle macht, wie wir das von andern Infectionskrankheiten kennen. Es ist also sehr wohl möglich, dass im frühen Kindesalter von einer Haut- oder Schleimhauterkrankung aus Lymphdrüsentuberkulose entsteht, dass einige Jahre später ein specifisches Gelenk- oder Knochenleiden sich entwickelt, und dass schliesslich in späteren Lebensjahren der Mensch an Tuberkulose der Lungen zu Grunde geht, ohne dass eine dieser Erkrankungen von der andern abhängig zu sein brauchte. Ja vielleicht bleiben gelegentlich in ähnlicher Weise, wie wir das für alte Herde in Knochen und Gelenken ausgeführt haben, auch bei der ersten Invasion die Tuberkelbacillen in manchen Geweben des Körpers eine Zeit lang unthätig liegen, ohne irgend welche Störung zu verursachen, wenn ihnen die zur Entwickelung und Vermehrung nöthigen Bedingungen fehlen. Erst wenn diese eintreten, wirken sie pathogen und führen zur specifischen Erkrankung der Gewebe. Auf solche Weise könnten Herde von verschiedenem Alter zeitlich doch auf ein und dieselbe Infection zurückzuführen sein.

Jedenfalls ist ein, allerdings wohl beträchtlich kleinerer Theil der Knochen- und Gelenktuberkulosen als primäre Erkrankung aufzufassen, der grössere dagegen auf Metastasen zurückzuführen, die von tuberkulös erkrankten Drüsen (meist Bronchial- oder Mesenterialdrüsen) oder von einem verkästen Herde aus veranlasst sind. In diesen Fällen ist die **Eintrittspforte der Tuberkelbacillen** in den menschlichen Körper bekannt. Der Eintritt erfolgt an der Oberfläche desjenigen Organs, in welchem der Käseherd seinen Sitz hat, oder von dem die betreffenden Lymphdrüsen ihre Lymphbahnen sammeln.

Schwieriger ist die Frage zu beantworten, wo die Tuberkelbacillen bei den primären Erkrankungen der Knochen und Gelenke aufgenommen werden. Am allerungewöhnlichsten ist jedenfalls die Infection durch eine frische Wunde. Dieses Vorkommniss ist so selten, dass bisher wohl jeder einzelne Fall veröffentlicht worden ist, und es sind deren eine verhältnissmässig geringe Zahl. Im allgemeinen erfolgt die Invasion durch die Schleimhaut der Luftwege oder des Verdauungstractus, ohne dass die betreffenden Organe selbst zu erkranken brauchten. Hat ja doch Cornet[1]) durch zahlreiche Thierversuche nachgewiesen, dass die Schleimhaut der Augen, der Nase, des Mundes, der Genitalien für Tuberkelbacillen durchgängig ist, auch wenn nicht die geringste Verletzung der Oberfläche stattgefunden hat. Cornil und Dobroklonsky[2]) haben über ähnliche Ergebnisse von der Schleimhaut des Intestinaltractus berichtet. Jeder Epithelverlust, er sei noch so unbedeutend, erleichtert selbstverständlich die Uebertragung. Von der Haut können Tuberkelbacillen an allen jenen Stellen aufgenommen werden, an denen eczematöse und impetiginöse Ausschläge ihren Sitz haben. Oben haben wir schon auf die von Volkmann mitgetheilte Beobachtung hingewiesen, ferner hat

---

1) Cornet, 18. Congress d. Deutschen Gesellschaft f. Chirurgie. 1889. I. S. 138.
2) Cornil und Dobroklonsky, Tuberkulose-Congress in Paris. Semaine médicale 1888.

auch Demme in seinen bekannten Jahresberichten über die Thätigkeit des Jenner'schen Kinderspitals in Bern auf die Möglichkeit einer derartigen Infection aufmerksam gemacht[1]) und in zwei Fällen das Vorhandensein von Tuberkelbacillen in den eczematösen Hautbezirken festgestellt.[2])

Bei der primären Erkrankung der Knochen und Gelenke handelt es sich jedenfalls immer um vereinzelte Bacillen, welche auf dem Wege der Blutbahn in jene Organe gelangen. Für gewöhnlich wird dasselbe auch bei der secundären Infection von einem andern Herde aus der Fall sein. Nur gelegentlich einmal werden gröbere Theilchen von käsigem, bacillenhaltigem Material in das Gefässsystem der Knochen geschleppt und veranlassen die Verstopfung einer Endarterie (**Embolie**) mit Bildung eines grössern, meist keilförmigen Herdes, wie wir das im anatomischen Theile S. 18 ff. genauer auseinandergesetzt haben. Es ist auch klar, dass in der Mehrzahl der Fälle, in denen ein solcher Einbruch tuberkulöser Stoffe in das Gefässsystem statt hat, die Bacillen über die ganze Blutbahn verstreut werden, und dass daher diesem Durchbruch gewöhnlich die Entstehung einer acuten Miliartuberkulose, sei es eines Organs, sei es des ganzen Körpers, wird folgen müssen, während man es wohl zu den Ausnahmen rechnen kann, wenn nur einige käsige Bröckelchen in den Blutstrom gelangen und sich in nicht lebenswichtigen Organen, also z. B. in Knochen oder Gelenken festsetzen.

1) Demme, 20. Bericht vom Jahre 1882. Bern 1883.
2) Derselbe, 21. Bericht vom Jahre 1883. Bern 1885.

Klinische Erscheinungen und klinischer Verlauf.

Stadium prodromorum.

Aus unserer Darstellung der anatomischen Verhältnisse ergiebt sich, dass bei der Mehrzahl der tuberkulösen Gelenkleiden der ursprüngliche Erkrankungsherd nicht im Gelenk selbst, sondern in den Gelenkenden der Knochen zu suchen ist. Dieser Umstand ist auch für die klinischen Symptome von Wichtigkeit. Die Zeit nämlich, innerhalb deren die tuberkulöse Erkrankung noch ein rein ossales Leiden darstellt, während das Gelenk nicht in specifischer Weise ergriffen ist, entspricht dem Stadium prodromorum der Alten. Es kann sich in verschiedenen Fällen sehr verschieden lange, selbst mehrere Jahre hinziehen. So wurde z. B. einmal ein Mädchen von 18 Jahren, Henriette G. aus H., an einer linksseitigen Hüftgelenkserkrankung in der Klinik behandelt, welches hier volle 6 Jahre lag und während dieser Zeit mehrere Male im Jahre in der Chloroformnarkose auf das genaueste untersucht wurde. Das Mädchen war vollständig unfähig zu gehen, konnte sich nicht im geringsten auf das linke Bein aufstützen, hatte heftige Knieschmerzen, zeigte aber in Narkose völlig glatte und unbehinderte Gelenkbewegungen, so dass Volkmann annahm, es handle sich nur um ein nervöses Hüftgelenksleiden (sogenannte hysterische Coxitis). Erst nach 6 Jahren erfolgte der Durchbruch eines alten tuberkulösen Herdes, der in unmittelbarer Nähe der Gelenkspalte gelegen hatte, in's Gelenk, und die Kranke ging 4 Jahre nach der Resection des Hüftgelenks, nachdem also das Uebel 10 Jahre gedauert hatte, an Albuminurie und allgemeinem Hydrops zu Grunde.

Für gewöhnlich ist freilich das Stadium prodromorum sehr viel kürzer. Die Kranken fühlen sich im Gebrauch des betreffenden Gliedes gehindert, sie klagen gelegentlich über Schmerzen, zeigen vielleicht auch vorübergehend einen Erguss im Gelenk. Diese Erscheinungen sind zu manchen Zeiten stärker ausgesprochen, zu anderen verschwinden sie gänzlich oder werden wenigstens sehr unbedeutend, stets aber bieten sie so wenig charakteristisches, dass eine sichere Diagnose nicht möglich ist. Allerdings tragen in seltenen Fällen die Schmerzen schon in früher Zeit einen heftigen, geradezu neuralgieähnlichen Charakter und strahlen dann auch weithin in die Umgebung aus.

Wird der Knochenherd grösser, so vermehrt sich damit auch die Reizung, welche er auf die umgebenden Theile ausübt. Am Periost namentlich machen sich die reactiven Vorgänge bei solchen ossalen Herden zuweilen in der Weise geltend, dass es stark verdickt, von vermehrter Parenchymflüssigkeit durchtränkt und geradezu ödematös wird. Besonders an Knochen, welche, wie z. B. Tibiakopf und Trochanter major, oberflächlich liegen, lässt sich dieser Zustand am Lebenden mit Sicherheit nachweisen, indem man unter der Haut die eigenthümlich teigige Anschwellung fühlt und durch länger anhaltenden Druck mit der Fingerspitze eine flache Grube im Periost erzeugt, über welche die noch unveränderten Hautdecken glatt hinweggehen. Gewöhnlich pflegen solche Stellen am Knochen auf Druck sehr empfindlich zu sein, und wenn sich der Druckschmerz beständig auf ein kleines, genau umschriebenes Gebiet der Epiphyse beschränkt, so besitzen wir in diesem Symptom einen ziemlich sicheren Anhaltspunkt, aus dem wir unter bestimmten Verhältnissen auf einen tuberkulösen Knochenherd schliessen können, wenn auch andere zuverlässige Erscheinungen fehlen. Als Beispiel diene folgende Beobachtung:

Ein 40jähriger, ziemlich kräftiger Kaufmann, Karl D. aus Eisleben, dessen Mutter an Lungenschwindsucht gestorben war, litt seit nahezu 3 Jahren, angeblich infolge eines Falles auf die linke Schulter, an zeitweise auftretenden „rheumatischen" Schmerzen im ganzen linken Oberarm. Die zahlreich angewandten Mittel erwiesen sich als erfolglos, in den letzten 3 Monaten hatten die nunmehr ohne Unterbrechung andauernden Schmerzen so zugenommen, dass der Kranke völlig arbeitsunfähig war und keine Stunde ruhigen Schlafes finden konnte. In diesem Zustande kam er in meine Behandlung.

Ausser einer mässigen Abmagerung des Oberarms war weder an diesem noch am Schultergelenk die geringste Abweichung von der normalen Form vorhanden. Das Gelenk wurde völlig steif gehalten, active Bewegungen waren unmöglich; in Narkose aber liessen sich alle Bewegungen ohne jede Beschränkung und ohne Spur von Crepitation ausführen. Das Gelenk selbst musste also als normal angesprochen werden. Dagegen war die Vorderfläche des Oberarmkopfs nach dem Tuberculum minus zu in der Ausdehnung eines Markstücks selbst auf geringen Druck äusserst empfindlich. Dabei bestand keine Spur von Schwellung, Röthung oder Oedem der bedeckenden Weichtheile, auch war der Knochen an der Stelle nicht weicher und nicht nachgiebig. Es musste sich um einen entzündlichen Vorgang im Oberarmkopfe handeln, und da der Kranke Lungenspitzeninfiltration hatte, ferner erblich belastet war, so

8*

vermuthete ich einen tuberkulösen Herd uud machte einen diagnostischen Einschnitt. Nun zeigten sich sowohl die Gelenkkapsel als der Knorpel völlig
normal, namentlich war an letzterem an keiner Stelle die geringste Verfärbung
nachzuweisen, wie das doch häufig bei darunter liegenden tuberkulösen Knochenherden der Fall ist. Ich meisselte vorn an der schmerzhaften Stelle den
Kopf auf und kam in einer Tiefe von mehr als einem Centimeter auf verkästes
Knochengewebe. Nunmehr wurde die Resection des Oberarmkopfes vorgenommen, und nachdem dieser in der Frontalebene durchsägt war, fand sich in
seinem Innern ein ganz ungewöhnlich grosser Käseherd, dessen Centrum an
einer kleinen Stelle erweicht war, während im übrigen das erkrankte Knochengewebe sich als sehr hart erwies, vgl. Abb. 35. Der Herd erstreckte sich bis

Abbildung 35.
Resecirter Humeruskopf, nat. Grösse.
a Grosser käsiger Herd im Schulterkopf, bis in die Diaphyse herabreichend. b Gelenkknorpel in
beginnender Abhebung. Die beiden resecirten Knochenstücke sind nicht in derselben Frontalebene
durchgesägt, daher passen sie nicht genau aufeinander.

in die Diaphyse des Humerus herab, daher musste nach der Resection des
Kopfes noch ein etwa 2 cm langes Stück von jener mit dem Rest des Käse-
herdes entfernt werden. Nur an der oberen Fläche des Oberarmkopfes reichte
der Käseherd in einem kleinen Bezirke bis an den zwar gesund erscheinenden,
aber von der Unterlage (bei b) abgehobenen Gelenkknorpel. Hier wäre wohl
sehr bald der Durchbruch in die Gelenkhöhle erfolgt. Die Heilung verlief
ohne Störung, und wie zu erwarten, ist kein Recidiv eingetreten.

Die mitgetheilte Beobachtung ist von Wichtigkeit, einmal weil sie
lehrt, dass selbst sehr grosse käsige Knochenherde lange Zeit bestehen
können, ohne in das benachbarte Gelenk, von dem sie nur durch den
Gelenkknorpel geschieden sind, durchzubrechen; ferner weil selbst in

so schweren Fällen zuweilen alle andern Symptome ausser den Schmerzen dauernd fehlen. Da nun diese ganz gleichmässig den ganzen Oberarm betrafen, so konnte nur der auf eine eng umschriebene Stelle begrenzte heftige Druckschmerz zu einer richtigen Vermuthung über die Art des Leidens — ich will nicht sagen Diagnose — führen.

Zuweilen hat man bei sorgfältiger Betastung das Gefühl, als ob sich der Knochen an der empfindlichen Stelle etwas eindrücken liesse. Nimmt nun ausser dem Periost auch die Haut an der ödematösen Schwellung theil, bildet sich unter ihr ein Granulationsherd oder gar ein, wenn auch nur kleiner Abscess und zwar an einer Stelle, an welcher vom Gelenk herstammende Eiterungen nicht aufzutreten pflegen, so können wir mit einer gewissen Sicherheit die Diagnose auf einen primären, zur Erweichung neigenden tuberkulösen Knochenherd stellen. Ist gar der Abscess durchgebrochen, und hat sich eine Fistel gebildet, aus der gelegentlich mit dem Eiter Knochensand entleert wird, so ist die Diagnose unzweifelhaft.

In manchen Fällen wird das benachbarte Gelenk durch Fortleitung der Entzündung in Mitleidenschaft gezogen und kann, ohne dass noch ein Durchbruch des primären Knochenherdes und damit eine specifische Infection erfolgt wäre, schon Erscheinungen der Gelenkerkrankung, wie sie im folgenden beschrieben werden, aufweisen. Namentlich machten wir eine Anzahl von Beobachtungen, wo tuberkulöse Knochenherde in der nächsten Umgebung des Hüftgelenks die schwersten Reizungserscheinungen in diesem und das ausgesprochene Bild der Coxitis hervorriefen, wo sich später Abscesse genau wie bei Hüftgelenksentzündung bildeten und zuletzt doch noch nach Auffindung und Ausräumung des bezüglichen Herdes vollständige dauernde Heilung mit frei beweglichem Gelenk eintrat. Für dieses Verhalten gebe ich als Beispiel folgende Krankengeschichte:

Ein 8jähriges Mädchen, Minna M., welches bis dahin stets gesund gewesen sein soll, fing plötzlich, angeblich nach einem Fall, auf dem rechten Beine an zu hinken. Da das Kind trotzdem noch 3 Monate lang umhergehen durfte, so wurde das Leiden wesentlich verschlimmert, und namentlich stellten sich in den letzten 4 Wochen so heftige Schmerzen ein, dass das Kind dauernd das Bett hüten musste. In diesem Zustande wurde es uns zugeführt. Fieber soll niemals vorhanden gewesen sein.

Bei der Untersuchung zeigte sich, dass das rechte Bein in Abduction und leichter Flexion in der Hüfte fixirt stand, auch die passiven Bewegungen waren stark beschränkt, Druck auf den Gelenkkopf dicht nach aussen von der Arteria femoralis sehr schmerzhaft. In Narkose waren die Bewegungen im Hüftgelenk in vollkommen normaler Weise möglich, auch fühlte man keine Spur von Crepitation; ein Abscess liess sich nirgends nachweisen. Die Diagnose musste auf beginnende Coxitis im Abductionsstadium gestellt, der Knorpelüber-

zug der Pfanne sowohl als der des Gelenkkopfes als normal angesprochen
werden. Das Kind wurde mit Gewichtsextension behandelt. Schon nach 3 Wochen
war wesentliche Besserung eingetreten, das Gelenk auch auf Druck schmerz-
frei, die active Beweglichkeit wenig beschränkt, die Verlängerung des Beines
beseitigt und nur noch eine leichte Flexion in der Hüfte vorhanden. Die
Eltern wünschten jetzt ihr Kind mit sich nach Hause zu nehmen, sie wurden
angewiesen, die Extension in gleicher Weise fortzusetzen.

Als das Mädchen 3 Monate später wieder in der Klinik vorgestellt wurde,
fand sich das rechte Bein nur wenig abducirt, aber nicht mehr flectirt. Die
activen Bewegungen waren sehr beschränkt, die passiven auch ohne Narkose
fast in normaler Ausdehnung ausführbar, Crepitation nicht vorhanden. An der
vordern äussern Seite des Oberschenkels, etwa unter dem Tensor fasciae latae
liegend, also an der Stelle, wo am allerhäufigsten die aus dem Hüftgelenk
durchbrechenden Abscesse zum Vorschein kommen, fand sich ein solcher von
ziemlich beträchtlicher Grösse. Auch dies hätte uns in der Diagnose auf tuberkulöse Coxitis bestärken müssen. Indessen wurden wir nun schwankend, weil
das Gelenk trotz so schwerer Erkrankung, die zur Eiterung geführt, gar nicht
schmerzhaft und in seiner passiven Beweglichkeit nicht im geringsten beschränkt war. Nach Eröffnung des Abscesses gelangte man in einen nach
oben führenden fistulösen Gang und in diesem bis an die Darmbeinschaufel
zu einer Stelle, welche etwa einen Centimeter nach aussen und oben von der
Hüftgelenkspfanne und ausserhalb der Gelenkkapsel lag. Im Darmbein befand
sich hier ein bohnengrosser käsiger Herd. Nach seiner Entfernung zeigte
sich bei nochmaliger genauer Untersuchung mit Finger und Auge die frei in
der gereinigten Abscesshöhle zu Tage liegende Gelenkkapsel völlig unversehrt. Die Höhle wurde mit Jodoformgaze ausgestopft und war nach wenigen
Wochen ausgeheilt. Von dieser Zeit an war das Gelenk frei beweglich und
schmerzlos, die Heilung ist von Bestand geblieben.

Von grosser Bedeutung wäre es, die Diagnose auf primäre Epiphysenherde möglichst frühzeitig zu stellen, damit man sie durch operatives
Eingreifen entfernen und das Gelenk vor tuberkulöser Infection schützen
könnte, wenn es bisher noch gesund geblieben oder nur in der eben beschriebenen, nicht specifischen Form erkrankt ist. Leider gelingt uns
dies in der grossen Mehrzahl der Fälle nicht, die Symptome sind eben
zu unbestimmt; ausserdem kommen die Kranken oft zu spät in unsere
Behandlung.

Verlauf der tuberkulösen Gelenkerkrankungen.

Es ist kaum nothwendig hervorzuheben, dass die Aufstellung einer
allgemeinen Symptomatologie der tuberkulösen Gelenkerkrankungen ihre
ausserordentlichen Schwierigkeiten hat, theils weil es sich von Anfang
an das eine Mal um primär-ossale, das andere Mal um primär-synoviale
Formen handelt, die ja klinisch häufig einen ganz wesentlich von einander abweichenden Verlauf nehmen, theils weil das Bild des einzelnen

Erkrankungsfalles selbst ein ungemein verschiedenes sein kann. Neben den chronisch sich abspinnenden Formen kommen auch ganz acute vor. Allerdings ist der **chronische Verlauf** der weitaus häufigere. Das Leiden entwickelt sich sehr oft so schleichend und unter so unbedeutenden Erscheinungen, dass es schon eine beträchtliche Ausdehnung erreicht haben kann, bis es aus irgend welchen Gründen zufällig bemerkt wird.

Fast immer ist für die Gelenktuberkulose schon im Beginn der unregelmässige **sprungförmige Verlauf** charakteristisch. Nur selten findet eine gleichmässige Zunahme aller Erscheinungen statt, vielmehr treten recht häufig acute Verschlimmerungen auf. Es stellen sich plötzlich lebhaftere Schmerzen, wohl auch leichtes Fieber ein. Die ganze Gelenkgegend fühlt sich wärmer an, die periarticulären Gewebe zeigen eine vermehrte Succulenz und Infiltration, mitunter kommt es auch rasch zum Erguss in's Gelenk. Derartige Verschlimmerungen werden gewöhnlich durch längeren Gebrauch des Gliedes, unvorsichtige Bewegungen, leichte Traumen, wie Verstauchungen, hervorgerufen. Bei Schonung und Ruhigstellung des Gelenks geht zwar der acute Schub zurück, oft aber bleibt vermehrte Schwellung und grössere Reizbarkeit bestehen.

Auf solche Zeiten stärkerer Entzündung, intraarticulärer Ergüsse und erheblicher functioneller Störungen folgen wieder mehr oder minder lange Nachlässe, während welcher das Gelenk fast normal erscheint und der Kranke in dessen Gebrauch wenig oder gar nicht behindert ist. So zieht sich das Leiden, während Verschlimmerungen und Besserungen abwechseln, oft über mehrere, ja viele Jahre hin.

Schwellung des Gelenks und der Gelenkgegend.

Eines der ersten Symptome der tuberkulösen Erkrankung ist gewöhnlich die Schwellung des Gelenks und der Gelenkgegend. Diese kann, wie wir S. 67 f. gesehen haben, entweder mehr auf periarticulären Vorgängen (Tumor albus, Fungus articuli, gelatinöse Infiltration) oder zum grossen Theil auf einer Anhäufung von Granulationsmassen im Gelenk selbst beruhen. Haben die letzteren eine weiche Beschaffenheit, so bieten sie, namentlich wenn sie von Seiten der umgebenden fibrösen Schichten einem gewissen Drucke ausgesetzt sind, häufig das Gefühl der Pseudofluctuation dar. In anderen Fällen handelt es sich um synoviale seröse, serös-eitrige oder fast rein eitrige, zuweilen selbst dickschmierige Massen, wobei die Gelenkkapsel in geringerem oder höherem Grade verdickt ist. Das Gefühl der Fluctuation ist dann, je nach der oberflächlichen oder tiefen Lage des Gelenks und je nach der Grösse des Ergusses, mehr oder minder deutlich ausgesprochen.

Besonders durch die reactiven **periarticulären Gewebsneubildungen**, welche sich zu mächtigen Schwarten entwickeln oder als einzelne Buckel auftreten, wird die Gestalt des Gelenks bald verändert; sie wird zu einer mehr kugeligen oder spindelförmigen, und die besonderen Muskelreliefs und stellenweise vorhandenen Einsenkungen, welche den Gelenken oft so charakteristische Form verleihen, verschwinden. Die Gelenkgegend ist von einem Netze blau durchschimmernder Venen bedeckt, während die Haut selbst bis zu Papierdünne ausgedehnt und atrophirt sein kann. Namentlich bei den festeren Formen der periarticulären Gewebswucherungen nimmt die Haut alsdann, wie schon die älteren Chirurgen hervorgehoben, das glänzende Aussehen eines blanken Kahlkopfes an. Ebenso findet man bei diesen kugeligen Verdickungen das Glied unterhalb des erkrankten Gelenks infolge der ausserordentlichen Erschwerung des venösen Rückflusses oft stark ödematös geschwollen.

Bei Ansammlung von **krankhaften Massen im Gelenke selbst**, welcher Natur sie auch sein mögen, behält dagegen dieses seine Form im grossen und ganzen bei, die Schwellung ist auf die Kapsel und ihre Ausbuchtungen beschränkt, deren besondere Gestaltung ja bekannt ist. Indessen werden durch den oft recht starken Druck, unter welchem die angesammelte Flüssigkeit steht, diejenigen Theile, welche nicht durch Verstärkungsbänder, Sehnen und Muskeln gestützt sind, am stärksten ausgedehnt, und auch die Gelenkkapsel bekommt dann bei praller Füllung eine unregelmässige buckelige Gestaltung.

Welcher Art auch diese Veränderungen sein mögen, ob intra- oder extraarticulär, immer ist klar, dass Gelenke, welche nur eine dünne Weichtheildecke besitzen, bei denen also die Form der Knochen deutlicher zu Tage tritt und die Gelenkkapsel dicht unter der Haut liegt, so namentlich das Knie-, aber auch das Hand-, Ellenbogen- und Sprunggelenk, für den aufmerksamen Beobachter sehr bald gewisse Abweichungen von der normalen Form zeigen werden.

Functionelle Störungen.

Ebenso eigenthümlich für die Tuberkulose der Gelenke und die sich in ihrer unmittelbarsten Nähe entwickelnden Knochenherde ist der verhältnissmässig früh eintretende Verlust der Fähigkeit, das Gelenk zu gebrauchen und zu bewegen, bis sich zuletzt eine vollständige **Fixation** ausbildet. Bei mehr chronischem Verlauf nimmt der Kranke anfangs

oft nur eine gewisse Steifheit in dem betreffenden Gliede wahr, die Bewegungen sind unbeholfen. Besonders nach längerer Zeit der Ruhe, also
vor allem morgens beim Aufstehen, ist das Gelenk schwer beweglich und erst
nach fortgesetzten Versuchen tritt die frühere Gebrauchsfähigkeit wieder
ein. Wie wohlthätig aber die Ruhigstellung des Gliedes wirkt, lernt jeder
Kranke sehr bald erkennen; namentlich nach stärkeren Anstrengungen
nehmen die Schmerzen zu und ist das Befinden immer ein schlechteres.

Zugleich mit diesen Erscheinungen tritt gewöhnlich rasch eine mehr
oder minder starke **Abmagerung des Gliedes** ein, die einfach auf den un-
genügenden oder völlig mangelnden Gebrauch zurückzuführen ist. Die
Muskeln werden dabei schlaff und verlieren ihre natürliche Spannung
(Tonus). Der Oberschenkel namentlich pflegt seine Gestalt auffallend
zu verändern. Während in der Rückenlage bei gesunden muskelkräftigen
Menschen der grösste Durchmesser auf dem Querschnitt von vorn nach
hinten verläuft, fallen jetzt die Weichtheile des Oberschenkels zusammen.
Abgeplattet liegt er der Unterlage auf, etwa die Form eines nicht gut
aufgegangenen länglichen Schwarzbrodlaibes darbietend. Der Abmagerung entsprechend zeigen die Muskeln der erkrankten Glieder eine auffallende Schwäche; bei jeder beabsichtigten Bewegung zittert die ganze
Extremität. In schwereren Fällen können die Kranken oft das Bein nicht
von der Unterlage emporheben, und es ist als Zeichen entschiedener
Besserung zu betrachten, wenn dies wieder möglich wird. Auch die
elektrische Erregbarkeit einzelner Muskelgruppen ist zuweilen beträchtlich herabgesetzt.

Ebenso nimmt das Fettgewebe sehr bald an der Atrophie Theil,
allmählich schwindet es fast ganz, so dass die Haut an den befallenen
Gliedmaassen schliesslich papierdünn erscheint. Auf solche Weise —
durch Schwund des Fettes und der Muskulatur — erreicht die Abmagerung die höchsten Grade, und um so deutlicher und auffallender nur tritt
dann die geschwollene Gelenkgegend schon auf den ersten Blick hervor.

Falsche Stellungen und Muskelcontracturen.

Weiter entstehen an tuberkulös erkrankten Gelenken fast regelmässig
und oft sehr früh falsche Stellungen und Muskelcontracturen. Bonnet
hat zuerst die **Theorie** aufgestellt, dass die veränderten Lagen, welche
die Gelenke hierbei einnehmen, auf eine Vermehrung des Kapselinhaltes
zurückzuführen seien. Spritzt man nämlich unter starkem Druck in den
Synovialsack Flüssigkeit, so nimmt, wie sich durch Versuche an der
Leiche nachweisen lässt, ein jedes Gelenk diejenige Stellung ein, in

welcher es seinen grössten Rauminhalt besitzt. Das Kniegelenk befindet
sich dabei in leicht gebeugter, das Hüftgelenk in abducirter, nach aussen
rotirter und ebenfalls leicht gebeugter Stellung, wie sie dem sogenannten
Verlängerungsstadium zukommt, das Sprunggelenk gelangt mehr oder
minder in Equinusstellung. Dass in der That diese Bonnet'sche Theorie
eine gewisse Berechtigung hat, sieht man beim acuten Haemarthros genu.
Bildet sich hier rasch ein grosser Bluterguss, so stellt sich auch sofort
das Knie in leichte Beugung, und wenn man in solchen Fällen ohne
vorgängige Punction und Entleerung des Gelenks die Streckung erzwingen
wollte, würde man eine Zerreissung der Kapsel erzeugen.

Trotzdem ist die Bedeutung des von Bonnet hervorgehobenen
mechanischen Momentes nur eine geringe. Die Vermehrung des Gelenkinhaltes — möge es sich nun um einen Erguss oder um fungöse Wucherungen handeln — findet gewöhnlich so langsam statt, und Synovialis
und fibröse Kapsel selbst werden durch kleinzellige Infiltration und seröse
Durchtränkung so dehnbar und nachgiebig, dass die Zunahme des Inhaltes keinen Einfluss auf die Stellung des Gelenks mehr ausüben kann.
Es ist daher nichts ungewöhnliches, dass man bei tuberkulöser Erkrankung mit sehr grossem Ergusse das Kniegelenk in völlig gestreckter Stellung findet.

Ferner lassen sich die höheren Grade jener falschen Lagen, die wir
doch recht häufig zu Gesicht bekommen, durch die Bonnet'sche Theorie
gar nicht erklären. Sobald nämlich die Beugung stärker wird, vermindert sich der Rauminhalt des Gelenks sehr rasch, er wird dann sogar
kleiner als in gestreckter Stellung. Ausserdem ist die Bonnet'sche
Theorie nicht im Stande, uns jenen eigenthümlichen Wechsel in der Lage
des Gliedes zu erklären, den wir namentlich bei Hüftgelenksentzündungen
so häufig beobachten. Hier verwandelt sich die abducirte, leicht flectirte
und nach aussen rotirte Stellung des Schenkels entweder plötzlich oder
allmählich in eine adducirte, flectirte und nach innen rotirte. An der
Leiche lässt sich nur die erste Stellung durch gewaltsame Aufspritzung
des Gelenks erzeugen und auch nur dann, wenn man alle Weichtheile bis
auf die Gelenkkapsel fortnimmt und das Femur im oberen Drittel durchsägt.

Von viel grösserem Einflusse sind unserer Ueberzeugung nach, was
man auch dagegen geltend gemacht hat, **reflectorische Contracturen**, die
durch Reizung der Synovialhaut an den Muskeln ausgelöst werden, in
ähnlicher Weise wie ein in den Bindehautsack eingedrungener kleinster
Fremdkörper sofort den heftigsten Blepharospasmus erzeugen kann. Dass
dem wirklich so ist, ergiebt sehr oft die Untersuchung in tiefer Chloroformnarkose. Völlig steif und winklig gehaltene Gelenke, am häufigsten

wohl das Hüftgelenk, werden sofort wieder vollkommen frei beweglich. Ferner pflegt die Contracturstellung um so früher einzutreten und um so höhere Grade zu erreichen, je heftiger die Schmerzen und die Symptome der Reizung sind, mit denen die Gelenkerkrankung einhergeht. Verläuft dagegen das Leiden torpide, so bilden sich jene falschen Lagen zuweilen gar nicht aus, wenn auch die anatomischen Veränderungen im Gelenk die höchsten Grade aufweisen. Dass Muskelzusammenziehungen in der That auf reflectorischem Wege von erkrankten Gelenken aus hervorgerufen werden können, beweisen uns die bei Coxitis namentlich nachts auftretenden schmerzhaften Muskelzuckungen (vgl. S. 128 f.).

Die Entstehung jener Contracturen wird aber, wie nicht geleugnet werden kann, besonders dadurch begünstigt, dass die Kranken im Bette diejenige Lage einnehmen, bei der das Gelenk möglichst entlastet ist, und in welcher sie die geringsten Schmerzen empfinden. In der älteren Zeit hielt man die **willkürliche Wahl einer bestimmten Stellung** des Gliedes von Seiten des Kranken für die a l l e i n i g e Ursache der Contracturen. Diese Ansicht musste jedoch aufgegeben werden, als man erkannte, dass gerade bei falschen Gelenkstellungen die Schmerzen oft sehr heftig sind, sei es infolge des Druckes, den umschriebene Stellen der Gelenkflächen dauernd auszuhalten haben, sei es infolge der Spannung bestimmter Kapseltheile, und als man die Erfahrung machte, dass zuweilen durch gewaltsame Verbesserung der Gelenkstellung (gewaltsame Streckung), falls erforderlich mit Hilfe der Narkose, die Schmerzen sich augenblicklich beseitigen lassen.

Immerhin pflegen diese „reinen Contracturen", wie die Franzosen sich früher ausgedrückt haben, durch Veränderungen des Muskelgewebes und der bindegewebigen Theile bald in **vollständige Fixation** überzugehen. An den Muskeln selbst beruhen die Veränderungen, welche man in diesem Stadium einfach als n u t r i t i v e bezeichnet hat, zunächst auf gewissen Entartungen, sowie auf Resorption der contractilen Substanz. Infolge des Nichtgebrauchs tritt hier Fettmetamorphose, oft mit gleichzeitiger Fettzellenbildung im interstitiellen Gewebe auf, die Muskeln nehmen eine lipomasische Beschaffenheit an, die contractile Substanz geht schliesslich zu Grunde. Auch die vom erkrankten Gelenk fortgeleitete Entzündung hat Einfluss auf jene atrophisirenden Vorgänge; die normale Elasticität der Muskeln geht verloren, sie werden in unnachgiebige Stränge verwandelt. Oft nehmen sie eine geradezu sehnige Beschaffenheit an, und die Contractur wird zur Retraction. Die verkürzten Muskeln geben dann nur bei starker Gewalt oder überhaupt nicht nach.

Aber sehr bald beginnt auch die Kapsel, welche niemals ausgespannt

wird, ebenso wie die Sehnen und Fascien, an der Beugeseite gewisse
Schrumpfungen zu erleiden. Ferner können durch die periarticulären
Bindegewebswucherungen die verschiedenen Sehnen und Muskeln so mit
einander und mit der darunter liegenden Gelenkkapsel verwachsen, dass
die Bewegungsfähigkeit aufgehoben wird. Gleichzeitig bereiten sich innerhalb des Kapselraumes jene Veränderungen vor, welche die verschiedenen Arten der Ankylosirung einleiten.

Es erübrigen noch einige Bemerkungen über die Entstehung von
secundären Luxationen und Deformitäten, sowie intraacetabulären Verschiebungen (Wanderungen der Pfanne), endlich über gewisse compensatorische Gelenkstellungen.

An tuberkulös erkrankten Gelenken kommen nicht selten Luxationen
oder Subluxationen zur Beobachtung. Diese sogenannten **Spontanluxa-
tionen oder pathologischen Luxationen** werden durch verschiedene Umstände begünstigt und bedingt. Einmal verlieren die cariös zerstörten
Gelenkenden und Pfannen ihre Form, erstere werden verkleinert, letztere
erweitert. In andern Fällen vermögen Kapsel und Bänder infolge der
Ansammlung grösserer exsudirter Massen und infolge ihrer Erschlaffung
dem Muskelzuge, welcher bei der fehlerhaften Stellung der Gelenke oft
noch gesteigert ist, nicht Widerstand zu leisten. Volkmann hat je
nach der verschiedenen Entstehungsweise die erst erwähnten Verschiebungen als Destructions-, die an zweiter Stelle genannten als Dis-
tentionsluxationen unterschieden. Diese Luxationen können vollständige oder unvollständige sein, so dass im letzteren Falle z. B., wie
wir bereits auf S. 72 gesehen, der Hüftgelenkkopf auf dem Pfannenrande reitet. Sie kommen an jedem Gelenke vor, am häufigsten als
vollständige Luxationen am Hüftgelenk; am Knie meist in der Form von
Subluxationen, indem sich der Kopf der Tibia nach hinten verschiebt.
Doch findet man auch ähnliche Vorgänge an Schulter- und Handgelenk,
ja selbst am Fuss.

Für gewöhnlich entstehen die Verschiebungen ganz allmählich. Schon
durch die Erweichung und Dehnung der Bänder verliert das Gelenk
seinen festen Halt, es wird schlotterig und wackelig und gestattet Bewegungen, die in der Norm nicht möglich sind. So kann man am Knie-
und Ellenbogengelenk seitliche Bewegungen ausführen, im Handgelenk die
Mittelhand gegen den Vorderarm verschieben. Der Hüftgelenkkopf lässt
sich aus der Pfanne hervorziehen und fährt beim Loslassen mit einem
hör- oder fühlbaren Geräusch wieder zurück. Gelegentlich entsteht aber
durch eine rasche Bewegung, einen Fall und dergleichen, also nach Verletzungen eine solche Luxation plötzlich. Die Gewalteinwirkung pflegt

dann allerdings so geringfügiger Art zu sein, dass sie niemals in einem normalen Gelenk eine Verrenkung herbeizuführen vermöchte. In solchen Fällen sind wir zu dem Schlusse berechtigt, dass die Veränderungen und Zerstöruugen des Gelenks schon einen beträchtlichen Grad erreicht haben müssen.

Zu trennen von diesen wirklichen Luxationen, wo also durch eine Hebelbewegung der Gelenkkopf über den Pfannenrand hinweggleitet oder sich auf ihn stellt, ist der Zustand, den man als **intraacetabuläre Verschiebung** und **Wanderung der Pfanne** zu bezeichnen pflegt. Er kommt ganz besonders häufig am Hüftgelenk (vgl. S. 72) und an der Schulter bei Caries sicca (vgl. S. 61) vor. Namentlich an jenem werden bei adducirter Stellung des Schenkels durch den fortdauernden Druck des Femurkopfes gegen die hinteren oberen Abschnitte der Pfanne und des Pfannenrandes diese Knochentheile durch ulcerösen Decubitus zerstört. Der gleichfalls cariös veränderte Gelenkkopf rückt auf der schrägen Ebene nach hinten oben, in entsprechendem Grade werden die vorderen unteren Abschnitte der Pfanne leer. So entstehen Verschiebungen des Schenkelkopfes um mehrere Centimeter, ohne dass er die Gelenkpfanne verlassen zu haben scheint.

Durch die Knochenzerstörungen und mitunter eintretenden Knochenerweichungen werden gelegentlich noch **anderweitige Deformationen der Gelenke** und selbst der **Röhrenknochen** veranlasst, die wir dem Charakter dieses Buches entsprechend nur andeuten können, so namentlich am Knie die Bildung eines Genu valgum oder recurvatum. Ferner ist es etwas ganz gewöhnliches, dass eine chronisch verlaufende Kniegelenkstuberkulose, die mit Flexionsstellung und Erschlaffung der Kapsel einhergeht, eine stärkere Drehung der Fussspitze nach aussen zur Folge hat, wie ja bekanntlich Rotationsbewegungen auch physiologisch nur im gebeugten Kniegelenke ausgeführt werden können. Häufig kommen am Hüftgelenk infolge von Zerstörung oder granulöser Erweichung des Epiphysenknorpels Ablösungen des Schenkelkopfes zu Stande, die wiederum zu Verschiebungen führen. Weitaus am seltensten sind allerhand Verbiegungen der Diaphysen selbst infolge der Entwicklung tuberkulöser Herde in ihnen, wie wir denn überhaupt gesehen haben, dass die tuberkulöse Erkrankung die eigentlichen Diaphysen gewöhnlich verschont.

Dagegen sind Deformationen, welche durch **compensatorische Stellungsveränderungen der Nachbargelenke** entstehen, ausserordentlich häufig. Nichts ist gewöhnlicher, als vor allen Dingen die scheinbaren Verlängerungen und Verkürzungen des Beines bei Coxitis, welche nur die Folge einer Abductions- oder Adductionsstellung sind, ebenso die oft grossartigen

Lordosen, welche sich bei Flexion des Hüftgelenks entwickeln. Sodann brauche ich hier nur mit einem Worte an die statischen Veränderungen der Wirbelsäule zu erinnern, welche bei Schiefstellung des Beckens zu Stande kommen müssen. Stromeyer ist der erste gewesen, der gezeigt hat, dass diese Lageveränderungen, welche unter dem Bilde einer Skoliose in die Erscheinung treten, sich für gewöhnlich nicht fixiren.

Crepitation.

Sind die Knorpel in noch nicht völlig fixirten Gelenken zerstört, so nehmen wir bei deren Bewegung nicht selten das Gefühl der Crepitation wahr. Zur gründlichen Untersuchung ist oft die Chloroformnarkose erforderlich, einmal der Schmerzhaftigkeit wegen, — denn gerade die Berührung der entzündeten und geschwürig zerfressenen Gelenkenden mit einander pflegt sehr empfindlich zu sein — ferner weil Muskelspannungen sonst die Untersuchung erschweren oder ganz unmöglich machen würden. Die Crepitation ist in diesen Fällen wegen der fettigen Atrophie der Knochen gewöhnlich viel weicher als bei Fracturen. Ist die Lipomasie sehr weit vorgeschritten, oder sind die Gelenkenden ganz von Granulationen überwachsen, so fühlen wir selbst bei ausgiebigen Bewegungen keine Crepitation, wenn sich das Gelenk auch im Zustande der allergrössten Verwüstung befindet. Zuweilen ist dieses Symptom auch nur in einer ganz bestimmten Stellung des Gelenks wahrzunehmen, so z. B. am Hüftgelenk nur bei Rotationsbewegungen, die am stark abducirten Schenkel ausgeführt werden; dann steht nur an einer begrenzten Stelle des Femurkopfes und der Pfanne nach Verlust des Knorpels Knochen unmittelbar mit Knochen in Berührung. Man muss also, will man zu einem sichern Ergebniss gelangen, die Untersuchung stets in den verschiedensten Gelenklagen vornehmen.

Schmerz.

Ein Symptom von hervorragender Wichtigkeit für die tuberkulösen Knochen- und Gelenkentzündungen ist der Schmerz. Allerdings kommen Fälle zur Beobachtung, in denen während des ganzen Verlaufs gar keine oder kaum nennenswerthe Schmerzen in dem erkrankten Gelenk empfunden werden, selbst wenn sich die grössten Zerstörungen und Verkrümmungen ausbilden. Daher kann es sich ereignen, dass ein solcher Kranker bei sehr schleichendem Verlaufe niemals bettlägerig wird, obwohl z. B. bei Coxitis das Bein immer kürzer wird und mehr und mehr falsche Stellungen einnimmt. Andere Male aber tritt die Schmerzhaftigkeit schon früh auf und ist nicht selten eine ganz ausserordentlich grosse. Sie kann so bedeutend werden, dass die Kranken nicht die leiseste Bewegung des ergriffenen Gelenks oder selbst eine auch nur geringe Lageveränderung ertragen. Wir haben unglückliche Leidende gesehen, welche schon durch die leichte Erschütterung der Bettstelle, wie sie beim Herantreten stattfindet, zum lauten Aufschreien veranlasst wurden.

Dazu kommen die sogenannten **ausstrahlenden (irradiirten) Schmerzen**, die unter anderm bei tuberkulöser Erkrankung der Wirbelsäule und namentlich auch bei Hüftgelenksleiden in sehr charakteristischer Weise auftreten. Bei Spondylitis gehören die, je nach dem Sitz der Erkrankung in Hinterkopf, Nacken, Schultern und Arme ausstrahlenden oder wohl auch in Form eines Gürtels Bauch und Brust umziehenden Schmerzen nicht eben selten zu den ersten wahrnehmbaren Krankheitserscheinungen. Gerade am Hüftgelenk aber haben wir einige höchst merkwürdige Beobachtungen gemacht, indem nach Operationen an der oberen Femurepiphyse oder nach Resectionen die leiseste Berührung des anscheinend völlig gesunden, jedoch meist entzündlich erweichten Knochengewebes mit dem Sondenknopfe sofort die allerheftigsten Schmerzen am Kniegelenk hervorrief. Ebenso haben wir einige Male, als wir beim Sondiren alter Fisteln auf den grossen Trochanter kamen, den Kranken nur über starke Schmerzen im Kniegelenk klagen hören. Es ist kaum nöthig zu bemerken, dass dieses sich in allen jenen Fällen als durchaus gesund erwies.

Die Schmerzen im Kniegelenk selbst und besonders an seiner innern Seite, welche in grosser Heftigkeit sich über Wochen und Monate hinziehen können, stellen namentlich in den früheren Stadien der tuberkulösen Coxitis zuweilen lange Zeit hindurch die Hauptklage dar und treten unter Umständen so sehr in den Vordergrund des ganzen Krankheitsbildes, dass ein unerfahrener Arzt veranlasst wird, das Kniegelenk als den Sitz des Uebels zu betrachten und hier mit spanischen Fliegen, Blutegeln, Jodpinselungen u. dgl. vorzugehen, während doch das Leiden, so zu sagen, ein gutes Stockwerk höher oben sitzt.

An den verschiedenen Gelenken pflegen gleichfalls in den ersten Stadien der tuberkulösen Erkrankung bestimmte Punkte auf Druck ganz besonders schmerzhaft zu sein, ein Zeichen, welches die Diagnose sehr erleichtern kann. Diese **Schmerzpunkte** betreffen im allgemeinen solche Stellen, an denen die Synovialis nahe unter der Haut gelegen und über Theile der knöchernen Gelenkenden straff hinweggespannt ist. Indessen giebt es auch Fälle, wo diese Verhältnisse nicht obwalten.

Am Schultergelenk ist gewöhnlich ein Punkt an der vorderen Seite nach aussen vom Processus coracoideus am druckempfindlichsten. Am Ellenbogengelenk ist es das Capitulum radii und der unmittelbar darüber gelegene Abschnitt der Kapsel, am Kniegelenk sind es die beiden Stellen neben dem Ligamentum patellae, am Sprunggelenk die genau abzutastende, durch den vordern Rand der Knöchel bogenförmig begrenzte vordere und seitliche Gelenkgegend. Am Hüftgelenke kommen unserer Erfahrung nach drei Schmerzpunkte vor, von denen der eine weitaus der wichtigste ist, nämlich diejenige Stelle an der vorderen Seite des Gelenks, welche unmittelbar nach aussen von den grossen Gefässen gelegen ist. Man findet sie sehr leicht, wenn man zunächst die Verbindungslinie zwischen Symphyse und Spina ossis ilei anterior superior halbirt und dadurch die Lage der Arteria femoralis feststellt, hierauf mit dem Finger ein klein wenig nach aussen und unten von der Arterie, immerhin noch ziemlich hart unter dem Poupart'schen Bande eindrückt. Hier liegt das Hüftgelenk und die gesuchte Stelle. Ein zweiter derartiger Punkt kann unmittelbar hinter dem grossen Trochanter vorhanden sein, indess ist dies bei weitem seltener der Fall. Wichtiger ist ein Schmerzpunkt, der sich ziemlich häufig an der innern Seite des Schenkels, unmittelbar unterhalb der Weiche, in der Adductorengegend feststellen lässt. Die Franzosen haben eine Zeit lang, indess ohne jedweden Grund geglaubt, dass er stets das Vorhandensein einer acetabulären Coxitis beweise.

Bei Spondylitis pflegen die erkrankten Wirbel auf Druck von hinten oder, handelt es sich um Erkrankungen der Halswirbelsäule, auch bei Druck von der Seite und vom Rachen her sehr empfindlich zu sein. Ebenso ruft Compression der Wirbelsäule durch Druck oder Schlag auf den Kopf Schmerz an den erkrankten Stellen hervor.

Doch nicht bloss für tuberkulöse Erkrankungen der Synovialhaut sind die Schmerzpunkte von diagnostischer Wichtigkeit, ein ebenso werthvolles Symptom stellen sie bei den primären tuberkulösen Epiphysenherden in jenem frühen Stadium dar, wo noch kein Durchbruch in das benachbarte Gelenk und somit keine weitere Infection stattgefunden hat. Darüber haben wir schon oben auf S. 115 das nöthige gesagt.

Ein ferneres wichtiges Zeichen bilden die **schmerzhaften Muskelzuckungen**, wenn sie auch ganz vorwiegend nur bei Hüftgelenkserkrankungen vorkommen. Sie haben hier dieselbe Bedeutung wie die plötzlich auftretenden krampfhaften Zuckungen bei frischen Knochenbrüchen der unteren Extremität, die ja allgemein bekannt sind. Diese Muskelzuckungen stellen sich mit Vorliebe des Nachts ein und zeigen sich in der Weise, dass ein bereits an schwerer Coxitis leidendes Kind wahrscheinlich infolge irgend einer kleinen Lageveränderung plötzlich die heftigsten krampfhaften Schmerzen empfindet, so dass es jäh aus dem Schlafe aufschrickt und laut aufschreit. Solche Anfälle, bei denen zuweilen das ganze Glied in stossartige Zuckungen versetzt wird, können in einer Nacht sich sechs-, ja achtmal wiederholen und so heftig werden, dass sie eine Luxation in dem zerstörten Gelenk herbeiführen. Sie hören aber sofort auf, wenn die Gewichtsextension in richtiger Weise und mit stärkerer Belastung angewandt wird, so dass die cariösen Gelenkflächen nicht mehr einen gegenseitigen Druck auf einander ausüben. Von den älteren Chirurgen wurde allgemein angenommen, dass dieses Symptom stets den Uebergang zur Eiterung bezeichne, was für die grosse Mehrzahl der Fälle in der That zutrifft.

Temperaturverhältnisse.

Im allgemeinen sind die bei tuberkulösen Knochen- und Gelenkentzündungen vorkommenden Temperatursteigerungen wenig charakteristisch, wennschon wir durchaus nicht bestreiten, dass die genaue Beobachtung des Fiebers in solchen Fällen sehr wichtig ist und zuweilen wesentlich zur frühzeitigen Aufhellung der Diagnose beiträgt, wie dies namentlich von König [1] auseinandergesetzt worden ist.

Für sich allein erregen geschlossene und nicht vereiterte tuberkulöse Herde, wenn nicht besondere Umstände obwalten, kein Fieber. Tritt es ein, so haben sich gewöhnlich schon tuberkulöse Leiden innerer Organe hinzugesellt, namentlich solcher, welche mit der Atmosphäre in freier Verbindung stehen, wie z. B. von Lungen und Darm, oder eine acut verlaufende Basilarmeningitis, die besonders bei kleinen Kindern nicht selten zum jähen Ende führt. Selbst mit den schwersten Knochenzerstörungen verbundene tuberkulöse Erkrankungen verlaufen Jahre lang ohne Fieber, so namentlich die Caries sicca, ferner aber auch sehr chronische Formen des Tumor albus, allerdings nur so lange sich nicht grössere Eiteransammlungen im Gelenk, paraarticuläre Abscesse und Aufbruch nach aussen entwickeln. Man kann also sagen, dass sich die Tuberkelbacillen ganz wesentlich von den septischen Mikroorganismen (Staphylococcus und Streptococcus pyogenes) unterscheiden. Zu deren

---

[1] König, Die Körperwärme bei granulirend (fungös)-eiteriger Entzündung der Gelenke. Deutsche Zeitschr. f. Chirurgie Bd. X. S. 2. — Tuberkulose der Knochen und Gelenke. S. 71.

charakteristischen Eigenschaften gehört es allerdings, dass sie, sobald sie irgendwo zu Herderkrankungen geführt haben, sowohl Fieber als Eiterung erregen.

Dagegen haben grössere Anhäufungen serös-eitriger oder rein eitriger Flüssigkeit in der Umgebung des Gelenks oder im Gelenke selbst in ihren bekannten Verbindungen mit sogenannter Caries häufig Temperatursteigerungen zur Folge. In der Regel zeigt dann das Fieber zunächst den **remittirenden Charakter**, indem es abends kaum höher als bis etwa zu 38,0 oder 38,5 ⁰ ansteigt, während die Morgentemperatur normale oder, falls es sich um anämische und abgemagerte Personen handelt, sogar subnormale Zahlen darbietet. Jedenfalls müssen wir Tagesschwankungen von mehr als einem Grade bei den oft sehr kachektischen Kranken als Fieber auffassen, auch wenn die Abendtemperatur die normale Grenze nur um wenige Decigrade oder gar nicht überschreitet. Oft aber tritt das Fieber nur anfallsweise ein, indem die Betreffenden eine Reihe von Tagen oder Wochen Temperatursteigerungen zeigen, um dann wieder einige Zeit vollständig fieberfrei zu bleiben. In schweren Fällen aber kommt es gelegentlich zur Bildung einer **Continua** mit Morgentemperaturen von 38⁰ und Abendtemperaturen bis zu 39⁰, ja selbst darüber. Namentlich die Iliacalabscesse bei Spondylitis, doch auch gewisse Senkungsabscesse bei Coxitis haben häufig ein lang andauerndes beängstigendes Fieber im Gefolge. Oft hört dies allerdings mit der Ausbildung des Abscesses vollständig auf. Es scheint sogar, als ob gerade die erste Entwickelung und das rasche Wachsen eines solchen besonders gern Temperatursteigerungen veranlasste.

Eine sehr auffallende Thatsache ist es, dass bei bis dahin völlig fieberfreien Kranken irgendwelche, zum Zweck genauer Untersuchung, meist also in Chloroformnarkose vorgenommene **Bewegungen des ergriffenen Gelenks** oft **Temperatursteigerungen** im Gefolge haben. Bei ihnen werden wahrscheinlich tuberkulöse Granulationsmassen zerrissen, verrieben und dadurch der Resorption zugänglich gemacht. Die Temperaturerhöhung tritt meist schon am Abende nach der Untersuchung ein und erreicht nicht selten 39, ja 40⁰, sie kann einen bis einige Tage anhalten, um dann wieder vollkommen normalen Temperaturen Platz zu machen. Diese eigenthümliche Erscheinung ist von entschiedenem diagnostischem Werthe; denn bei nichttuberkulösen Gelenkerkrankungen, Arthritis deformans und anderen rufen selbst gewaltsamere, in der Narkose vorgenommene Bewegungen, solange nicht grössere Blutergüsse entstehen, kein Fieber hervor. Solche allerdings können ein vorübergehendes Resorptionsfieber veranlassen, wie das ja auch von den subcutanen Knochenbrüchen bekannt ist. Ich gebe für das beschriebene Symptom einige charakteristische Beispiele.

1. Ein 22jähriger Arbeiter, Richard Th. aus B., hinkte seit einiger Zeit und hatte im rechten Hüftgelenk Schmerzen beim Gehen. Das Bein stand in leichter Abduction und Flexion, active und passive Bewegungen waren stark beschränkt und erzeugten Schmerz, auch war die Gelenkkapsel auf Druck empfindlich. Bei der Untersuchung in Narkose war das Hüftgelenk frei beweglich, dabei fühlte man ein leises Knacken und Reiben; die Gelenkknorpel waren also wenigstens zum Theil schon zerstört. Doch fand sich nirgends ein Abscess oder eine Infiltration in den Weichtheilen.

Nach der Untersuchung hatte der bisher völlig fieberfreie Kranke einige Tage Temperatursteigerungen. Der Einfachheit wegen gebe ich die täglichen Messungen morgens und abends:

Morgens	Abends
36,8	37,3
36,9	39,9 am Vormittag Untersuchung in Narkose
38,6	39,2
38,0	38,4
37,7	38,1
37,4	37,1 und so weiter völlig normal.

2. Ein 13jähriger Knabe, Carl B. aus M., war ein halbes Jahr zuvor von der Treppe auf das rechte Bein gefallen. Er konnte danach gleich wieder gehen, 14 Tage später aber stellten sich Schmerzen in der rechten Hüfte ein, infolge deren der Knabe zu hinken anfing. In dieser Zeit soll das kranke Bein deutlich länger als das gesunde gewesen sein (Abductionsstellung im Hüftgelenk). Drei Wochen vor der Aufnahme wurden die Schmerzen so stark, dass der Knabe von da an das Bett hüten musste. Nun wurde das Bein plötzlich kurz; bei der Untersuchung zeigte es sich im Hüftgelenk stark adducirt und nahezu rechtwinklig gebeugt. Bei Druck auf den Trochanter major, sowie vorn auf die Gelenkkapsel dicht nach aussen von der Arteria femoralis empfand der Kranke heftige Schmerzen, die bis in's Knie ausstrahlten. Active und passive Bewegungen waren unmöglich. Die Untersuchung in Narkose ergab fast normale Beweglichkeit, normales Verhalten der Gelenkknorpel; nirgends fand sich ein Abscess.

Auch dieser bisher völlig fieberfreie Kranke hatte nach der Untersuchung eine mehrere Tage anhaltende Temperatursteigerung:

Morgens	Abends
37,2	37,5
37,1	39,1 am Vormittag Untersuchung in Narkose
38,4	39,9
38,2	39,4
38,1	38,9
37,6	38,1
36,8	37,4 weiterhin völlig normal.

Bei manchen Kranken, bei denen wir die Untersuchung in Narkose von Zeit zu Zeit wiederholten, um uns von dem Fortschreiten des Gelenkleidens zu überzeugen, haben wir jedes Mal die bezügliche Tempe-

9*

ratursteigerung eintreten sehen. Diese Beobachtungen beweisen mit völliger Sicherheit, dass in der That nur in der starken Bewegung des erkrankten Gelenks die Ursache zu suchen ist. Hierfür noch ein Beispiel:

3. Ein 6jähriges Mädchen, Elsa M. aus R., war schon anderwärts 1 Jahr lang an linksseitiger Coxitis behandelt worden und in der Taylor'schen Maschine umhergegangen. Indessen seit einiger Zeit hatten sich heftige Schmerzen in dem erkrankten Gelenk eingestellt, welche das Gehen unmöglich machten. Wir fanden das linke Bein in Adduction und leichter Flexion im Hüftgelenk stehend. Active Bewegungen konnten hier gar nicht, passive nur in geringem Umfange ausgeführt werden, dagegen waren sie in Narkose völlig frei, Crepitation nicht zu fühlen. Nach dieser Untersuchung hatte das bisher fieberfreie Kind am Abend 39,5, am andern Morgen 38,0 ^{0}, weiterhin war die Temperatur normal. Extensionsbehandlung und Soolbäder besserten den Zustand soweit, dass das Mädchen wieder umhergehen konnte. Nach einigen Monaten trat von neuem Verschlimmerung mit heftigen Schmerzen, indess ohne Fieber ein. Die Untersuchung in Narkose, bei welcher man nunmehr deutliches Reiben im Gelenk fühlte, veranlasste wiederum eine Steigerung bis zu 40^0, nach 24 Stunden schon war die Temperatur zur Norm zurückgekehrt. Auch spätere, zu dem gleichen Zweck unternommene und mit Bewegungen verbundene Untersuchungen des Gelenks hatten jedes Mal eine nur 24 Stunden lang anhaltende Temperatursteigerung bis zu 39,8^0 im Gefolge, bis schliesslich die Hüftresection nothwendig wurde, welche nach langen Leiden zu dauernder Heilung führte.

Ebenso wie solche zu diagnostischen Zwecken vorgenommene Bewegungen tuberkulös erkrankter Gelenke können auch ungewöhnliche Anstrengungen, Contusionen und Distorsionen, ja selbst einmal die Anlegung eines Gipsverbandes, wobei das Glied gestreckt wird und natürlich auch gewisse Zerrungen, vielleicht sogar Zerreissungen vor sich gehen, derartige rasch wieder verschwindende Temperaturerhöhungen bedingen. Das gleiche Symptom beobachten wir bei denselben Veranlassungen auch in Fällen, in denen schon leichtes Fieber besteht. Die vorhandene Remittens oder niedrige Continua wird dann durch jene Steigerung für einen oder wenige Tage unterbrochen.

Auftreten der Knochen- und Gelenktuberkulose in vielfachen Herden.

Tuberkulöse Knochenherde kommen häufig in mehrfacher Zahl über das ganze Skelet ausgesäet vor, auch werden gar nicht selten mehrere Gelenke befallen, so dass die Zahl der Erkrankungen sich gelegentlich auf fünf, sechs, ja selbst noch höher beläuft. Von einem einzigen Knochen- oder Gelenkleiden können alle übrigen Herde angeregt sein, oder sie verdanken gleich jenem ihren Ursprung der nämlichen Infection meist wohl von verkästen Bronchial- oder Mesenterialdrüsen aus. Besonders auch im Gefolge von anderweitigen Erkrankungen, wie Masern, ebenso nach Wochenbetten haben wir mehrere Gelenke hinter einander ergriffen werden sehen. Das Hüftgelenk erkrankt zuweilen doppelseitig, seltener werden unsern Erfahrungen nach beide Knie- oder Ellenbogengelenke befallen. Diese verschiedenen tuberkulösen Herderkrankungen können sich bald rascher, bald innerhalb längerer Zeit nach einander entwickeln; oft vergehen Jahre, bevor eine neue Localisation des Giftes in die Erscheinung tritt. Das Ende ist gewöhnlich Lungen- oder Darmphthise oder Albuminurie; indessen haben wir doch auch eine ganze Reihe glücklicher Heilungen zu verzeichnen gehabt.

Besondere Erwähnung verdient ein bisher zu wenig gewürdigtes, indess nicht allzu seltenes Krankheitsbild, welches Volkmann als acute Invasion vielfacher Tuberkelherde bei bis dahin vollständig gesunden Menschen zu bezeichnen pflegte. Die Erscheinungen sind gewöhnlich folgende. Ganz gesunde Personen jeden Alters, welche sich zuweilen sogar durch strotzende Gesundheit, lebhaft geröthete Wangen und stattliche Körperfülle auszeichnen, und bei denen erbliche Belastung oft nicht nachzuweisen ist, werden plötzlich von Tuberkulose äusserer Organe (Knochen, Gelenke, Haut, Lymphdrüsen) befallen. Innerhalb verhältnissmässig kurzer Zeiträume entwickelt sich hinter einander eine Anzahl tuberkulöser Herde an den verschiedensten Stellen. Bei einem bis dahin durchaus gesunden Kinde tritt beispielsweise auf einmal eine fungöse Ellenbogengelenksentzündung auf, nach wenigen Wochen ein ebensolches Leiden am Knie, dann ein tuberkulöser Herd am Schädel, mehrfache tuberkulöse Drüsenschwellungen und Abscesse. Das Kind kommt durch die grosse Zahl schwerer Erkrankungen in die äusserste Lebensgefahr, kann diese aber überwinden und ist dann nach Ablauf einer Reihe von Monaten oder Jahren, nachdem eine Anzahl operativer Eingriffe nöthig geworden sind, völlig geheilt, wenn auch mit Verlust eines Gliedes oder eines Gelenks. Die Heilung ist von Bestand. Wir haben vollständige dauernde Genesung bei Kranken gesehen, bei denen sich ein Dutzend schwerer tuberkulöser Uebel gebildet hatte. In einer andern Reihe von Fällen entwickelt sich Schlag auf Schlag ein tuberkulöser Herd nach dem andern, und endlich schliesst hinzutretende Lungentuberkulose, Basilarmeningitis oder acute allgemeine Miliartuberkulose das Drama.

Wir haben das Krankheitsbild nicht etwa bloss bei Kindern, sondern mehrfach auch bei Erwachsenen, ja sogar einige Male bei älteren Leuten beobachtet. Es ist kaum eine andere Erklärung möglich, als dass man eine Reihe fortlaufender Selbstinfectionen als Ursache der vielfachen, rasch auftretenden Erkrankungen annimmt. Von einem in der Tiefe des Kör-

pers verborgenen Herde, zum Beispiel tuberkulösen vereiterten oder verkästen Bronchialdrüsen, von einer symptomlos dahinschleichenden Tuberkulose des Beckens oder der Wirbelsäule aus gelangen die infectiösen
Stoffe in den Blutstrom und an die betreffenden Stellen, wo nunmehr
die Erkrankungsherde sich entwickeln.

Als Beispiele lasse ich einige Beobachtungen folgen.

1. Alfred K. aus H., erblich in keiner Weise belastet, war bis zu seinem
5. Jahre blühend und vollständig gesund. Im März 1878 traten bei ihm tuberkulöse Schwellungen der Lymphdrüsen vor und hinter dem linken Ohr auf;
nach der Operation rasche Heilung. Sehr bald danach (Anfang April) folgte
ein schwappender kalter Abscess über dem linken Scheitelbein. Bei seiner
Eröffnung zeigte sich eine Schädelknochentuberkulose, welche die Trepanation
nothwendig machte. Nach Heilung der Wunde füllte sich die Trepanations-
lücke vollständig mit neugebildeter Knochensubstanz aus, so dass nur eine
eingesunkene Stelle zurückblieb. In derselben Zeit entwickelte sich ein tuberkulöser Herd am unteren Orbitalrande rechterseits, welcher nach Eröffnung
und Auslöffelung rasch zur Heilung gelangte. Vier Wochen darauf zeigte sich
ein tuberkulöser Abscess am linken Oberarm in Zusammenhang mit einem
grossen Packet tuberkulöser Achseldrüsen. Infolge dessen wurde im Juni 1878
die Ausräumung der Achselhöhle nothwendig. Auch hier trat vollständige
Heilung ein. Wenige Wochen später hatte sich eine tuberkulöse Erkrankung
des linken Ellenbogengelenks entwickelt, welche mit Bildung von 15 Fisteln
einherging und einen sehr schweren Verlauf nahm. Nach der Resection wurde
Heilung ohne Rückfall und mit sehr gutem functionellem Ergebniss erzielt.
Schliesslich war im Juni 1879 nochmals die Eröffnung eines kalten Abscesses
am linken Oberarm nöthig. Dann wurde der Knabe vollständig gesund und
hat sich sehr kräftig entwickelt; weitere Anfälle traten nicht ein, die Heilung
ist seit nunmehr 11 Jahren von Bestand geblieben. In der Zeit von 5 Monaten
bildeten sich die ersten 5 Erkrankungsherde aus, denen nach mehreren Monaten noch ein letzter sechster folgte, so dass die ganze Krankheit sich über
einen Zeitraum von fast 1 1/2 Jahren hinzog.

2. Friedrich D., Zimmergeselle aus R., 23 Jahre alt, aus tuberkulöser
Familie stammend, hatte 3 1/2 Jahre vor der Aufnahme eine Lungenspitzenerkrankung durchgemacht, war aber scheinbar völlig geheilt, so dass er sich
einer auffallenden Gesundheit, ungewöhnlicher Körperfülle, grosser Muskelkraft
und lebhafter Gesichtsfarbe erfreute. Von neuem erkrankte er zuerst am 12. Mai
1882 und zwar an einer Schwellung des Unterkiefers, die sehr bald in einen
kalten Abscess überging und sich als eine oberflächliche Tuberkulose des
Knochens erwies. Nach der Eröffnung und Ausschabung trat bis auf eine wenig
absondernde Fistel Heilung ein. 6 Wochen später bildeten sich zwei kalte
Abscesse am Schädel, der erste auf der rechten Seite vorn am Scheitelbein.
Wegen ausgedehnter Knochentuberkulose wurde hier eine grosse Trepanation
erforderlich (29. Juni). Schon 3 Wochen danach, am 18. Juli, war am linken
Scheitelbein wegen ebenso schwerer tuberkulöser Erkrankung des Knochens
eine zweite Trepanation nothwendig, bei welcher sich auch die Dura mater
mit miliaren und kleineren Knötchen besetzt fand.

Inzwischen war der Allgemeinzustand des Kranken ein sehr viel schlech-
terer geworden und eine ausgesprochene Febris hectica eingetreten. Es zeigten
sich deutliche Erscheinungen einer Lungenspitzenerkrankung. Sehr rasch ent-

wickelte sich nun ein schweres Leiden des linken Ellenbogengelenks, welches
bereits 9 Tage nach der zweiten Trepanation die Resection nothwendig machte.
Die Tuberkulose schien von der Synovialhaut ausgegangen zu sein, die Knorpel waren fast völlig gesund. Zunächst trat Heilung ein, indess bald zeigten
sich neue Fisteln und ein so schweres Recidiv, dass am 29. September desselben Jahres die Amputation des Oberarms vorgenommen werden musste.
Glatter Wundverlauf. Ende September hatte sich ein grosser kalter Abscess
über dem untern Winkel des linken Schulterblatts gebildet, am 7. November
musste ein grosses Stück der käsig veränderten Scapula weggesägt werden.
Wiederum trat rasche Heilung ein, so dass der Kranke nach 3 Wochen entlassen werden konnte. Zehn Wochen später aber ging der unglückliche Mann
in seiner Heimat an acuter Lungentuberkulose und Albuminurie zu Grunde.

Die Dauer des gesammten Krankheitsverlaufes betrug kaum 7 Monate, und
in dieser verhältnissmässig kurzen Zeit hatten sich fünf schwere tuberkulöse
Knochenleiden entwickelt.

3. Paul B., Secretärssohn aus M., ein blühender und sogar mit leichter
Fettsucht behafteter Knabe, erkrankte zum ersten Mal in seinem 8. Lebensjahre und zwar an tuberkulöser Entzündung des Metatarso-phalangeal-Gelenks
der linken grossen Zehe und gleichzeitig an einem kalten Abscess hinter dem
linken Ohr. Nach der am 14. März 1883 vorgenommenen Resection des Gelenks und nach Spaltung und Ausschabung des Abscesses trat Heilung zunächst ohne Fistel ein. Schon 14 Tage darauf bildete sich am Rücken links
neben der Wirbelsäule ein neuer grosser Abscess, nach dessen Eröffnung sich
ein Knochenherd nicht auffinden liess, und ein gleicher Eiterherd am rechten
Schultergelenk, der am 7. Mai breit geöffnet, ausgeschabt und in der Gegend
des Schulterblatts gegendrainirt werden musste. Drei Monate später entwickelte
sich bei dem immer noch gesund aussehenden und fetten Knaben die von
Volkmann als furunkulöse Form bezeichnete Tuberkulose des Unterhautzellgewebes. Ausserdem entstanden Abscesse am linken Fuss in der Gegend des
Malleolus externus und am Metatarsus. Der Knochen wurde an diesen beiden
Stellen oberflächlich erkrankt gefunden.

Am 23. November 1883 hatte sich an der linken Hacke ein Abscess und
an der früher resecirten Zehe ein schweres Recidiv gebildet, welches die Amputation des Metatarsus I nöthig machte. Am 18. Januar 1884 mussten mehrere
tuberkulöse Fisteln am Oberarm und am Rücken ausgeschabt und ausgebrannt
werden. Am 29. Januar 1884 hatten sich wiederum zwei grosse kalte Abscesse,
der eine am rechten Oberarm, der andere am rechten Oberschenkel dicht
über dem Knie entwickelt. Am 12. April erkrankte das linke Ellenbogengelenk mit Bildung eines grossen paraarticulären Abscesses, weiterhin am
13. August der rechte Vorderarm, und bald darauf im October entwickelte
sich die S. 42 beschriebene typische tuberkulöse Erkrankung des unteren Ran-
des der Orbita. Immer noch blieb der Knabe trotz fünfzehn operativer Eingriffe blühend und gesund, ja geradezu fettleibig, namentlich war keine Erkrankung der Lungen und Nieren nachzuweisen. Vom October 1884 an
entstanden keine neuen Herderkrankungen mehr; nur hinterliessen die meisten
Operationswunden Fisteln, die mehrfache Eingriffe erforderten, so dass der
Knabe über 40 mal operirt werden musste. Endlich stellte sich im Jahre 1885
Albuminurie ein, welche schliesslich den armen Kranken im Alter von 15 Jahren
am 6. September 1889 dahinraffte.

Die verschiedenen tuberkulösen Herde — im ganzen 13 an der Zahl —
hatten sich im Laufe von 1½ Jahren gebildet. Die Familienverhältnisse

konnten auf's genaueste festgestellt werden, tuberkulöse Erkrankungen waren
ausser bei diesem Knaben und vielleicht auch bei einer seiner Schwestern,
welcher eine wohl tuberkulöse(?) Lymphdrüse in der Kindheit entfernt worden
war, niemals vorgekommen.

4. **Frieda J.**, Amtsrichterstochter aus H., in deren Familie weder väter-
licher- noch mütterlicherseits jemals eine Erkrankung an Tuberkulose beobachtet war, entwickelte sich bis zum Ende des 4. Lebensjahres zu einem sehr
kräftigen Kinde. In dieser Zeit (März 1884) fing sie an zu kränkeln, bekam
eine blasse Gesichtsfarbe und magerte ab. Von Seiten der Eltern sowohl wie
des behandelnden Arztes wurde die Entstehung der Krankheit auf den Genuss
von Milch zurückgeführt, welche von einer später als tuberkulös befundenen
Kuh herrührte. Sehr bald bildeten sich an verschiedenen Stellen des Körpers
kleine Anschwellungen. Im April 1884 erkrankte das rechte Auge; Herr Geh.
Rath G r a e f e zu Halle enucleirte wegen schwerer Iristuberkulose im Mai den
Augapfel. In der chirurgischen Klinik wurden die vielfachen Erkrankungsherde der Haut, 10 an der Zahl, welche an Arm, Hand, Beinen und Brust
ihren Sitz hatten, eröffnet und ausgeschabt. Es handelte sich um furunkulöse
Zellgewebstuberkulose.

Bald darauf, im Juli desselben Jahres, bildete sich am linken Jochbein
ein kleiner Abscess, nach dessen Eröffnung der in seinen oberflächlichen
Schichten cariös zerstörte Knochen frei dalag. Zu Anfang des Jahres 1885
entwickelte sich noch ein kalter Abscess in der linken Kniekehle, welcher mit
einem kleinen, allerdings nicht auffindbaren Knochenherde zusammenhängen
musste, da in dem tuberkulösen Eiter Knochengrus enthalten war. Von da
wurde das Allgemeinbefinden zusehends besser. Im Juni 1885 waren alle
Herderkrankungen bis auf einen, wenig Eiter entleerenden Fistelgang in der
Kniekehle ausgeheilt. Auch dieser schloss sich bald, und seitdem haben sich
keine Krankheitserscheinungen mehr gezeigt. Das Kind kam wieder zu Kräf-
ten, erfreut sich auch jetzt nach 5 Jahren einer ausgezeichneten Gesundheit
und zeichnet sich durch seine lebhafte Gesichtsfarbe aus. Der Verlust des
rechten Auges und eine Anzahl Narben am Körper sind die einzigen Ueberreste der schweren Erkrankung, welche in der Zeit von ungefähr 9 Monaten
in 13 verschiedenen Herden aufgetreten war.

5. **Anna V.**, 2 1/2 Jahre alt, Schlosserstochter aus E., stammt aus gesunder
Familie. Im Laufe von 2—3 Monaten entwickelten sich ohne besondere Veranlassung die noch bei der Aufnahme bestehenden zahlreichen Herde. Der
Verlauf war stets der nämliche; zuerst bildete sich eine Anschwellung, diese
brach dann von selbst auf. Der erste Herd entstand bei dem Kinde im Alter
von 1 1/2 Jahren, also 1 Jahr vor der Aufnahme in die Klinik, und zwar am
rechten Mittelfinger, es folgten dann in kurzen Zwischenräumen die Erkrankungen der linken Hand, des linken Unterschenkels, des linken Arms und endlich die der Gesichtsknochen. So waren nach der kurzen Zeit von 2—3 Monaten folgende zehn tuberkulöse Herde vorhanden, denen bis zum Tode, d. h.
innerhalb eines Zeitraums von 10 Monaten, keine neuen sich hinzugesellten:
1m G e s i c h t : ein Herd am linken untern Orbitalrande mit Fistel; ein gleicher
am Jochbeinfortsatz des Oberkieferbeins mit Fistel; am r e c h t e n A r m : Spina
ventosa der 1. Phalanx des Mittelfingers, aufgebrochen; schwere Tuberkulose
des Ellenbogengelenks mit 4 Fisteln; am l i n k e n A r m : Spina ventosa des
3. Metacarpalknochens, aufgebrochen; corticaler Herd an der Streckseite der
Ulna etwa in deren Mitte mit Fistel; am r e c h t e n B e i n : Spina ventosa des
5. Metatarsalknochens, aufgebrochen; corticaler Herd etwa in der Mitte der

Vorderfläche der Tibia mit Fistel; am linken Bein: Abscess an der Vorderfläche der Tibia, etwas unterhalb der Mitte, nach Spaltung des Abscesses zeigte
sich eine muldenförmige Höhle im Knochen, die von tuberkulösen Granulationen erfüllt war; centrale Tuberkulose des Calcaneus mit Aufbruch nach
aussen.

So war der Zustand bei der Aufnahme des Kindes in die Klinik. Die
verschiedenen Herde wurden örtlich behandelt, das Kind erholte sich zusehends,
ging aber später an Rachendiphtherie zu Grunde.

Hinzutreten septischer Processe zu den tuberkulösen Knochen- und Gelenkerkrankungen.

Am häufigsten treten septische Processe zu den tuberkulösen Kno-
chen- und Gelenkerkrankungen, wenn bei gänzlich fehlender oder mangel-
hafter Behandlung **spontaner Aufbruch** eines Senkungsabscesses erfolgt
und damit alle die Schädlichkeiten Zutritt zum Krankheitsherde erhalten,
welche jene Vorgänge zu erregen im Stande sind. In solchen Fällen
ändert sich das Krankheitsbild gewöhnlich ganz erheblich. Kommt es
in einem tuberkulösen Gelenk zur septischen Vereiterung, so schwillt
es stärker an, die Haut röthet sich und wird heiss, die Absonderung
nimmt mehr den Charakter des phlegmonösen Eiters an, welchem allerdings Stücke von tuberkulöser Abscessmembran und auch käsige Binde-
gewebspfröpfe beigemischt sein können. Zugleich werden die Schmerzen
entsprechend der acuten Entzündung heftiger, und die Functionsstörung,
die ja bis dahin oft nicht beträchtlich gewesen ist, wird bis zur Un-
brauchkeit des ganzen Gliedes gesteigert. Gewöhnlich stellt sich sogleich
oder sehr bald hohes Fieber ein.

Viel seltener kommt ohneWunde die secundäre phlegmonöseVereiterung
zu Stande. In diesen Fällen ist das septische Gift auf irgend einem andern
Wege in den Körper aufgenommen und mit dem Blutstrome zu dem erkrankten Theile geschleppt worden, welcher ja in der That einen Locus
minoris resistentiae darstellt; denn in den fungösen Granulationen und
in dem mehr oder weniger eitrigen Gelenkergusse finden die septischen
Mikrokokken einen geeigneten Nährboden. Namentlich bei Caries sicca
treten gelegentlich, wie wir unten sehen werden (vgl. S. 146), entweder
ohne bekannte Ursache oder nach einer Gewalteinwirkung plötzlich Vereiterungen oder gar Verjauchungen ein.

Eine weitere sehr merkwürdige und völlig unaufgeklärte Beobachtung betraf einen 42jährigen Mann, Hermann W. aus Z., welcher in
der Pubertätszeit an einem schweren Tumor albus genu gelitten hatte,
der unter Zurücklassung einer mit dem Knochen verwachsenen Narbe seit

etwa 25 Jahren ausgeheilt war und dem Kranken nie wieder Beschwerden
gemacht hatte. Doch war das Kniegelenk in ziemlich starker Winkelstellung unbeweglich fixirt. Ohne jede bekannte Ursache nun wurde
der im übrigen völlig gesunde Mann plötzlich von Schüttelfrost und einer
Febris continua von 40—41⁰ befallen. Das betreffende Kniegelenk zeigte
sich roth, geschwollen und auf Druck äusserst empfindlich. Bei der Pal-
pation fühlte man nicht bloss Flüssigkeit, sondern auch Luft im Gelenk;
die bisher feste Ankylose wurde wieder locker, und man konnte mit
Leichtigkeit Crepitation nachweisen. Der Kranke ging, ohne dass Aufbruch erfolgt wäre, nach wenigen Tagen bei völlig verjauchtem Gelenke
septicämisch zu Grunde.

Aehnliche Beobachtungen haben wir mehrfach am Hüftgelenk gemacht, insofern bei einer seit vielen Jahren in Contracturstellung ausgeheilten Coxitis plötzlich, theils ebenfalls ohne bekannte Ursache, theils
nach einem Fall, ganz acut schwere Vereiterung des Gelenks mit Abscessbildung und einmal sogar mit Durchbruch in den Mastdarm erfolgte. Am Knie haben wir es einmal erlebt, dass nach jahrelangem
Stillstande des Leidens und bei sonstigem völligem Wohlbefinden des
Kranken die, obschon mit Vorsicht unternommene gewaltsame Streckung,
welche die Adhäsionen zwischen den Gelenkenden löste, zugleich aber,
wie natürlich, einen mässigen Bluterguss erzeugte, eine solche septische
Entzündung im Gefolge hatte, die zur Amputation des Oberschenkels
nöthigte. Bekanntlich kommen ähnliche Fälle wie der zuletzt erwähnte
viel häufiger nach ausgeheilten osteomyelitischen und septischen Gelenkvereiterungen zur Beobachtung.

Heilung und Rückfälle.

Was die **Heilbarkeit** der Knochen- und Gelenktuberkulose, sowie der
von ihr herstammenden Abscesse anbelangt, so geht man zur Beur-
theilung dieser wichtigen Frage am besten auf die Erfahrungen jener
Zeit zurück, wo noch niemand daran dachte, dass die hierher gehörigen
Leiden, also der Tumor albus, der Fungus articuli, die Caries der Gelenke, die Arthrocace, endlich die Caries sicca, ja selbst gewisse Formen
des Hydarthros wirklich tuberkulöser Natur wären. In jener Zeit be-
zweifelte kein erfahrener Arzt, dass fast in jedem Stadium, mit oder
ohne Aufbruch, selbst in den schwersten Fällen spontane Heilungen möglich wären und sogar recht oft, ganz besonders bei Kindern, vorkämen,
freilich häufig erst nach langer Zeit, selbst nach vielen Jahren, und meist
unter allerhand Contracturen und Verkrümmungen der Glieder und mit

der ausgesprochenen Neigung zu Rückfällen an der einmal krank ge-
wesenen Stelle. Jeder ältere Chirurg hatte es oft genug gesehen, dass
namentlich die festeren Formen des Tumor albus genu unter zurück-
bleibender Winkelstellung und mehr oder minder starker Ankylosirung
und Subluxation der Gelenkenden ohne jedweden Aufbruch ausheilten.
Er wusste aber auch, dass eine solche spontane Heilung selbst bei der
Bildung grosser secundärer Abscesse, welche alsdann allmählich resorbirt
wurden, vorkam.

Aus der Praxis Volkmann's will ich als Beispiel die Geschichte eines
jetzt noch lebenden Landwirthes erwähnen, der als Knabe an Spondylitis mit
kleinem, scharf vorspringendem Buckel erkrankte. Sehr bald bildete sich in
der linken Fossa iliaca ein kindskopfgrosser schwappender Abscess. Es war
in den sechziger Jahren und die antiseptische Behandlung noch nicht bekannt.
Bei ruhiger Rückenlage verkleinerte sich der Abscess allmählich mehr und
mehr, der Gibbus wurde durch entsprechende Lagerung beseitigt, und es trat
vollständige Heilung ein. Der junge Mann zeigte später nicht die geringste
Verkrümmung, und namentlich blieb auch die Wirbelsäule nicht im Längenwachsthum zurück, so dass er Cavallerieoffizier werden konnte. Nach mehr
als 25 Jahren befindet sich der Betreffende heute noch vollkommen gesund,
setzt sich den grössten Anstrengungen aus und hat keinen Rückfall erlitten.

Ebenso sahen wir gelegentlich bereits schwappende Abscesse am
Hüftgelenk ohne irgend welchen operativen Eingriff zu dauernder Heilung gelangen. Von besonderer Wichtigkeit sind diese Beobachtungen,
weil wir ja wissen, dass die Abscesse von einer specifischen Tuberkel-
membran ausgekleidet sind, die also bei der Ausheilung verschwinden
oder veröden muss.

Auf zwei verschiedene Vorgänge möchte ich hier noch besonders
hinweisen. Erstens haben wir in einer Reihe von Fällen bei sogenanntem
Hydrops tuberculosus dauernde Heilung, sogar mit beweglichem Gelenk,
nach blosser Ausspülung mit Carbol- oder Sublimatlösung erzielt. Zur
Sicherung der Diagnose hatten wir einige Male das Gelenk aufgeschnitten,
die Wunde breit mit Haken auseinander gezogen, uns durch den Augenschein von der tuberkulösen Erkrankung der Synovialis überzeugt, aber
auch noch Streifen der Kapsel behufs mikroskopischer Untersuchung
herausgeschnitten. Diese Erfolge erinnern sehr an die Erfahrungen bei
tuberkulöser Peritonitis, welche man doch sogar nach blosser Laparo-
tomie hat ausheilen sehen.

Zweitens kommen hier die grossen Abscesse bei tuberkulöser Erkrankung der untern Wirbelsäulenabschnitte in Betracht, die von uns
Jahre lang mit frühen Einschnitten, Entleerung des Eiters und sorgfältiger Ausspülung behandelt worden sind. In diesen Fällen konnte nur
der durch die Incision freigelegte Eingang in die Abscesse und ein

kleiner Bezirk ihrer Wandungen ausgeschabt werden. Trotzdem also grosse Mengen der tuberkelhaltigen Abscessmembran zurückblieben, haben wir doch bei einer Reihe von Kranken, wenn das primäre Knochenübel inzwischen bereits ausgeheilt war, was bei der späten Bildung derartiger Abscesse nicht selten der Fall ist, Verklebung der grössten Höhlen gewissermaassen per primam intentionem geschen, die Geheilten Jahre lang weiter beobachtet und uns überzeugt, dass kein Rückfall eintrat.

Die **Neigung zur Heilung** kündet sich in der Regel zuerst dadurch an, dass etwaige Schmerzen aufhören und die Bewegungen des erkrankten Gliedes freier werden. Auch die Schwellung des Gelenks pflegt abzunehmen, und namentlich ist es als ein sehr günstiges Merkmal aufzufassen, wenn die weiche, fast teigige Verdickung der Kapsel, wie wir sie als charakteristisch für den Fungus articuli kennen gelernt haben, gleichzeitig mit dem Zurückgehen der Geschwulst eine derbere Consistenz gewinnt. Die Absonderung von Eiter aus etwa vorhandenen Fisteln wird geringer, zuletzt sickern nur noch wenige Tropfen einer klaren, schleimigen, fast serösen Flüssigkeit hervor, bis auch diese Absonderung versiegt; gleichzeitig verlieren die Granulationen ihr glasiges Aussehen, die Fisteln selbst fangen an sich einzuziehen und schliessen sich endlich ganz. Auch das Fieber hört auf, das Allgemeinbefinden bessert sich, das Körpergewicht nimmt zu; nicht selten haben wir beobachtet, dass die Kranken nach überstandenen tuberkulösen Knochen- und Gelenkleiden in auffallender Weise fett wurden. Die Muskulatur des betreffenden Gliedes wird kräftiger, und trotz der zurückbleibenden Ankylosen, Verkrümmungen und Wachsthumsstörungen, welche uns noch nach Jahren Zeugniss von der Schwere der überstandenen Erkrankung ablegen, ist das Glied doch oft recht brauchbar.

Die Ausheilung kann auch mit mehr oder minder gut erhaltener **Beweglichkeit** zu Stande kommen, wenn entweder das Leiden überhaupt nicht zu erheblicheren Veränderungen der Kapsel und der knöchernen Gelenkenden geführt, oder wenn wenigstens ein Theil der Gelenkknorpel sich erhalten hat. Solche auf einen Abschnitt des Gelenks beschränkte Zerstörungen kommen besonders am Knie bei Kindern und bei jungen Leuten nicht ganz selten vor; die eine Seite erkrankt, die andere schliesst sich durch frühzeitig eintretende bindegewebige Neubildungen ab und bleibt dauernd gesund. Die anfangs sehr geringfügigen Bewegungen werden durch Uebung ausgiebiger, und schliesslich erfreut sich der Genesene eines recht brauchbaren Gelenks. Selbst bei den in abnormer Stellung ausgeheilten Gelenken kann das Ergebniss ein so günstiges sein. Oft sind allerdings auch infolge der Kapselerschlaffung Bewegungen in

falschen Richtungen möglich, wie z. B. die schon erwähnten Seiten-
bewegungen im Kniegelenk.

Sehr häufig treten bei Tuberkulose der Knochen und Gelenke nach
der Heilung **Rückfälle** ein. Unter entzündlichen Erscheinungen erfolgt
wieder die Bildung von Abscessen und Durchbrüchen, und der ganze
Vorgang spielt sich dann von neuem ab. Mitunter scheint das ergriffene
Gelenk seit Jahren vollkommen ausgeheilt zu sein, keinerlei Symptome
sprechen mehr für ein Fortbestehen der Erkrankung: da veranlasst irgend
eine kleine Verletzung (Contusion oder Distorsion), eine Anstrengung oder
auch nur stärkere Bewegung des betreffenden Gliedes das Wiederauf-
flammen des längst erloschenen Leidens. Oft lässt sich gar keine Ursache auffinden. Diese späten Recidive sind häufig auf neue Infectionen
von Seiten käsiger oder tuberkulöser Residuen, welche inmitten des
Knochens oder der Schwielen eingeschlossen liegen geblieben sind, zurückzuführen (vgl. S. 17 f.). Denn ein solcher in der Tiefe verborgener
und keinerlei Erscheinungen erzeugender Herd birgt immer Gefahren in
sich, da er plötzlich unter besonderen Umständen, welche eine vermehrte
Blut- und Säftezufuhr bedingen, wieder in die lebhafteste Thätigkeit
treten kann, so dass nach jahrelanger Ruhe auf einmal Entzündungen,
Erweichungen, Eiterungen, Fistelbildungen und Nekrosirungen mit ihren
Folgen entstehen.

Tödtlicher Ausgang.

In andern Fällen führt die Tuberkulose der Knochen und Gelenke
ganz allein, ohne dass anderweitige Herde oder auch nur Lymphdrüsenerkrankungen aufgetreten wären, infolge von Säfte- und Eiterverlusten
zum Tode. An und für sich pflegt ja unter dem fortschreitenden Uebel
das Allgemeinbefinden zu leiden, bald früher, bald später, je nach der
Grösse des befallenen Gelenks, der Heftigkeit der örtlichen Störungen
und der Widerstandsfähigkeit des Kranken. Der Appetit vermindert sich,
die Verdauung leidet; es kommt wohl auch zu erschöpfenden Durchfällen.
Die Leidenden fühlen sich matt, sie werden anämisch, und zwar um
so schneller, wenn Fieber sich einstellt. Die Haut nimmt eine welke
trockene Beschaffenheit an, die Abmagerung erreicht zuweilen die höchsten Grade. Schliesslich kann die Schwächung des Organismus durch
Eiterverluste, namentlich bei Erkrankung der grossen Körpergelenke und
beim Bestehen zahlreicher Fisteln so bedeutend werden, dass der Kranke
unter allen Erscheinungen des hektischen Fiebers und unter dem Bilde
der sogenannten Phthise zu Grunde geht.

Oder aber — und dies stellt das gewöhnlichere Ereigniss dar — die innern Organe werden durch das örtliche Uebel in Mitleidenschaft gezogen. Bei allen chronischen Knochen- und Gelenkeiterungen, so auch bei den tuberkulösen, ist die häufigste Complication **Albuminurie.** In der Mehrzahl der Fälle handelt es sich um die Entwickelung amyloider Entartung der Nieren. Indessen haben wir in einer kleinen Reihe hierhergehöriger Erkrankungen bei der Autopsie eine reine parenchymatöse Nephritis gefunden. Man muss annehmen, dass von den vereiterten tuberkulösen Herden aus durch die Lymphbahnen Stoffe aufgenommen und über den ganzen Körper verbreitet werden, welche, wenn sie in die Nieren gelangen, jene Folgezustände erzeugen. Für diese Entstehungsweise spricht der Umstand, dass man in einzelnen, allerdings sehr seltenen Fällen die amyloide Entartung hauptsächlich in der, dem kranken Knochen zunächst belegenen Lymphdrüsenreihe ausgesprochen fand[1]), während andere Male wohl die betreffenden Lymphdrüsen erkrankt waren, die innern Organe aber sich als völlig gesund erwiesen.[2]) Alles was von amyloider Entartung ergriffen wird, ist für den Organismus verloren, die einmal erkrankten Gewebe werden nicht wieder functionsfähig.

Die Eiweissverluste bei ausgebreiteter amyloider Degeneration der Nieren sind oft sehr grosse. Es kann uns daher nicht Wunder nehmen, dass die Kranken unter diesem fortdauernden schwächenden Einflusse hinsiechen und zu Grunde gehen. Ist ja doch die Mehrzahl von Hause aus schwächlich und wenig widerstandsfähig. Gesellt sich zur Albuminurie noch allgemeiner Hydrops, so tritt die Wendung zum schlechtern gewöhnlich sehr rasch ein. Andrerseits ist es erstaunlich, wie lange der Körper unter Umständen derartige starke Eiweissverluste erträgt. So behandelten wir einen Knaben, der wegen mehrfacher tuberkulöser Herde von uns wiederholt operirt worden war und zahlreiche Fisteln zurückbehalten hatte. Trotz starker Albuminurie erfreute sich der kleine Kranke mehrere Jahre hindurch eines vorzüglichen Allgemeinbefindens, ja er war sogar ungewöhnlich kräftig und gut genährt. Schliesslich ging er an allgemeiner Miliartuberkulose zu Grunde.

Tuberkulöse **Lungenerkrankungen** gesellen sich bei Erwachsenen sehr häufig zu den gleichen Knochen- und Gelenkleiden; ja nicht selten sind jene bereits vorhanden, wenn die Bewegungsorgane ergriffen werden. Bei älteren Personen, welche z. B. an Handgelenkcaries erkranken, kann man mit ziemlicher Sicherheit darauf rechnen, dass schon Lungentuber-

---

1) Virchow, Ueber den Gang der amyloiden Degeneration, in seinem Archiv Bd. VIII. S. 364.

2) R. Volkmann, Krankheiten der Bewegungsorgane. S. 321, Anmerkung.

kulose besteht. Auch andere Organe, so vor allem der Darm, werden nicht selten in Mitleidenschaft gezogen. Bei Kindern indessen gehört unseren Erfahrungen nach die Erkrankung der Lungen unter diesen Verhältnissen zu den grossen Ausnahmen; viel eher, und häufiger als bei Erwachsenen, tritt bei ihnen acute **Miliartuberkulose** hinzu, welche gewöhnlich den Kranken rasch dahinrafft. Oft lässt sich eine besondere Veranlassung nicht nachweisen, andere Male entsteht sie im unmittelbaren Anschluss an einen operativen Eingriff, und dann ist es nicht zu bezweifeln, dass dieser die Ursache zum Ausbruch der tödtlichen Erkrankung abgegeben hat. Offenbar werden in solchen Fällen Tuberkelbacillen oder deren Sporen in grösserer Zahl von den eröffneten Blut- und Lymphgefässen aufgenommen, siedeln sich in den Organen an und erzeugen überall, wo sie günstige Verhältnisse zu ihrer Entwickelung finden, Tuberkelbildungen. So können gelegentlich alle Organe von miliaren Knötchen übersäet sein, bei Kindern tritt allerdings häufig Basilarmeningitis in den Vordergrund der Erscheinungen.

Merkwürdigerweise sind es, nach unseren Beobachtungen wenigstens, nicht gerade grosse Operationen (Resectionen, Arthrektomien), welche jene gefahrvolle Complication im Gefolge haben, sondern gewöhnlicher Auskratzungen von tuberkulösen Fisteln, Entfernungen kleiner Sequester und derartige unbedeutende, aber stets blutige Eingriffe. Der Grund hierfür ist zum Theil wohl darin zu suchen, dass grosse Wundflächen leichter mit den antiseptischen Flüssigkeiten in Berührung gebracht und desinficirt werden können als enge Kanäle. Der Ausbruch der acuten Miliartuberkulose kann aber nur in denjenigen Fällen mit Sicherheit auf den operativen Eingriff zurückgeführt werden, in denen man bei der Section nirgends sonst im Körper einen tuberkulösen oder verkästen Herd auffindet. König[1]) hat auf diese Gefahr zuerst aufmerksam gemacht. Auch wir haben eine ganze Reihe derartiger Fälle beobachtet, und ich gebe hier einige bezügliche und, wie ich glaube, völlig beweisende Krankengeschichten als Beispiel.

1. Ein 14jähriger, kräftig gebauter und im übrigen kerngesunder Knabe, Paul B. aus R., kam wegen einer am untern Ende der rechten Radiusdiaphyse dicht an der Epiphysengrenze befindlichen spindelförmigen Anschwellung in unsere Behandlung. Es wurde ein Schnitt bis zum Knochen gemacht, das Periost stumpf abgehoben und die Corticalis fortgemeisselt. Die Anschwellung erwies sich als ein central im Radius sitzender tuberkulöser Herd (Spina ventosa), der mit Meissel und scharfem Löffel entfernt wurde. Etwa 14 Tage nach der Operation klagte der Knabe, während bis dahin der Verlauf normal war, über

1) König, Verhandlungen des 13. Congresses der Deutschen Gesellschaft für Chirurgie 1884 und Tuberkulose der Knochen und Gelenke S. 46 ff.

Kopfschmerzen. Schon wenige Tage später entwickelten sich alle Erscheinungen der Basilarmeningitis: Bewusstlosigkeit, Nackenstarre, Krämpfe, eingezogener Leib, lautes plötzliches Aufschreien. Der Tod trat 4 Wochen nach der Operation ein. Die Section ergab tuberkulöse Basilarmeningitis, gleichzeitig frische Knötchenbildungen in fast allen innern Organen, aber nirgends einen älteren käsigen Herd. In diesem Falle waren auch die Eltern davon überzeugt, dass die tödtliche Erkrankung mit der Operation in ursächlichem Zusammenhange stände.

2. Bei einem 10jährigen, erblich belasteten, indess gut entwickelten und kräftigen Knaben, Franz K. aus L., führten wir die Exstirpation der ganzen tuberkulös erkrankten Synovialmembran des rechten Kniegelenks aus. Ein tuberkulöser Herd in den Knochen war nicht vorhanden. Die Heilung erfolgte ohne Störung, nur an den beiden Stellen, wo die Drainröhren gelegen hatten, wucherten tuberkulöse Granulationen hervor. · Diese wurden 4 Wochen nach der Operation fortgeschabt; 12 Tage später begann der bisher muntere Knabe zu kränkeln: er klagte über zeitweise wiederkehrende Kopfschmerzen und über Schmerzen in den Augen. Nach weiteren 4 Tagen schon war er vollständig somnolent, liess Koth und Urin unter sich und nahm keine Nahrung mehr zu sich. Am nächsten Tage stellten sich Zuckungen in der linken Körperseite, sowie deutliche Genickstarre ein. Unter Zunahme aller dieser Erscheinungen erfolgte 19 Tage nach der Ausschabung der Fisteln der Tod. Die Autopsie ergab tuberkulöse Basilarmeningitis, massenhafte Knötchen in den Lungen, nirgends im Körper einen älteren tuberkulösen Herd. In dem operirten Kniegelenk fanden sich nur an wenigen Stellen der Kapsel tuberkulöse Granulationen. Die Infection des Gesammtorganismus war in diesem Falle offenbar auf die Ausschabung der tuberkulösen Fistel, nicht aber auf die 4 Wochen weiter zurückliegende Arthrektomie zurückzuführen.

3. Bei einem 10jährigen, sehr blassen und schwächlichen Knaben, Emil Sch. aus M., wurde wegen schwerer rechtsseitiger Coxitis mit grossen Abscessen die Hüftgelenksresection ausgeführt. Die Heilung verlief glatt, und der Knabe erholte sich rasch. Fünf Wochen nach der Operation fing er an umherzugehen und konnte bald darauf entlassen werden. Zwei Monate später wurde er uns wieder zugeführt. Er hatte sich viel bewegt und war sehr kräftig geworden. Jedoch hatten sich zwei tuberkulöse Fisteln gebildet, welche ausgeschabt werden mussten. Dreizehn Tage nach diesem Eingriff begann der bisher lebhafte Knabe auffallend apathisch zu werden, er schlief auch bei Tage viel, gleichzeitig trat Temperatursteigerung ein. Dazu gesellte sich in den nächsten Tagen Erbrechen, Verlangsamung und Unregelmässigkeit des Pulses, Ptosis am rechten Auge, ausgesprochene Contractur der ganzen linken Körperhälfte, namentlich des Armes und der Hand, zugleich zeigte sich auf dieser Seite der Patellarreflex erhöht. Der Unterleib war eingezogen. Unter Zunahme des Sopors und der Contracturen starb der Knabe 26 Tage nach der Auskratzung. Die Section ergab tuberkulöse Basilarmeningitis, namentlich stark in der Fossa Sylvii, Hydrocephalus acutus internus, Miliartuberkulose der Lungen, der Leber und der Nieren. Das resecirte Femurende erwies sich als gesund und war gut abgerundet, in der Pfanne hingegen fanden sich noch tuberkulöse Granulationen, aber nirgends im Körper ein älterer tuberkulöser Herd.

Ganz vereinzelt ist auch nach dem Brisement forcé das Auftreten acuter Miliartuberkulose beobachtet worden (s. S. 179).

Besondere Formen der tuberkulösen Gelenkerkrankung.

Von dem gewöhnlichen Bilde der tuberkulösen Gelenkentzündungen, deren Krankheitserscheinungen wir bisher geschildert, kommen mancherlei Abweichungen vor. Sie alle zu besprechen, würde uns zu weit von unserem allgemeinen Thema in Sondergebiete führen. Nur einige kurze Bemerkungen sollen noch über die Caries sicca, den kalten Abscess der Gelenke und den Hydrops tuberculosus hinzugefügt werden.

Caries sicca.

Die Caries sicca kommt unseren Erfahrungen nach bei Kindern nicht vor, entwickelt sich vielmehr meist etwa zwischen dem 15. und 35. Lebensjahre, sehr viel seltener im höhern Alter. Die auffallendsten Symptome sind der Mangel jedweder Schwellung und entzündlichen Erscheinung in der Synovialmembran selbst, sowie in den periarticulären Geweben, und die oft ausserordentlich starke Atrophie der ganzen Gelenkgegend. Die Abmagerung ist zuweilen so bedeutend, dass die Knochenumrisse, namentlich am Schultergelenk, wo ja überhaupt diese Erkrankung am häufigsten vorkommt, ganz scharf hervortreten, während bei der gewöhnlichen Form der Gelenktuberkulose die Knochenconturen durch die Infiltration und Gewebsneubildung in den Weichtheilen verdeckt werden. Infolge aller dieser Erscheinungen nimmt sich besonders das Schultergelenk mitunter wie ein verrenktes aus, bei gleichzeitig bestehender fast völliger Ankylose (vgl. Abb. 27, S. 60). Da Eiterung für gewöhnlich nicht vorhanden ist und ebensowenig Fieber sich einstellt, so wird auch die Ernährung nicht beeinträchtigt, und man findet daher die Kranken, während die Gelenkzerstörung weit fortgeschritten ist, bei bestem Wohlbefinden, zumal Schmerzen von selbst gar nicht oder nur in geringem Grade aufzutreten pflegen. Dagegen erzeugen passive Bewegungen, welche, auch abgesehen von den Muskelspannungen, wegen der Straffheit der die Gelenkflächen fest aneinander schliessenden Granulationen nur in geringer Ausdehnung ausführbar sind, meist heftigen Schmerz.

Wie schon bei der anatomischen Beschreibung erwähnt, kommt die eigenthümliche Form der Caries sicca neben dem Schultergelenk am häufigsten am Hüftgelenk vor, sehr viel seltener, wenigstens in ausgesprochenem Maasse, am Kniegelenk. Denn diejenigen Formen von Gelenktuberkulose, welche hier nicht zur Eiterung führen, tragen doch fast immer das Gepräge des Tumor albus, d. h. es ist eine mehr oder minder starke Geschwulst vorhanden, welche durch die Schwellung der Syno-

vialmembran selbst und die fibröse oder gelatinöse Veränderung der umgebenden Theile bedingt ist.

Gelegentlich einmal kommt es plötzlich aus uns völlig unbekannten
Ursachen zur Vereiterung oder gar zur Verjauchung der die Gelenkenden
ankylotisch verbindenden Granulationsschicht. Namentlich am Hüftgelenk
haben wir dieses Ereigniss selbst nach zehnjährigem und längerem Verlauf eintreten sehen. Die Coxitis hatte sich unter den typischen Erscheinungen entwickelt. Nie waren Schmerzen vorhanden gewesen, niemals war der Kranke an's Bett gefesselt oder von nächtlichen Muskelzuckungen gepeinigt, und obgleich sich allmählich eine Contracturstellung
herausgebildet, war er doch mit seinem zu kurzen und steifen Beine den
ganzen Tag umhergegangen. Sämmtliche Weichtheile der Hüftgelenk-
gegend waren im höchsten Grade abgemagert, so dass man bei der ersten
Besichtigung zu erkennen vermochte, wie der Trochanter major sich nach
hinten und oben verschoben hatte. Da tritt plötzlich unter den schwersten
Krankheitserscheinungen Vereiterung des Gelenks ein. Während bis dahin
eine fast völlige Ankylose bestanden und das Gelenk auch in der Chloroformnarkose nur in geringer Ausdehnung hatte bewegt werden können,
ist es mit einem Schlage beinahe frei beweglich und zugleich ausserordentlich schmerzhaft geworden; bei der Untersuchung fühlt man deutliche Crepitation. Die Vereiterung kann sich so stürmisch entwickeln
und so acut verlaufen, dass man schon wenige Tage nach ihrem Eintritt zur Resection gezwungen wird. Dabei findet man dann, dass der
Gelenkkopf ganz oder fast ganz fehlt, und dass der Schenkelhals aus
sehr festem, sklerotischem Knochengewebe besteht. Diese Veränderungen
beweisen uns mit völliger Sicherheit, dass es sich um ein ganz altes
Leiden gehandelt haben muss.

Kalter Abscess der Gelenke.

Beim kalten Abscess der Gelenke herrscht die Eiterbildung im Gelenkinnern als das wesentliche vor. Entzündliche Symptome fehlen entweder
gänzlich oder sind doch nur sehr wenig ausgeprägt. Der Erguss bildet sich
nicht selten innerhalb ziemlich kurzer Zeit, er erreicht ferner oft eine sehr
beträchtliche Grösse und dehnt die Kapsel dann stark aus. Das meist
von unveränderter Hautdecke überzogene Gelenk bietet deutliches Gefühl der Fluctuation dar. Nicht allzu selten erfolgt von selbst Durchbruch an den dünnsten Stellen der Gelenkkapsel. Der Verlauf ist gewöhnlich ein ganz chronischer. Meist handelt es sich um primäre diffuse
Synovialistuberkulose. Daher wird diese Erkrankungsform auch so häufig

im späteren Alter beobachtet; doch auch die Jugend, ja selbst Kinder sind nicht verschont. In jedem Lebensalter aber werden zumeist Personen befallen, welche sich in schlechtem Ernährungszustande befinden, und die häufig auch noch an andern Körperstellen tuberkulöse Erkrankungsherde aufzuweisen haben. Namentlich bei Kindern entwickelt sich der eitrige Gelenkerguss zuweilen ziemlich rasch, aber selbst dann fehlen die Zeichen der Entzündung. Gerade dieses Verhalten bildet einen wesentlichen Unterschied und ein in zweifelhaften Fällen zu verwerthendes Merkmal gegenüber andern gleichfalls rasch entstehenden Gelenkvereiterungen. Am häufigsten hat das Leiden seinen Sitz am Knie, seltener an der Hüfte.

Die Diagnose ist nicht immer leicht zu stellen. Da Entzündungserscheinungen und erheblichere Schmerzen zu fehlen pflegen, da ferner Muskelcontracturen nicht eintreten, da endlich die Kapsel sehr wenig oder gar nicht verdickt ist und das Gelenk in seinen passiven Bewegungen sich häufig normal verhält, so liefert zuweilen erst die Punction die Entscheidung, dass wir es mit einem tuberkulös-eitrigen und nicht mit einem wässrigen Ergusse zu thun haben. Die Prognose ist im allgemeinen nicht gut, schon deshalb nicht, weil das Uebel häufig als Theilerscheinung mehrfacher tuberkulöser Herderkrankungen auftritt, und weil es sich, wie schon erwähnt, meist um wenig widerstandsfähige Personen handelt.

Hydrops tuberculosus.

Wir verdanken König[1] sowohl den Namen, als auch die genaue Schilderung der klinischen Erscheinungen und des pathologischen Befundes. Schon im anatomischen Theile S. 56 haben wir erwähnt, dass bei der Synovialistuberkulose, sei sie primär entstanden oder secundär von einem Knochenherde aus hervorgerufen, der im Gelenk sich bildende Erguss zuweilen kein eitriger, sondern ein rein seröser ist. Gewöhnlich aber tritt die Grösse des Ergusses in diesen Fällen gegenüber den andern Zeichen und besonders gegenüber der Verdickung der Kapsel in den Hintergrund. So vergesellschaftet sich namentlich auch jene Erkrankung, welche wir auf S. 62 f. als knotige Form der Synovialistuberkulose beschrieben haben, nicht selten mit Gelenkhydrops, gleichviel ob es sich um vereinzelte Knoten handelt, den sogenannten Solitärtuberkel des Gelenks, oder ob wir es mit Bildung vieler kleinerer Knötchen oder Zotten, einer proliferirenden Tuberkulose der Synovialmembran zu thun haben.

---

1) König, Tuberkulose der Knochen und Gelenke S. 52 ff.

10*

Dahingegen zeichnet sich der Hydrops tuberculosus dadurch aus, dass bei ihm der Gelenkerguss die hervorstechendste Krankheitserscheinung darstellt, während die fungöse Verdickung der Synovialhaut eine geringe Rolle spielt. Höchstens ist die Schwellung an den Umschlagsfalten der Kapsel deutlicher ausgeprägt, was sich sehr oft erst nach Entleerung des Ergusses durch die Punction feststellen lässt. Meist handelt es sich um primäre Synovialistuberkulose. Das Leiden entwickelt sich für gewöhnlich ohne alle entzündlichen Symptome, daher pflegt Fieber nicht einzutreten.

Indessen wird neben der viel häufigeren chronischen Erscheinungsweise des Hydrops tuberculosus gelegentlich auch eine ganz acut auftretende Form beobachtet. In solchen Fällen bildet sich ohne nachweisbare Veranlassung bei einem schon an Tuberkulose anderer Organe leidenden Kranken ganz rasch, innerhalb weniger Stunden oder über Nacht, ein Erguss in einem bis dahin gesunden Gelenk, am häufigsten im Kniegelenk. Unter beträchtlichen Schmerzen schwillt es an, die bedeckende Haut röthet sich, zeigt mitunter ödematöse Durchtränkung, die Körpertemperatur steigt. Ausnahmsweise werden zu gleicher Zeit mehrere Gelenke befallen. Das Krankheitsbild wird, wie Sectionsergebnisse gelehrt haben [1]), durch acute Miliartuberkulose der ganzen Synovialhaut hervorgerufen, während das subsynoviale Gewebe keine oder nur geringe entzündliche Veränderungen aufweist, Knorpel und Knochen aber niemals betheiligt sind. Daher ist auch nur Druck auf die Gelenkkapsel, nicht aber Druck auf die knöchernen Gelenkenden schmerzhaft. Unter Verschwinden des Ergusses kann völlige Heilung eintreten, gewöhnlich aber bleibt eine gewisse Verdickung der Kapsel zurück, und es entwickelt sich chronische Gelenktuberkulose. Namentlich bei dem erwähnten vielfachen Auftreten localisirt sich im weiteren Verlaufe die Erkrankung fast immer nur in einem, allenfalls in zwei Gelenken und wird hier chronisch, während die andern Ergüsse zurückgehen.

Die Regel aber für den Hydrops tuberculosus ist der chronische Verlauf. Das Krankheitsbild bietet dann die Symptome, welche für den chronischen Hydrops der Gelenke überhaupt charakteristisch sind. Mit diesem hat es auch gemein, dass in manchen Fällen der Erguss bald stärker, bald wieder von selbst geringer wird oder ganz schwindet, um dann von neuem wiederzukehren, ohne dass wir die Ursachen für dieses Verhalten immer anzugeben wüssten. Mitunter bilden stärkere Anstrengungen des Gliedes die Veranlassung zur Verschlimmerung. Ganz

1) Chamorro, Contribution à l'étude de la tuberculeuse aigue des articulations (Hydarthrose tuberculeuse aigue). Thèse de Paris 1888.

klar indessen pflegt der Erguss bei Hydrops tuberculosus im Gegensatz zur einfachen Gelenkwassersucht kaum je zu sein. Oft sind Fibrinniederschläge, welche sich bei der Betastung des Gelenks zuweilen, besonders wenn sie reichlicher sind, durch ein knirschendes Gefühl bemerkbar machen (**Hydrops tuberculosus fibrinosus**), in ihm vorhanden, und sehr gewöhnlich lassen sich auch Eiterkörperchen in geringer Menge und oft im Zustande des Zerfalls nachweisen.

Der Hydrops tuberculosus kommt weitaus am häufigsten am Knie und zwar bei Erwachsenen vor. Anfangs sind die Personen durch die Erkrankung wenig behindert, sie können das betreffende Glied fast wie zuvor gebrauchen; erst wenn der Erguss beträchtlicher wird, macht sich gewöhnlich als erstes Zeichen ein sehr rasch, schon nach geringen Anstrengungen auftretendes Ermüdungsgefühl geltend. Andere Male beginnt die Krankheit sofort, ohne dass eine Ursache nachzuweisen wäre, mit heftigen Schmerzen im befallenen Gelenk, welche während des Auftretens und der Vermehrung des Exsudats zunehmen, auch ist in diesen Fällen die Beweglichkeit des Gliedes behindert oder ganz aufgehoben. Hat beträchtliche Füllung und Spannung der Gelenkkapsel durch den Erguss einige Zeit bestanden, so dehnen sich allmählich auch die Verstärkungsbänder. Damit verliert das Gelenk seine Festigkeit, es wird wackelig, und nun können sich beim weiteren Gebrauch Deformitäten ausbilden, am Knie Genu valgum oder Genu recurvatum, ja es entstehen hier gelegentlich auch Subluxationen.

Eine ganze Reihe von Erscheinungen, welche wir bei Beschreibung der gewöhnlichen Formen tuberkulöser Gelenkentzündung kennen gelernt haben, namentlich erheblichere Schwellung der Kapsel und der umgebenden Weichtheile, Muskelcontracturen und Abmagerung des Gliedes sind beim Hydrops tuberculosus in vielen Fällen gar nicht vorhanden oder eben nur angedeutet. Eher können wir noch zuweilen schmerzhafte Druckpunkte nachweisen. Flexionscontracturen treten nach König's Erfahrungen (a. a. O. S. 74) niemals bei Hydrops tuberculosus ein. Wenn dies auch für die überwiegende Mehrzahl der Fälle zutrifft, so haben wir doch eine Beobachtung bei einem 19jährigen, sehr kräftigen jungen Manne zu verzeichnen, bei dem eine bedeutende Contractur der Beugemuskeln des Kniegelenks bei gleichzeitigem Hydrops tuberculosus bestand. Die Diagnose liess sich hier nach der Punction mit unzweifelhafter Sicherheit stellen, weil in der entleerten reichlichen, serösen Flüssigkeit neben einigen Faserstoffgerinnseln ein fingernagelgrosses Stück der Synovialmembran schwamm, welches sich bei mikroskopischer Untersuchung als tuberkulös erwies.

Das Krankheitsbild ändert sich gerade beim Hydrops tuberculosus nicht selten im weiteren Verlaufe. So haben wir es wiederholt erlebt, dass das Uebel beispielsweise nach Punction und Auswaschung des Gelenks mit Carbolsäure- oder Sublimatlösung zunächst scheinbar ausheilte, nach einiger Zeit von neuem begann und nunmehr unter den Symptomen des gewöhnlichen fungösen Gelenkleidens verlief.

Diagnose.

Die Diagnose der tuberkulösen Knochen- und Gelenkerkrankungen ist im allgemeinen eine leichte; sind die klinischen Erscheinungen in charakteristischer Weise ausgeprägt, so genügt dem Erfahrenen oft ein einziger Blick zur Erkenntniss der Krankheit. Dabei darf uns das etwa vorhandene gute Allgemeinbefinden nicht irreführen; denn Tumor albus sowohl wie tuberkulöse Knochenherde sind rein örtliche Leiden, welche zunächst die Ernährung des Gesammtorganismus nicht zu beeinträchtigen pflegen. Erst in den späteren Stadien, wenn Eiterung, fistulöse Aufbrüche und Fieber eintreten, üben jene Erkrankungen auf den Allgemeinzustand eine ungünstige Wirkung aus. Allerdings ist es Thatsache, dass eine grosse Zahl der von Knochen- und Gelenktuberkulose befallenen Kinder und Erwachsenen kachektisch aussieht, wenn sie in unsere Behandlung kommt. Aber diese Kachexie wird durch die schlechten Ernährungsverhältnisse, in denen die Kranken so oft leben, und durch die häufig gleichzeitig vorhandenen Erkrankungen innerer Organe, der Lungen, des Darms, der Nieren, hervorgerufen. Ein guter Allgemeinzustand darf also niemals gegen die Diagnose einer tuberkulösen Knochen- oder Gelenkerkrankung in's Feld geführt werden, sofern die örtlichen Erscheinungen charakteristisch und beweisend sind. Dagegen kann in zweifelhaften Fällen das kachektische Aussehen des Kranken wohl zur Sicherung der Diagnose beitragen.

Differentiell-diagnostische Merkmale der Knochentuberkulose.

Bei Herden in den Diaphysen der langen Röhrenknochen und namentlich an den Schädelknochen kann eine Verwechselung mit syphilitischen Erkrankungen vorkommen. Ist ja doch, wie schon S. 42 erwähnt,

selbst Volkmann, als er seine Arbeit über die perforirende Tuberkulose der Knochen des Schädeldaches im Jahre 1880 veröffentlicht hatte,
von Syphilidologen der Wiener Schule der Einwand gemacht worden,
dass es sich in seinen Fällen um Knochensyphilis handelte. Als unter-
scheidendes Merkmal muss man beachten, dass die Syphilis der Schädelknochen im allgemeinen keine Neigung hat, Abscesse namentlich von
irgend welcher grösseren Ausdehnung zu erzeugen, während dies für die
Tuberkulose ganz charakteristisch ist. Sollte ein Zweifel noch bis zur
Operation bestehen, so wird er sich dann beseitigen lassen; ist doch
das neugebildete Gewebe bei der Tuberkulose der Knochen leicht mit
dem scharfen Löffel zu entfernen, es ist weich, fast schwammig, bei
syphilitischen Knochenerkrankungen hingegen pflegt es sehr derbe und
fest zu sein und ist schwer oder gar nicht mit dem Löffel fortzuschaben.
Im allgemeinen wird also die mikroskopische Untersuchung der Granulationen zur sicheren Erkenntniss gar nicht erforderlich sein, nöthigen
Falles müsste sie allerdings die Entscheidung liefern.

    Die **infectiöse Osteomyelitis** bietet auch in den von vorn herein sub-
acut auftretenden Fällen, sofern es sich nicht um die seltnere Form der
Osteomyelitis epiphysaria handelt, auf welche wir weiter unten eingehen
werden, charakteristische Symptome in genügender Zahl, um sie von den
tuberkulösen Knochenleiden zu unterscheiden. Vor allem ist schon der
Sitz beider Erkrankungen durchaus verschieden: die Osteomyelitis befällt
mit Vorliebe die Diaphysen, wenn auch sehr häufig in ihren, den Epiphysenknorpeln benachbarten Abschnitten. Die osteomyelitischen Sequester sind gewöhnlich von länglicher Gestalt, wesentlich grösser, hart und
gleichen in ihrem Verhalten durchaus macerirtem Knochen, während die
tuberkulösen Sequester, der Regel nach von Linsen- bis Erbsen-, allenfalls Haselnussgrösse, im allgemeinen eine rundliche Gestalt, ziemlich
harte Consistenz, käsige Beschaffenheit und kleinhöckerige Oberfläche
darbieten; sehr häufig gleichen sie viel eher Concrementen als todten
und durch demarkirende Vorgänge losgestossenen Knochentheilen. In
zweifelhaften Fällen führt auch hier die mikroskopische Untersuchung der
Granulationen zur Sicherstellung der Diagnose. Ebenso wird zuweilen bei
Aktinomykose erst das Mikroskop die Entscheidung liefern, besonders
wenn Knochenabschnitte befallen sind, an welchen auch tuberkulöse Erkrankungen häufig ihren Sitz haben.

Differentiell - diagnostische Merkmale der Gelenktuberkulose.

Die tuberkulösen Erkrankungen sind im Beginne besonders an denjenigen Gelenken nicht immer leicht zu erkennen, welche in dicken Muskelschichten tief versteckt liegen, und an denen daher Veränderungen in den Conturen und Reliefs nicht so bald eintreten oder nicht so deutlich in die Augen springen, wie bei oberflächlich gelegenen Gelenken. In diesen Fällen sind zuweilen scheinbar geringfügige Symptome von Wichtigkeit. Ein solches ist die S. 130 ff. erwähnte, rasch sich einstellende und gewöhnlich auch rasch wieder verschwindende, mehr oder minder beträchtliche Temperatursteigerung, welche ausgiebigen Bewegungen in dem erkrankten Gelenke zu folgen pflegt. Doch ist dieses Zeichen vorwiegend bei Hüftgelenkserkrankungen von besonderem Werth. An andern Gelenken, namentlich am Knie, ist anfangs die Unterscheidung von der **einfachen chronischen Synovitis** oft ganz unmöglich, und erst der weitere Verlauf, häufig genug auch die Erfolglosigkeit der Behandlung führen zur Erkenntniss der wirklichen Natur des Leidens. Ueber die Diagnose des Hydrops tuberculosus und des kalten Abscesses der Gelenke habe ich bei der Besprechung dieser Erkrankungen S. 146 ff. das nöthige gesagt.

Auch mit **Arthritis deformans** können wohl Verwechselungen vorkommen. Im allgemeinen schützen allerdings vor diesem Irrthum die für jenes Uebel so charakteristischen Verdickungen der Gelenkenden, zumal sie häufig Grade erreichen, wie sie bei Tuberkulose der Gelenke kaum je beobachtet werden. Auch entwickelt sich die Arthritis deformans gewöhnlich in späteren Lebensjahren und ganz gleichmässig in sehr langsamem Schritte, während selbst bei chronischem Verlauf der Gelenktuberkulose doch einzelne mehr oder weniger acute Unterbrechungen die Regel darstellen.

Wie wir auf S. 114 an einem Beispiele dargelegt, kann eine tuberkulöse Gelenkerkrankung, zumal wenn das Stadium prodromorum sich ungewöhnlich lange hinzieht, fälschlicher Weise für **Gelenkneuralgie (hysterisches Gelenkleiden)** gehalten werden und umgekehrt. Auch bei Gelenkneurosen kommen ausstrahlende Schmerzen vor, wie wir sie bei manchen Gelenktuberkulosen, namentlich bei Coxitis beobachten, ferner auch Fiebererscheinungen. Indessen pflegen bei jenen nervösen Leiden die Beschwerden der Kranken mit den wahrnehmbaren Veränderungen nicht im Einklange zu stehen; die Gelenke können wohl fixirt sein, er-

weisen sich aber in Narkose als durchaus normal, die oft sehr heftigen
Schmerzen lassen schon bei Ermüdung nach und pflegen nachts aufzu-
hören, also den Schlaf nicht zu stören, die Schmerzpunkte wechseln im
Verlaufe der Erkrankung ihren Ort, die Haut zeigt häufig vasomotorische
Störungen, Hyperästhesie, auch wohl Temperaturwechsel, ausserdem
pflegen die Kranken anderweitige hysterische Symptome darzubieten;
schliesslich ist zu beachten, dass die Massage allein oft vollkommene
Heilung bewirkt. Bei Beachtung aller dieser Krankheitserscheinungen
wird die richtige Diagnose in der Regel möglich sein. Allerdings kommen auch, wie wir ja bei Besprechung des Stadium prodromorum gesehen,
Fälle zur Beobachtung, in welchen selbst Jahre hindurch das Gelenkleiden für ein hysterisches gehalten wird und sich schliesslich doch als
ein tuberkulöses offenbart.

Am schwierigsten ist die Differentialdiagnose oft gegenüber jener
Form der **infectiösen Osteomyelitis**, welche in kleineren Herden die **Epiphysen** der langen Röhrenknochen oder die kurzen spongiösen Knochen
befällt. Fast regelmässig betheiligt sich hierbei das benachbarte Gelenk
durch entzündliche Vorgänge. Die Diagnose stösst namentlich dann auf
grosse Schwierigkeiten, wenn die Osteomyelitis epiphysaria sich allmählich und schleichend entwickelt, und wenn es nicht zur Eiterung kommt.
Das Gelenk geht in solchen Fällen in der That Veränderungen ein,
welche sich klinisch kaum vom Tumor albus unterscheiden lassen. Indessen tritt jenes Leiden recht häufig multipel, also an mehreren Gelenkenden auf, ausserdem führt uns wohl eine gleichzeitig in der Diaphyse des
einen oder anderen Röhrenknochens vorhandene osteomyelitische Nekrose
zur richtigen Erkenntniss. Eine Veränderung, welche in dieser Weise
bei den tuberkulösen Gelenkerkrankungen nicht beobachtet wird, ist die
bei Osteomyelitis epiphysaria in der Regel sich bildende starke periostale
Knochenwucherung an den Gelenkenden. Doch ist es, worauf wir schon
S. 69 f. hingewiesen, bei der Untersuchung meist sehr schwer, oft ganz
unmöglich, derartige Knochenauflagerungen durch das Gefühl von den
dicken fibrösen Schwarten zu unterscheiden, welche beim Tumor albus
die Gelenke umschliessen. Daher bleibt in manchen Fällen die Diagnose
eine schwankende, bis wir uns zu einem chirurgischen Eingriff entschliessen,
und selbst dann beseitigt zuweilen das Aussehen des Gelenkinnern unsere
Zweifel nicht, sondern erst die mikroskopische Untersuchung und der
Nachweis, beziehungsweise das Fehlen von Tuberkeln lassen die Art
des Leidens mit Sicherheit erkennen.

Bestehen so grosse Schwierigkeiten für die Diagnose, dann erweist
sich mitunter eine eigenthümliche Verbiegung der Knochen von Wich-

tigkeit, welche bei Osteomyelitis gerade in der Nähe der Gelenke dann und wann beobachtet wird. Am Hüftgelenk z. B. stellen Kopf, Hals, Trochanter major und oberer Theil des Femurschaftes zuweilen einen einzigen grossen Bogen dar, der stark convex nach aussen hervorragt. Erzeugt sind solche Verkrümmungen durch Störungen im Wachsthum, wie sie in dieser Weise nur bei Osteomyelitis, kaum aber bei tuberkulösen Gelenkleiden beobachtet werden, aus dem Grunde sind sie unter Umständen diagnostisch zu verwerthen. Haben sich schon Fisteln gebildet, so wird im allgemeinen deren Aussehen, erforderlichen Falles aber die mikroskopische Untersuchung abgeschabter Granulationen zur richtigen Diagnose führen.

Gewisse Formen der **Gelenksyphilis** können das Bild des Tumor albus vortäuschen. So erinnere ich mich eines 40jährigen Kranken, bei welchem den klinischen Symptomen entsprechend Tuberkulose des Kniegelenks diagnosticirt werden musste. Im weiteren Verlaufe trat starke Verdickung des Condylus internus der Tibia mit Durchbruch nach aussen ein, es entleerten sich kleine käsig aussehende Sequester und dünne eiterähnliche Flüssigkeit. Indessen nahm das Geschwür, welches sich in der Umgebung der Fistelöffnung bildete, sehr bald den deutlichen Charakter einer syphilitischen Ulceration an, und die abgeschabten Granulationen boten bei der mikroskopischen Untersuchung keine Spur von Tuberkulose, so dass die Diagnose von da an nicht mehr zweifelhaft war. Ferner kommen auch Gummiknoten in der fibrösen Gelenkkapsel mit secundärem Gelenkergusse zur Beobachtung, welche sehr wohl zur Verwechselung mit Solitärtuberkeln der Gelenke führen können. Doch wird der dort gewöhnlich von Erfolg gekrönte Gebrauch grosser Gaben von Jodkali bald Aufklärung schaffen. Auch die hereditäre Syphilis, die an den Epiphysenknorpeln ihren Sitz hat und zu Gelenkergüssen Veranlassung giebt, kann Schwierigkeiten in der Diagnose bereiten, zumal wenn sie erst in späteren Jahren auftritt. Andere Zeichen hereditärer Lues, ebenso wie der Nutzen antisyphilitischer Kuren werden in der Mehrzahl der Fälle schliesslich die richtige Diagnose ermöglichen. Allerdings ist zuweilen die Unterscheidung gerade der beiden letztbesprochenen Formen der Gelenksyphilis von tuberkulösen Gelenkleiden bis zum operativen Eingriffe unmöglich.

Eine Verwechselung wäre noch mit **periostalen Sarkomen**, welche sich in der Nähe der Gelenkenden entwickeln, möglich. Das Gelenk kann in vorgeschrittenen Fällen dieser Art in weitem Umfange von den Geschwulstmassen umgeben sein, die sich zuweilen eben so weich-elastisch, ja fast fluctuirend anfühlen, wie die neugebildeten fungösen Massen bei

Synovialistuberkulose. Aber auch dann wird man unschwer zur richtigen
Diagnose gelangen; denn die Geschwulst geht in ihrer Grösse sehr bald
über dasjenige Maass hinaus, welches auch die schlimmsten Formen der
Gelenktuberkulose zu erreichen pflegen. Ausserdem nimmt die Haut
über periostalen Sarkomen sehr häufig einen dunkeln, braun- oder violett-
rothen Farbenton an, und die oberflächlichen Venen sind stärker erweitert, als es selbst bei schweren fungösen Gelenkleiden vorkommt. Auch
die Anamnese muss uns hier zur richtigen Diagnose leiten. Denn
periostale Sarkome nehmen ihren Ausgang von mehr oder weniger um-
schriebenen Stellen und ziehen erst allmählich das betreffende Glied in
weiterem Umkreise in Mitleidenschaft. Dies gilt in noch höherem Maasse
von den myelogenen Sarkomen, die ja gerade in den Gelenkenden
nicht selten beobachtet werden.

Doch nicht allein die Erkenntniss des Leidens, sondern auch die
genaue **Ermittelung des Zustandes, in welchem sich das erkrankte Gelenk
befindet,** bildet unsere Aufgabe. Ob der etwa vorhandene Erguss ein
seröser oder eiteriger ist, darüber entscheidet oft erst die Probepunction.
In einem Falle, in dem die klinische Diagnose auf Coxitis mit grossem
Extensorenabscess gestellt werden musste, entleerte sich bei der Punction eine Flüssigkeit, welche durchaus das bekannte Aussehen des
tuberkulösen Eiters darbot. Die mikroskopische Untersuchung indess
ergab, dass in dieser puriformen Masse zahlreiche Scolices und Stücke
charakteristisch gestreifter Thiermembran enthalten waren. Es handelte
sich um einen Echinococcus des Hüftgelenks, welcher die Resection
nöthig machte.

Das bei Bewegungen wahrnehmbare Gefühl der Crepitation weist
uns auf bestehende Knorpelverluste und Knochenulcerationen hin; der
Abgang kleiner Sequester und die Entleerung von Knochensand mit dem
Eiter aus etwa vorhandenen Fisteln liefert den sichern Beweis des geschwürigen Knochenzerfalls. Die Untersuchung mit der Sonde ist meist
überflüssig und daher zu unterlassen. Denn einmal liegen die Fisteln
oft so weit von dem ursprünglichen Herde entfernt und haben einen so
unregelmässigen Verlauf, dass es unmöglich ist, ohne Gewalt bis zu jenem
vorzudringen; und gelingt dies auch, so wird man mit der starren Sonde
sehr leicht in das zwar erweichte, im übrigen aber gesunde Knochengewebe eindringen und etwa vorhandene Sequester doch kaum zu fühlen
vermögen.

Prognose.

Verschiedenheit der Lungen- und Darmtuberkulose von der Tuberkulose der Knochen und Gelenke.

In der Zeit, wo die Lehre von der Knochen- und Gelenktuberkulose in weitere ärztliche Kreise zu dringen anfing, als man die Ueberzeugung gewann, dass die sogenannten fungösen, strumösen, scrofulösen Gelenkleiden, die Spina ventosa, der Pott'sche Buckel u. s. w. u. s. w. sammt und sonders specifische Erkrankungen seien, in jener Zeit glaubten viele, dass das Leben eines Jeden gefährdet wäre, wenn es nicht durch chirurgisches Eingreifen gelänge, den ganzen Krankheitsherd zu entfernen. Bei allen Urtheilen über die Bösartigkeit oder Gutartigkeit örtlicher Tuberkulosen konnten sich viele Aerzte nicht von den Anschauungen frei machen, welche sie bei der Behandlung tuberkulöser Lungen- und Darmleiden gewonnen hatten. Und doch sind die Verhältnisse von Grund aus verschiedene. Denn ganz abgesehen von der Lebenswichtigkeit dieser Organe greifen hier in den tuberkulösen Herden, sobald der Zerfall der specifischen Neubildungen begonnen, sehr leicht septische Vorgänge Platz. Sind ja doch auf der Schleimhautfläche beide Male Mikroorganismen der verschiedensten Art in reichlichster Menge vorhanden. Ferner stellen jene Organe Canalsysteme dar, und die infectiösen Zerfallsproducte müssen somit über lange Schleimhautstrecken hinweglaufen, bevor sie an die Oberfläche des Körpers gelangen. So entstehen immer neue Infectionen und vielfache Herde, wie wir das so häufig bei Lungen- und Darmtuberkulose beobachten.

Dagegen liegen bei den nämlichen Erkrankungen der Knochen und Gelenke die Verhältnisse in diesen Beziehungen ungleich günstiger, und infolge dessen ist auch die Gefahr, die von Seiten jener Leiden allein dem Leben droht, keine so grosse. Vielfache Erfahrungen lehren dies. Der menschliche Organismus überwindet oft genug die örtliche Infection, und nicht immer kommt es, was wir allerdings bei Meerschweinchen und Kaninchen als Regel kennen gelernt haben, zu allgemeiner Verbreitung der Tuberkulose über den ganzen Körper.

Todesfälle nach Ausheilung der Knochen- und Gelenkerkrankungen.

Andrerseits beweist uns jeder Mensch, welcher einmal in seinem Leben einen tuberkulösen Erkrankungsherd gehabt hat, eben dadurch seine Disposition. Häufig erleben wir es daher, dass Personen, die in der Kindheit specifische Knochen- oder Gelenkleiden überstanden haben, in den zwanziger Jahren und später von Lungen- oder Darmtuberkulose befallen werden und daran zu Grunde gehen. Beobachtet man daher seine Kranken nach der Heilung Jahre lang fort, so wird man die Ueberzeugung gewinnen, dass die Zahl derer, welche schliesslich doch noch an Tuberkulose sterben, immerhin eine sehr beträchtliche ist. Billroth giebt z. B. an, dass nach 16 jähriger Beobachtung von allen an fungösen Gelenkentzündungen Behandelten etwa 27 % der Tuberkulose erlegen sind, und König berechnet aus einem Zeitraume von ungefähr 4 Jahren bei 117 Operirten eine Sterblichkeit von etwa 16 % aus gleicher Ursache. Aber doch erreicht von den in der Kindheit und Jugend geheilten Personen eine grosse Anzahl ohne neuen Anfall ein höheres Alter. Häufig legen dann noch starke Verkrümmungen und Verkürzungen der Glieder, Ankylosen und tief eindringende, mit den Knochen verwachsene Narben von der Schwere der überstandenen Leiden Zeugniss ab.

Von grosser Wichtigkeit ist es zu wissen, dass auch nach vollständiger Ausheilung der ursprünglichen Knochenherde die von ihnen herstammenden Senkungsabscesse weiter fortschreiten und durch Erschöpfung oder andere Folgezustände zum Tode führen können. Dies gilt vor allem für die grossen Abscesse bei Spondylitis.

Verschiedenheit der Prognose nach dem Lebensalter.

Bei Kindern gestaltet sich die Prognose in jeder Beziehung sehr viel besser als bei Erwachsenen. Die Möglichkeit, mit rein conservativen Mitteln auszukommen und dauernde Heilung zu erzielen, liegt um so näher, je jünger das Kind ist. Im 3. bis 5. Lebensjahre erfolgt diese sehr leicht, im 12. und 14. Lebensjahre schon schwieriger, gegen die Pubertät hin werden die Aussichten wesentlich schlechter, und im

Alter von 30 oder 40 Jahren kommt Heilung nur sehr selten ohne grösseren Eingriff zu Stande. Die Erklärung für diese Eigenthümlichkeit ergiebt sich aus dem Umstande, dass die Knochenherde bei Kindern im allgemeinen die Neigung haben, sich örtlich zu begrenzen und zu sequestriren und nicht, wie dies nach der Pubertät und vollends bei Erwachsenen so gewöhnlich der Fall ist, diffus aufzutreten und einen Knochenabschnitt nach dem andern zu ergreifen. Ebenso entsteht bei jüngeren Leuten von den umgebenden gesunden Theilen her, offenbar infolge des sehr viel regeren Stoffwechsels eine stärkere Reaction, welche vor dem Weiterschreiten der Infection schützt. So haben wir bei Kindern eine grosse Zahl von Erkrankungen der Fussgelenke durch geringfügige Eingriffe dauernd geheilt, während sich an dieser Oertlichkeit die Hoffnung, ohne Resection oder Amputation auszukommen, mit zunehmendem Alter mehr und mehr verringert. Auch die bei kleinen Kindern verhältnissmässig recht seltenen tuberkulösen Handgelenksentzündungen heilen oft mit gut erhaltener Beweglichkeit aus; bei Erwachsenen und namentlich älteren Leuten hingegen sind die, jene Skeletabschnitte befallenden diffusen Veränderungen häufig mit Vereiterung vieler Gelenke verknüpft, so dass bisher meist nur durch die Vorderarmamputation sichere Heilung erzielt werden konnte.

Weiter gestaltet sich bei Kindern die Prognose deshalb um vieles günstiger, weil im jugendlichen Alter die innern Organe, vor allem die Lungen, nicht so leicht von Tuberkulose ergriffen werden wie bei Erwachsenen. Eher kommt es bei jenen einmal zum Ausbruch einer tödtlich verlaufenden tuberkulösen Basilarmeningitis. Leidet dagegen ein älterer Mensch an Caries der Handwurzel, so kann man mit einiger Sicherheit darauf rechnen, dass schon Lungenphthise besteht. Dies ist ferner häufig bei allen den Formen von Gelenktuberkulose der Fall, deren wesentlichste Gefahr auf der reichlichen Eiterbildung beruht, namentlich also beim kalten Gelenkabscess, welcher überhaupt im höheren Alter eine schlechte Prognose giebt. Allerdings gestattet uns jetzt die Behandlung tuberkulöser Abscesse und Gelenkerkrankungen mittelst Jodoformeinspritzungen oft conservativ zu verfahren, wo früher Amputationen und Resectionen angezeigt schienen. Daher können wir auch im Vertrauen auf diese Therapie die Prognose in vielen Fällen als eine weniger ungünstige hinstellen. Indessen sind unsere Erfahrungen noch nicht zahlreich genug, und vor allem erstrecken sich die Beobachtungen über einen, für so ausnehmend chronische Leiden viel zu kurzen Zeitraum, als dass wir jetzt schon allgemeine Schlüsse in dieser Hinsicht zu ziehen berechtigt wären.

160

Prognose.

Verschiedenheit der Prognose an den einzelnen Gelenken.

Die Prognose gestaltet sich ferner für die einzelnen Gelenke sehr
verschieden, da bei dem einen leichtere, bei dem andern schwerere Erkrankungen vorherrschen und demgemäss auch die Heilung auf grössere
oder geringere Schwierigkeiten stösst. So kommen am Hüftgelenk vollständige cariöse Zerstörungen des Schenkelkopfes und Schenkelhalses,
sowie beträchtliche Eiteransammlungen mit Bildung grosser Abscesse in
der Umgebung des Gelenks vor. Die Anzeige zum operativen Eingreifen
ist daher oft eine dringende. Dagegen ist am Knie, wenigstens bei
jüngeren Kranken, eine so massenhafte Anhäufung von Eiter und ausgedehnte Zerstörung der Epiphysen durchaus ungewöhnlich. Hier kommen vielmehr recht häufig schon frühzeitig partielle Ausheilungen und
Verödungen im Gelenke zu Stande. Damit vermindert sich auch die
Gefahr der Erkrankung.

Je grösser das ergriffene Gelenk, um so leichter wird das Allgemeinbefinden durch das örtliche Uebel in Mitleidenschaft gezogen. Zudem haben
wir bei den kleineren Gelenken stets die Möglichkeit, das erkrankte Glied,
wenn es durch sein Leiden eine, auf andere Weise nicht abzuwendende
Lebensgefahr in sich schliesst, mittelst der Amputation vollständig zu
beseitigen, während man sich zu Exarticulationen von Schulter und Hüfte,
wo die Operationsschnitte zudem in oder jedenfalls sehr nahe den erkrankten Geweben geführt werden müssen, nicht leicht entschliessen
wird. Bei kräftiger Körperbeschaffenheit der von Knochen- und Gelenktuberkulose befallenen Menschen lässt sich unter sonst gleichen Verhältnissen um so eher auf Ausheilung rechnen; je kachektischer ihr Zustand,
desto schlechter pflegt die Prognose zu sein.

Ausheilung.

Die Ausheilung tuberkulöser Gelenkleiden erfolgt selbst bei der gut-
artigsten Form der Erkrankung, welche sich, wie früher beschrieben,
durch derbe und trockene Beschaffenheit der fungösen Granulationen und
geringe Neigung zu Zerfall und Eiterung auszeichnet, fast nie vor Ablauf von 2—3 Jahren. Schwerere Erkrankungen ziehen sich häufig, wenn
nicht operatives Eingreifen ihre Dauer abkürzt, über viele Jahre hin.
Aber auch nach der Heilung schweben die Kranken stets in Gefahr, einen
Rückfall zu erleiden, welcher, wie erwähnt, oft von kleinen liegen ge-
bliebenen Käseherden ausgeht und das längst erloschene Uebel wieder
zu hellem Brande anfacht.

Eine wesentliche Aufgabe zweckmässiger Behandlung ist es, das
betreffende Gelenk in der brauchbarsten Stellung zur Heilung zu führen.
Denn gewisse Störungen des Gelenkmechanismus und der Beweglichkeit
kommen selbst bei leichteren Erkrankungen infolge der begleitenden
Narbenbildung und Schrumpfungen zu Stande. Dabei ist aber zu bedenken, dass jeder Zeit die gutartigere, zur Heilung neigende Form
des Uebels sich in eine schlimmere umwandeln kann. Selbst nach jahrelangem günstigem Verlaufe tritt zuweilen ganz acut Eiterung, sogar unter
septischen Erscheinungen, ein. Nun giebt allerdings gelegentlich eine
solche septische Vereiterung dadurch, dass in ihrem Gefolge die tuberkulösen Gewebe durch junge, zur Vernarbung neigende Granulationen
verdrängt werden, die unmittelbare Veranlassung zur Heilung, sofern
der Kranke die neue Infection überwindet. Meist aber verschlechtert
der Eintritt jedweder Eiterbildung die Prognose; das Leiden zieht sich
länger hin, die örtlichen Zerstörungen nehmen überhand, durch den
Säfteverlust werden die Kräfte des Kranken aufgerieben, häufig gesellt
sich Fieber, amyloide Entartung und Albuminurie hinzu, und in so
schweren Fällen steht die Lebensgefahr im Vordergrunde des ganzen
Krankheitsbildes.

Behandlung.

Allgemeinbehandlung.

Wie bei andern tuberkulösen Leiden, so spielt auch bei denen der Knochen und Gelenke die Allgemeinbehandlung eine hervorragende Rolle. Der Organismus des Kranken muss möglichst gekräftigt werden: durch entsprechende Kost, durch kalte Abreibungen des ganzen Körpers, durch Aufenthalt in frischer Luft, durch Bewegungen, soweit es der Zustand der befallenen Glieder gestattet. Aber gerade die Hospitalbehandlung, auf welche doch die breiten Schichten des Volkes angewiesen sind, trifft der Vorwurf, dass den Kranken der Aufenthalt im Freien, in wirklich guter Luft nicht in ausreichendem Maasse verschafft werden kann. Man hat daher Sanatorien und Heilstätten für Unbemittelte und namentlich Kinder, welche ja eine so grosse Zahl aller Erkrankten bilden, errichtet und kann schon jetzt auf sehr ermuthigende Ergebnisse zurückblicken. Besonders hat man für diese Zwecke das **Seeklima** bevorzugt: nicht als ob man der Ansicht zuneigte, dass dieses gerade eine specifische Wirkung auf tuberkulöse Leiden ausübte oder gar einen Schutz gegen sie darböte — denn in den Küstenstrichen ist Tuberkulose ungefähr ebenso häufig wie im Binnenlande —, nein aber der Aufenthalt an der See trägt durch die Eigenartigkeit des Klimas, Anregung des Appetits und dergleichen ganz ausserordentlich zur Kräftigung des Körpers bei, und eine solche Besserung des Allgemeinzustandes ist die Vorbedingung, welche die Ausheilung der Krankheitsherde wesentlich fördert. Haben wir doch mehrfach die Beobachtung gemacht, dass bei einem in der Ernährung stark heruntergekommenen Kinde während des Sommeraufenthaltes an der See das tuberkulöse Gelenkübel sich gleichzeitig mit der Zunahme der Körperkräfte auffallend besserte, dass dagegen während der Wintermonate, wenn das Kind den grössten Theil des Tages im Zimmer zuzubringen gezwungen war, zugleich mit der Verschlechterung des Allgemeinbefindens das Gelenkleiden rasche Fortschritte machte. Der menschliche Organismus führt ja doch gewissermaassen einen Kampf mit jenen Eindringlingen, welche die tuberkulösen Veränderungen erzeugen. Werden nun die Gewebe des Körpers gekräftigt und in einen Zustand erhöhter Leistungsfähigkeit versetzt, so vermögen sie jenen Kampf mit mehr Aussicht auf Erfolg aufzunehmen und durchzuführen.

Wie ferner die Erfahrung gelehrt hat, giebt es Gegenden, welche durch ihr Klima unmittelbar heilend auf tuberkulöse Leiden wirken. Hierher gehören in erster Linie die **Höhenkurorte**, in denen selbst bei vorgeschrittenen Lungenerkrankungen Heilung beobachtet worden ist. Daher scheint es wohl angezeigt, bei Knochen- und Gelenkübeln der gleichen Aetiologie, namentlich in den Anfangsstadien einen Versuch mit denselben klimatischen Heilwirkungen zu machen. Weiter kommen hier die **südlichen Klimate** in Betracht: die südliche Schweiz, die Riviera, ganz Italien, Sicilien, Madeira, Algier, Tunis und Egypten. Bis in die vorchristliche Zeit hinein reicht das Bestreben der Aerzte, Schwindsüchtige in südlichere Gegenden zu schicken, und die Erfolge, welche diese Methode aufzuweisen hat, haben bis auf den heutigen Tag immer wieder glänzendes Zeugniss von ihrer Heilwirkung abgelegt. Die Annahme ist nicht von vorn herein abzuweisen, dass auch auf tuberkulöse Knochen- und Gelenkerkrankungen ein längerer Aufenthalt in jenen südlichen Gegenden von günstigem Einfluss sein kann.

Hieran reihen sich Trink- und Badekuren in den **Kochsalzquellen** und in den einfachen und den jod- und bromhaltigen **Soolbädern**. Denn auch diesen Kuren schreibt man eine unmittelbare Einwirkung auf tuberkulöse Leiden zu, namentlich sollen sie die Resorption der krankhaften Ausschwitzungen fördern. Indessen möchte ich hier nicht unterlassen, auf einen Punkt besonders aufmerksam zu machen. Nicht selten verordnen Aerzte Kindern wegen tuberkulöser Knochen- und Gelenkleiden Soolbäder, obgleich die Krankheit sich im Stadium entzündlicher Reizung befindet. Nun giebt es gar nichts unzweckmässigeres bei einem solchen noch frischen Uebel, als die fortdauernden Bewegungen und Lageveränderungen, mit denen das Baden nothwendiger Weise verbunden ist. Auch hier sollte dem Arzte vor allem der Hippokratische Grundsatz: πρῶτον τὸ μὴ βλάπτειν vor Augen stehen. Man wird derartige Badekuren durchaus auf Fälle beschränken müssen, in denen alle Erscheinungen acuter Entzündung gewichen sind und die erforderlichen Bewegungen ohne wesentliche Schmerzempfindung ausgeführt werden können.

Von den viel gerühmten specifischen **inneren Mitteln** übt kein einziges eine ähnliche Wirkung auf tuberkulöse Erkrankungsherde aus, wie

11*

wir sie von Quecksilber und Jod auf syphilitische Processe tagtäglich
zu sehen gewohnt sind. Namentlich hat sich der neuerdings wieder
empfohlene Liquor arsenicalis Fowleri in Bezug auf Knochen- und Gelenkleiden uns als völlig wirkungslos erwiesen. Dagegen haben wir von
dem lange Zeit fortgesetzten Gebrauch von Kreosot in der von Sommer-
brodt angegebenen Weise einige Erfolge gesehen. Vielleicht wirkt dieses
Mittel nur dadurch, dass es den Appetit hebt, wie ja auch die längere
Anwendung von Leberthran oder einfachem Olivenöl die Ernährung
verbessert; hier ist ferner der Syrupus ferri jodati zu erwähnen. Jod-
und Quecksilberpräparate haben unseren Erfahrungen nach weder einen
günstigen noch einen schlechten Einfluss auf den Verlauf tuberkulöser
Knochen- und Gelenkerkrankungen. Hat sich aber im Anschluss daran
Amyloid der Nieren und Albuminurie entwickelt, so ist die innerliche
Anwendung von Jodkali oft von auffallendem Nutzen. Die Menge des
Eiweisses im Urin vermindert sich zuweilen beträchtlich, und dass in
solchen Fällen in der That das Jodkali die günstige Wirkung ausgeübt
hat, erkennen wir daran, dass beim Aussetzen des Mittels der Eiweiss-
gehalt des Urins zunimmt, sofort aber von neuem sich verringert, wenn
Jodkali dem Organismus wieder zugeführt wird.

Alle soeben gegebenen Vorschriften kommen als alleinige Behandlungsmethode höchstens in sehr leichten Fällen oder in den Anfangsstadien in Betracht, immer werden die uns zu Gebote stehenden örtlichen
Mittel von grösserer Wichtigkeit und Wirksamkeit sein, und jene Allgemeinbehandlung wird von neuem in ihre Rechte treten, wenn wir
durch anderweitiges Eingreifen die Leiden zur Heilung gebracht oder
ihr nahe geführt haben — also in der Reconvalescenz.

Conservative Maassnahmen.

Ruhe und Compression.

Wir besitzen eine ganze Reihe conservativer Mittel, mit deren Hilfe
es uns in der That gelingt, eine gewisse nicht allzu geringe Zahl tuberkulöser Gelenkerkrankungen der Heilung entgegenzuführen.

Vor allem ist die **vollkommene Ruhigstellung** der erkrankten Glieder,
solange entzündliche Reizung und Schmerzhaftigkeit besteht, ein unbe-
dingtes Erforderniss, welchem in der Praxis leider nicht immer die genügende Aufmerksamkeit geschenkt wird. Denn jede unvorsichtige Bewegung, sie sei nun vom Kranken selbst ausgeführt oder die Folge äusserer

Einwirkung, kann eine Steigerung der Entzündung hervorrufen, und wenn derartige Ursachen wiederholt eingreifen, so wird ein Zustand fortwährender Reizung unterhalten, welcher ein rasches Fortschreiten des Uebels bedingt und namentlich auch die Neigung zur Eiterbildung vermehrt. Auf der andern Seite sehen wir oft unter dem blossen Einfluss der Ruhe Schwellung und Schmerzen verschwinden; die Kranken fühlen sich behaglich, ihr Schlaf ist ruhiger und wird nicht durch plötzliche schmerzhafte Zuckungen unterbrochen, der Appetit und das Allgemeinbefinden bessern sich. Im allgemeinen genügen für den vorliegenden Zweck die gewöhnlichen erhärtenden Verbände (Gips- und Wasserglasverband) oder unsere Schienenverbände, welche man stets anwenden kann, so lange noch nicht Abscessbildung oder gar Aufbruch erfolgt ist.

Die festen Verbände erfüllen noch eine weitere Indication, sie üben auf das erkrankte Gelenk eine, wenn auch geringe, so doch gleichmässige circuläre Compression aus. Ist die Schwellung beträchtlicher, und wollen wir einen stärkeren Druck einwirken lassen, so bevorzugen wir Schienenverbände und üben die Compression mittelst fest angelegter Flanellbinden aus; mit der nöthigen Vorsicht können wir zu diesem Zweck auch die Gummibinde verwenden. Wie wir in der Compression überhaupt eines der wirksamsten resorptionsbefördernden Mittel besitzen, so hat sie sich auch bei tuberkulösen Gelenkerkrankungen mit starker Schwellung der Kapsel und aller umgebenden Weichtheile oft von nicht geringem Nutzen gezeigt. Gelegentlich sieht man wohl auch unter ihrem Einflusse kleine Abscesse sich zurückbilden.

Für die obere Extremität und zwar für Ellenbogen- und Handgelenk kann in der Mehrzahl der Fälle ein fixirender Verband sogleich angelegt werden. Stellungsabweichungen bestehen entweder gar nicht oder sind für gewöhnlich so geringfügiger Art, dass sie sich leicht, jedenfalls aber in Narkose beseitigen lassen. Anders verhält es sich mit den unteren Gliedmaassen. Hier können wir feste Verbände ohne weiteres nur bei Erkrankungen des Sprunggelenks oder der Fusswurzelgelenke anwenden, da auch hier die etwa vorhandenen falschen Stellungen sich leicht ausgleichen lassen. Schon am Knie dagegen wird gewöhnlich ein fixirender Verband nicht sogleich angelegt werden können, weil dieses Gelenk so häufig, wenigstens bei einigermaassen schwerer Erkrankung, eine Flexionscontractur aufweist, die zu beseitigen unsere erste Aufgabe sein muss. Wir erreichen dies am sichersten und schonendsten durch die Gewichtsextension. Dasselbe Verfahren verwenden wir am Hüftgelenk so gut wie ausnahmslos.

Gewichtsextension.

Anlegung.

Die Gewichtsextension ist ein völlig unentbehrliches und in mehrfacher Beziehung ganz ausserordentlich wirksames Mittel. Die einfachste Art ihrer Anwendung ist die mittelst Heftpflasterstreifen (Crosby). Für das Hüftgelenk z. B. legt man einen langen, etwa dreiquerfingerbreiten Streifen zu beiden Seiten des Beines so an, dass er bis hoch oben am Oberschenkel hinaufreicht, und dass unten an der Fusssohle eine

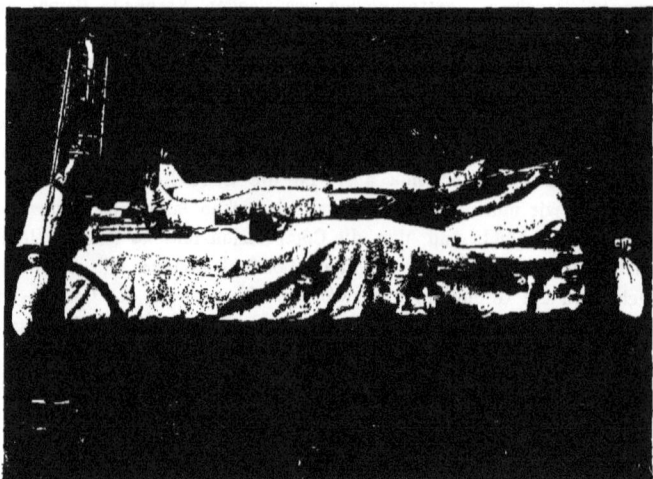

Abbildung 36.

Linksseitige Coxitis im Abductionsstadium. Gewichtsextension mittelst Heftpflasterstreifen. Am linken Beine schwächere, am rechten stärkere Belastung, links Contraextension. Harte Unterlage unter der Steissgegend, um das Einsinken des Beckens zu verhüten; Kniegelenke durch Rollkissen in ganz leichte Beugung gestellt. Volkmann's schleifendes Fussbrett.

steigbügelförmige Schlinge frei bleibt, in welcher man ein schmales Brettchen quer befestigt, damit die Knöchelgegend keinen Druck erleide. Derselbe Zweck wird durch einen eisernen Sprenkel erreicht, welcher, an seinen Enden mit Riemen versehen, an die beiden seitlichen, nunmehr in der Gegend der Fusssohle nicht zusammenhängenden Heftpflasterstreifen angeschnallt werden kann. Die beiden Längsstreifen werden durch hier und da übergelegte circuläre Streifen in ihrer Lage gesichert, das ganze Bein wird mit einer Flanellbinde eingewickelt. Das Gewicht — ein Sandsack — hängt an einer Schnur, welche durch einen Haken an dem queren Brettchen oder Sprenkel befestigt und zur Vermeidung von Reibung mittelst zweier Rollen über das Fussende des Bettes hinweggeführt ist (vgl. Abb. 36). Damit die Reibung des Beines auf der Unterlage abgeschwächt werde, wird der Fuss und der untere Abschnitt des Unterschenkels auf dem schleifenden Fussbrett (Volkmann) befestigt, welches zugleich die Rotation des Beines nach aussen oder innen verhindert.

Soll die Gewichtsextension nicht dauernd Tag und Nacht wirken, so thut man gut, einen abnehmbaren Streckverband anzuwenden. Am

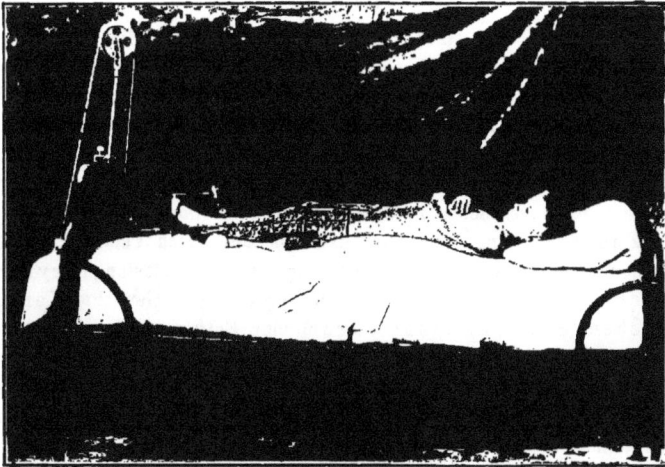

Abbildung 37.

Linksseitige Coxitis im Adductionsstadium. Gewichtsextension mittelst Volkmann'scher Gamasche. Knie durch Rolle in ganz leichte Beugung gestellt. Herabrutschen des Kranken durch Anstemmen des rechten Beines gegen einen Holzklotz verhütet.

einfachsten erreicht man dies, wenn man ein Stück mit Flanell gefütterten Drellstoffs so nach dem Beine zuschneiden und arbeiten lässt, dass es, an der äusseren Seite fest zugeschnürt, überall genau anliegt (Volkmann). An dieser Gamasche bringt man mit Hilfe des eben beschriebenen eisernen Sprenkels den Gewichtszug an. Nur muss man darauf achten, dass sie namentlich oberhalb des Knies am Oberschenkel fest anliegt, damit sie nicht durch das Gewicht heruntergezogen werde. Zu grösserer Sicherheit ist es gut, unmittelbar ober- und unterhalb der Kniescheibe einen Riemen anzubringen (vgl. Abb. 37). Auch wenn die Extension bloss auf's Kniegelenk wirken soll, muss die Gamasche noch handbreit über die Patella

am Oberschenkel hinaufgehen, da sie sonst nicht festsitzen würde. Ein
Heftpflasterverband, der dasselbe bezweckt, braucht nur bis zur Gelenkspalte selbst zu reichen. Ist bei Hüftgelenksleiden eine Contraextension
erforderlich, so benutzt man am besten dazu einen dicken, an den Enden
mit Oesen versehenen Gummischlauch (vgl. Abb. 36). Man legt ihn mit
seinem mittleren Abschnitt, der mit Watte gepolstert werden muss, auf
die Adductorengegend und den Damm und führt seine beiden Enden
nach dem Kopftheil des Bettes zu, wo mittelst einer über eine Rolle
hinweglaufenden Schnur das erforderliche Gewicht angehängt wird.

Wirkungen.

So werthvoll nun auch die Gewichtsextension für die Behandlung
der Gelenkentzündungen ist, so werden wir doch, seit wir wissen, dass
die Erkrankungen, um die es sich hier handelt, tuberkulöser Natur sind,
unsere Hoffnungen in Bezug auf die Heilwirkung des Verfahrens nicht
zu hoch schrauben dürfen. Die Gewichtsextension kann nicht die tuberkulösen Processe beseitigen, aber sie hat eine ausserordentlich günstige
Wirkung im wesentlichen in dreifacher Beziehung.

Zunächst kann, wie auch experimentell durch Versuche an der
Leiche festgestellt ist, durch eine einmalige stärkere Belastung (Reyher,
Brackett) oder durch fortdauernde Wirkung geringerer Gewichte (König,
Paschen, Schulze, Lannelongue) eine Entfernung der Gelenkflächen von einander (Diastase der Gelenkflächen) bis zu 1—3 mm erzeugt werden. Damit hören die schädlichen Wirkungen ihres gegenseitigen Druckes
auf, und es wird den Zerstörungen der knöchernen Gelenkenden Ein-
halt gethan, welche, wie wir im anatomischen Theile S. 71 f. auseinandergesetzt, durch jenen Druck veranlasst und fortdauernd unterhalten,
oft die allergrössten Ausdehnungen erreichen.

Eine fernere Wirkung der Gewichtsextension ist die schmerz-
stillende, welche in der auffallendsten Weise allerdings nur am Hüftgelenk hervortritt. Man kann mit Hilfe dieser Methode den Verlauf der
Coxitis selbst in den schwersten Fällen fast ausnahmslos zu einem schmerzfreien gestalten, und namentlich muss bei richtiger Anwendung das trau-
rige und so charakteristische nächtliche Aufschreien der Kinder von dem
Augenblicke an aufhören, wo das Verfahren in Anwendung gezogen
worden ist. Wenn die Urtheile über die Wirkung der Gewichtsextension
vielfach noch von einander abweichen und zuweilen nicht so günstig
lauten, so trägt die Methode keine Schuld. Es sind dann Fehler bei
ihrem Gebrauch gemacht worden, und der weitaus häufigste beruht auf der
Anwendung zu geringer Gewichte. Namentlich muss man sich in jedem

Falle überlegen, wie stark die Reibung des Beines und etwaiger gleichzeitig angewandter Schienen auf der Bettunterlage ist, da hierdurch natürlich ein gewisser, mitunter recht beträchtlicher Theil des Gewichtszuges unwirksam gemacht wird. Wenn man dieses bedenkt, wird man verstehen, dass nicht etwa für jedes Alter eine ganz bestimmte Belastung angegeben werden kann. Nur soviel will ich bemerken, dass wir bei Kindern oft Gewichte von 12, ja 15 Pfund anwenden, bei Erwachsenen bis zu 20 Pfund, ausnahmsweise selbst darüber hinausgehen. Ist der Extensionsverband mit Heftpflasterstreifen richtig angelegt, so werden, wie uns eine hundertfältige Erfahrung auch bei Behandlung von Oberschenkelbrüchen gezeigt hat, Belastungen bis zu 25 Pfund dauernd ohne alle Beschwerde ertragen, während man noch durch schleifende Apparate, auf denen das Bein ruht, dafür Sorge trägt, dass die Reibung auf der Unterlage eine möglichst geringe werde und das Gewicht zur vollsten Wirkung gelange.

Ob die Belastung bei Behandlung der Coxitis schwer genug sei und der Zug genügend kräftig wirke, dafür haben wir einen sehr einfachen Maassstab: die Schmerzen müssen aufhören. Dies Merkmal ist so charakteristisch, dass jede erfahrene und gescheidte Wärterin dem Arzt beim Morgenbesuch ohne weiteres angiebt, das und das Kind sei nicht genügend belastet, denn es habe in der Nacht noch geschrieen. Verständige Kinder bitten gelegentlich auch von selbst um ein schwereres Gewicht, so auffallend ist die Wirkung des Zuges, und so leicht überzeugen sich die kleinen Kranken von den Vortheilen der angewandten Behandlung. Nicht ganz selten erlebt man es ferner, dass Kinder, denen man bei fortschreitender Besserung des Leidens einen Theil des Gewichtes fortgenommen hat, wieder die Mehrbelastung wünschen, da sich von neuem Schmerzen eingestellt hätten und sie nicht mehr so gut schliefen. Bei unserem sehr grossen Beobachtungsmateriale haben wir es niemals erlebt, dass die Gewichtsextension in einem Falle dauernd nicht ertragen worden wäre. Um der Dehnung der Bandapparate des Kniegelenks nach Möglichkeit vorzubeugen, wird es durch eine untergelegte kleine Rolle in leichte Flexion gestellt (vgl. Abb. 36 und 37).

Als dritte Wirkung der Gewichtsextension kommt die **orthopädische** in Betracht. Zunächst verhindert die Methode, zeitig genug angewandt, unter allen Umständen das Zustandekommen von Verschiebungen der Gelenkflächen an einander, und zwar sowohl im Hüft- als Kniegelenk. Dies ist gewissermaassen eine prophylaktische Wirkung. Aber auch bereits vorhandene vollständige und unvollständige Luxationen werden durch den allmählich wirkenden Zug eingerichtet. Am Hüftgelenk genügt unter Umständen die einfache Extension, um den vollkommen

luxirten Gelenkkopf, wenn auch langsam, wieder in die Pfanne zurückzuführen, wofür wir mehrere sichere Beispiele haben. Oft aber ist neben
kräftiger Extension eine entsprechend starke Contraextension am Becken
erforderlich (vgl. Abb. 36). Am Kniegelenk liegen, wenn sich, wie nicht
selten, neben der Beugecontractur eine Verschiebung des Tibiakopfes
nach hinten (Subluxation der Tibia nach hinten) eingestellt hat, die Verhältnisse ungünstiger. Dann bedarf es der sogenannten dreifachen Extension (vgl. Abb. 38), um einmal die Flexion zu beseitigen, ferner das

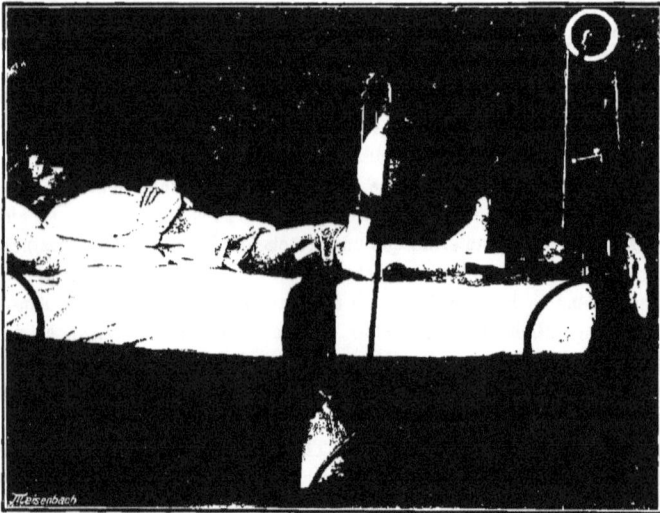

Abbildung 38.
Dreifache Gewichtsextension bei Beugecontractur des Kniegelenks mit Subluxation der Tibia nach hinten.

obere Ende der Tibia nach vorn, endlich das untere Ende des Femur
nach hinten zu bringen.

Zu den orthopädischen Wirkungen des Verfahrens gehört ferner, dass
es die Contracturen im Hüftgelenk auf die allermildeste und sicherste
Weise in allen den Fällen beseitigt, in denen überhaupt noch von geringerer Krafteinwirkung Hilfe zu erwarten ist, d. h. stets, wenn noch
keine Ankylosen, seien sie knöcherner oder bindegewebiger Art, eingetreten sind. Dann aber gelingt es uns nicht bloss, die krampfhaften
Contracturen und die durch organische Veränderungen herbeigeführten
Verkürzungen der Muskeln zu überwinden, sondern auch die geschrumpfte

Gelenkkapsel und die verkürzten Bänder lassen sich oft so weit dehnen, dass das contracte Glied wieder seine normale Stellung und die Gelenkenden ihre normale Lage zu einander erhalten.

Bei längere Zeit bestehenden Flexionscontracturen im Hüftgelenk giebt die vordere geschrumpfte Kapselwand, in welcher das stärkste Band des menschlichen Körpers, das Ligamentum ileofemorale liegt, nur sehr langsam nach. Zuweilen muss man in diesen schweren Fällen damit anfangen, dass man zunächst das Bein auf ein Planum inclinatum simplex legt und die Extension bei einer gewissen noch fortbestehenden Beugung in der Hüfte wirken lässt. Weiterhin muss man dafür Sorge tragen, dass das Planum inclinatum allmählich gesenkt und die Flexion dadurch mehr und mehr beseitigt wird. Dabei hat man wohl zu beachten, dass die Kreuzbeingegend nicht in einem weichen Unterbett einsinke, weil alsdann das Gewicht des Extensionsverbandes nur in einer entsprechenden Flexionsstellung des Hüftgelenks wirken kann. Vielmehr muss man in jedem Falle das Kreuz allmählich so weit zu heben bestrebt sein, dass eher eine gewisse Ueberstreckung in den Hüftgelenken stattfindet. Dies erreicht man am leichtesten dadurch, dass man unter das Becken ein sehr fest gepolstertes Kissen oder einen Gummikranz legt. In schweren Fällen schnallen wir die Kranken mit dem Gesäss in einen Rauchfuss'schen Apparat, wie er in Abb. 41 und 42, S. 176 wiedergegeben ist, und können eine um so stärkere Ueberstreckung in den Hüftgelenken erzeugen, je höher wir den Apparat über der Bettunterlage befestigen.

Ferner gelingt es mittelst der Extension so gut wie immer, die Beckenverschiebungen, welche sich bei Coxitis so häufig einstellen, auszugleichen. Aber auch hier kommt alles auf eine fein ausgebildete Technik und auf die Benutzung hinreichend starker und entsprechender Belastungen an.

Zu den beschriebenen drei Hauptwirkungen des Verfahrens kommt in bestimmten Fällen noch eine **comprimirende**. Ist nämlich der Druck im Gelenkinnern schon ein positiver, so erhöht ihn die Gewichtsextension dadurch, dass sie die Gelenkkapsel und die umgebenden Weichtheile in Spannung versetzt (Ranke). Allmählich aber macht diese Steigerung des intraarticulären Druckes einer Abnahme Platz. Die gleichmässige Compression des Gelenks durch die gespannten Weichtheile befördert die Resorption und führt damit zur Verminderung des Gelenkinhaltes (Schulze). Ist dagegen der intraarticuläre Druck gleich Null, so sinkt er bei Anwendung des Verfahrens infolge der Diastase der Gelenkflächen (Ranke).

Die Gewichtsextension sorgt nun allerdings gleichzeitig für eine
gewisse **Fixation der Gelenke**, indessen ist diese keine so vollständige
wie bei Anwendung fester Verbände. Aber auch das muss als ein Vorzug der Methode bezeichnet werden. Denn so nöthig und vortheilhaft
vollständige Feststellung des erkrankten Gelenkes ist, so lange die entzündlichen Symptome und namentlich die Schmerzen in den Vordergrund treten, so sind doch andrerseits sanfte Bewegungen von grossem
Nutzen, sobald die Reizerscheinungen sich verloren haben. Schon
Mellet und Bonnet haben auf diesen Punkt aufmerksam gemacht.
Einem Kranken z. B., der an Coxitis leidet und gestreckt wird, ist es
so ziemlich freigestellt, ob er das Hüftgelenk ruhig halten oder leichte
Bewegungen ausführen will; denn an solchen hindert ihn die Gewichts-
extension nicht. Er wird sich aufsetzen und mit dem Oberkörper be-
wegen, sobald ihm diese Bewegungen keine Schmerzen mehr verursachen.
Daher sehen wir häufig Kinder, bei denen durch die Behandlung die
Schmerzen beseitigt worden sind, aufrecht im Bette sitzen und spielen.
Auch comprimirende Verbände lassen sich sehr wohl mit der Gewichtsextension vereinigen.

Ergebnisse.

Das lange Zeit, über ein, ja selbst mehrere Jahre fortgesetzte Verfahren hat uns sehr schöne Ergebnisse geliefert und wiederholt Heilungen mit fast vollkommener Beweglichkeit und in guter Stellung des
Beines gebracht. Vor Benutzung der Gewichtsextension waren solche
Erfolge unerhört, was schon daraus hervorgeht, dass man einstmals in
der Pariser Akademie ernstlich darüber verhandelte, ob sie überhaupt
vorkämen. In der That sind ja auch Rückfälle bei Coxitis ganz ausserordentlich häufig. Wenn indess, wie Volkmann in seinen Beiträgen
zur Chirurgie ausführt, bei einem Menschen, welcher mit vollständig
oder fast vollständig beweglichem Gelenk aus der Behandlung entlassen
wurde, die Heilung sich Jahr und Tag bewährt, so hat man ein Recht,
die Krankheit als dauernd beseitigt anzusehen. Gerade bei Coxitis
weist die permanente Extension die grössten Heilerfolge auf und zwar
„in frischeren, subacut und mit lebhaften Reizungserscheinungen verlaufenden Erkrankungen, während sie bei indolentem, chronischem Verlauf von viel geringerer Wirksamkeit und sehr viel seltener im Stande
ist, für sich allein die Ausheilung zu vermitteln“. Bei Gonitis, bei welcher der Verlauf öfter ein sehr chronischer ist, werden allerdings die
Schmerzen gemildert und die falschen Stellungen ausgeglichen, indessen
wird der Gang der Krankheit nicht wesentlich beeinflusst. Nach an-

fänglicher Besserung tritt bald Stillstand, oft sogar wieder allmähliche Verschlimmerung ein. Diese Verschiedenheit in den Ergebnissen lässt sich zum Theil daraus erklären, dass die Gewichtsextension das Knie vollkommen feststellt, während sie im gestreckten Hüftgelenk Bewegungen gestattet.

So gross aber auch die Vortheile des Verfahrens sind, und so unentbehrlich es uns bei der Behandlung der Hüft- und Kniegelenkentzündungen geworden ist, so hat es doch den einen grossen Nachtheil, dass der Kranke an's Bett gefesselt und damit allen Schädlichkeiten ausgesetzt ist, welche der Mangel an Bewegung und an frischer Luft besonders für Tuberkulöse im Gefolge zu haben pflegt. Zudem magert das erkrankte Bein durch die andauernde Ruhe und Unthätigkeit stark ab, die Muskeln und Knochen werden atrophisch, und stehen die Betreffenden nach langer Zeit des Liegens auf, so stellen sich stets Oedeme und venöse Stauungen an den Beinen ein. Man giebt daher, sobald die entzündlichen Erscheinungen und Schmerzen vorüber sind, oder sobald man Contracturen und Luxationen beseitigt hat, die ununterbrochene Extension auf, lässt die Kranken tagsüber aufstehen und einige Zeit umhergehen und zieht das Verfahren wieder in Gebrauch, wenn sie das Bett aufgesucht haben. Gerade für die nur zeitweise, z. B. nachts angewandte Extension empfiehlt sich der Gebrauch der von Volkmann angegebenen Streckgamasche (vgl. Abb. 37, S. 167). Beim Umhergehen lässt man die Kranken sich am besten auf das Volkmann'sche Gehbänkchen (vgl. Abb. 43, S. 177) stützen, welches den Krücken entschieden vorgezogen werden muss. Mit seiner Hilfe ist es möglich, sich bequem vorwärtszubewegen, ohne auch nur im geringsten das leidende Bein anzustrengen. Unter Beachtung dieser Vorsichtsmaassregeln kann man die Extensionsbehandlung Monate und Jahre lang in Anwendung ziehen, ohne dass die körperliche und geistige Entwickelung der Kinder Schaden litte.

Stützapparat.

In Fällen, in denen das Bein so schwach ist, dass es die Körperschwere gar nicht zu tragen vermag, oder wenn wir jede Belastung des erkrankten Hüft- oder Kniegelenks verhüten wollen, benutzen wir Apparate, welche ihren Stützpunkt am Becken und zwar am Tuber ischii und am Schambein finden. Der erste Apparat dieser Art war der von Taylor beschriebene, mit welchem wir Jahre lang Versuche angestellt, den wir aber als unbrauchbar schliesslich verworfen haben. Wir bedienen uns vielmehr einer von Volkmann angegebenen Maschine mit

Sitzring, welche folgendermaassen gebaut ist (vgl. Abb. 39). Es wird
eine Doppelschiene angefertigt, welche im Knie zwar beweglich, aber
mit einem Hemmapparat versehen ist, der die Ueberstreckung in diesem
Gelenk genau so wie bei künstlichen Beinen verhindert. Diese Doppelschiene findet unten am Schuh, an einem in den Hacken eingelassenen,
hufeisenförmig gebogenen Eisentheile ihre Befestigung mittelst zweier

Abbildung 39.
Volkmann's Stützmaschine mit Sitzring.
Beschreibung im Text.

Abbildung 40.
Volkmann's Stützmaschine mit Sitzring, der auf
den Damm übergreift, um Abduction des Schenkels
zu erzwingen (Abductionsschiene). Beschreibung im
Text.

Scharniere in einer solchen Weise, dass die Bewegungen des Sprunggelenks nicht gehindert sind (einfache Doppelöse). Einige Lederhülsen
umfassen Ober- und Unterschenkel und werden mittelst Schnallen befestigt. Die ganz oben den Oberschenkel umschliessende Lederhülse ist
sehr fest, gut gepolstert, damit sie nicht drückt, und an der innern Seite
so gearbeitet, dass sie eben noch zum Damm umbiegt.

Mit diesem Schienenapparat kann man auch verhindern, dass die bei Coxitis so häufige Adduction des Beines, wenn sie einmal durch Extension beseitigt ist, sich beim Umhergehen des Kranken wieder einstellt. Dann muss die oberste Lederhülse weiter auf den Damm übergreifen und ganz genau nach einem Gipsmodell geformt werden, welches entsprechend der gewünschten leichten Abductionsstellung des Schenkels angefertigt ist. Die völlig unnachgiebige Hülse findet beim Anlegen der Schiene überhaupt nur Platz, wenn für sie durch entsprechende Abduction des Beines Raum geschafft wird. Sobald der Betreffende den Schenkel adducirte, würde der obere gepolsterte Rand der Hülse am Damm und an der innern Seite des Oberschenkels in die Weichtheile gedrückt werden, so dass die Kranken, wenn sie diese Bewegung fortsetzen wollten, heftigen Schmerz empfinden müssten. Sie gehen daher von selbst mit abducirtem Schenkel, im Anfange freilich schlecht, mit zu stark gespreizten Beinen, und indem sie durch stärkere Abduction dem Druck der Maschine zu entgehen suchen. Mit etwas Geduld und einem guten Instrumentenmacher, der die Sache versteht, kommt man aber sehr bald zum Ziele. Schon nach wenigen Tagen gehen die Kranken gewöhnlich mit parallel stehenden Beinen, indem sie die beabsichtigte und durch die Maschine bewirkte geringe Abduction des Schenkels durch Beckensenkung ausgleichen (vgl. Abb. 40).

Will man bei Knieleiden Bewegungen dieses Gelenks vollständig ausschliessen, so werden die beiden Seitenschienen aus je einem Stück ohne Unterbrechung in der Gegend des Kniegelenks gearbeitet, oder das hier befindliche Scharnier wird durch eine Schraube festgestellt. Aehnlichem Zwecke dient die in Abb. 39 gleichfalls wiedergegebene Kniekappe.

Extensionsbehandlung bei Caries der Wirbelsäule.

Von ausserordentlicher Wichtigkeit ist ferner die Extensionsbehandlung bei Caries der Wirbelsäule, in deren Brust- und Lendentheil wir sie gewöhnlich vermittelst der Rauchfuss'schen Schwebe anwenden (vgl. Abb. 41 u. 42, S. 176). Hierdurch wird der Rumpf hintenüber gestreckt und zwar um so stärker, je höher der Gibbus über der Matraze erhoben ist. Allein angewandt, entfaltet diese Lagerung ihre volle Wirkung nur dann, wenn das Leiden auf den Abschnitt der Wirbelsäule etwa vom 9. Brustwirbel bis zum 3. Lendenwirbel beschränkt ist. Bei Erkrankungen höher oben gelegener Brustwirbel muss noch die Gewichts-

extension am Kopfe (vgl. Abb. 41), bei denjenigen der untern Lendenwirbel die Extension an den Beinen (vgl. Abb. 42) hinzugefügt werden.

Abbildung 41.
Caries der mittleren Brustwirbel. Rauchfuss'scher Apparat, Extension am Kopfe mittelst
Glisson'scher Schwinge.

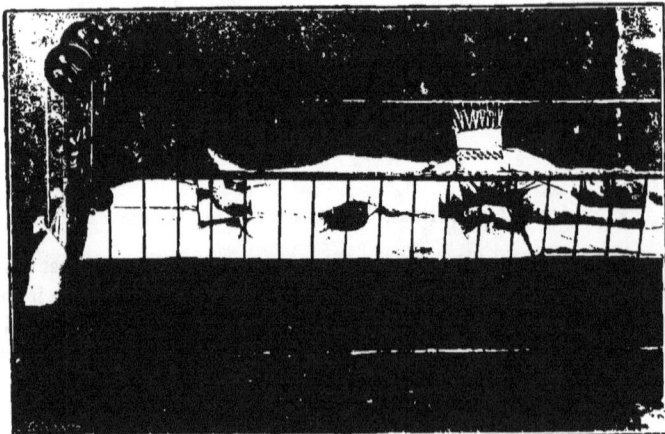

Abbildung 42.
Caries der unteren Lendenwirbel. Rauchfuss'scher Apparat, verbunden mit Gewichtsextension an
den Beinen.

Man hat gegen diese Behandlungsweise den Einwand erhoben, dass durch sie die Heilung der geschwürigen Veränderungen an den Knochen erschwert werden müsse, weil man die in den zerstörten Synchondrosen gelösten und zum Theil selbst vereiterten Wirbelkörper gewaltsam von einander entferne und durch die Vergrösserung der ulcerirten Höhle Vernarbung und Heilung auf dem Wege der Ankylosen- oder Synostosenbildung verhindere. Zunächst spricht dagegen die Erfahrung, dass sehr oft von dem Augenblick an, wo die Kinder auf die Rauchfuss'sche Schwebe gelegt oder der Gewichtsextension unterworfen werden, alle schweren Erscheinungen, namentlich Schmerzen und Fieber mit einem Schlage aufhören, jede Klage verstummt und die Krankheit von nun an eine sehr günstige Wendung nimmt. Aber diejenigen, welche glauben, dass man durch eine, selbstverständlicher Weise vorsichtige Benutzung der genannten Hilfsmittel Schaden stiften und die Heilung aufhalten könne, übertreiben einmal die durch Streckung und Gewichtsextension hervorgebrachten Wirkungen und unter-schätzen andrerseits die Kraft der zur Narbenbildung neigenden gesunden Granula-tionen. Zuerst muss das durch den gegen-seitigen schädlichen Druck der Wirbelkörper fortdauernd unterhaltene Leiden gerade durch Beseitigung dieses Druckes zum Still-stand gebracht werden, dann erst können sich gesunde Granulationen entwickeln und die Heilung herbeiführen. Das aus ihnen sich bildende Narbengewebe zieht schon,

Abbildung 43.
Spondylitis der oberen Brustwirbel.
Sayre'sches Gipscorsett mit Jury-mast.
Volkmann's Gehbänkchen.

wenn nur sonst günstige Bedingungen vorhanden sind und der tuber-kulöse Process keine weiteren Fortschritte macht, die defecten Wirbel hin-reichend fest gegen einander. Alle Bemühungen, dies etwa verhindern zu wollen, würden, wie unzählige Erfahrungen der Chirurgie lehren, völlig vergebliche sein. Kann man es doch nicht einmal verhüten, dass nach Trennung einer Syndaktylie zwei Finger wieder mit einander ver-wachsen, wenn man nicht Epidermis dazwischen gepflanzt hat. Die Kraft der sich in Narbengewebe umwandelnden Granulationen ist eine gewaltige, wie wir längst von den Verkrümmungen her wissen, welche durch Narben veranlasst werden.

Krause, Tuberkulose.　　　　　　12

Sind die Reizungserscheinungen soweit gehoben, dass die Kinder aufstehen dürfen, so lässt man sie in einem Sayre'schen Gipscorsett umhergehen. Bei Erkrankungen der oberen Brust- und der Halswirbel muss dann der Kopf durch einen Jury-mast getragen werden (vgl. Abb. 43). Statt der Corsetts kann man auch Stützapparate verwenden, auf die hier einzugehen mich zu weit in Einzelgebiete führen würde.

Salben und ähnliche Mittel.

Zu den conservativen Maassnahmen gehört ferner noch die Massage, die Anwendung von Jodkali- und Quecksilbersalben auf die Gelenkgegend, das Bepinseln mit Jodtinctur, die Anwendung des Eisbeutels. Von diesen Mitteln haben wir ebenso wenig Erfolg gesehen, wie nach Malgaigne's Ausspruch [1]) die früheren Aerzte von der antiphlogistischen und ableitenden Behandlungsmethode. Dagegen ist ein sehr einfaches Verfahren oft von vorzüglicher Wirkung, das sind die Priessnitz'schen hydropathischen Einwickelungen. Sie wirken bei frischen, mit starken Reizungserscheinungen verbundenen Erkrankungen oft schmerzlindernd; ausserdem tragen sie, wenn die Entzündung abgelaufen ist, zur Beseitigung der zurückbleibenden Steifigkeit und Schwerbeweglichkeit der Gelenke bei.

Brisement forcé.

Bei veralteten, fast oder völlig abgelaufenen Gelenkentzündungen kann das Brisement forcé in allen Fällen in Frage kommen, in denen es sich um Ankylosen in schlechter Stellung handelt. Die anzuwendende Gewalt ist zuweilen recht beträchtlich, nie geht es ohne erhebliche Gewebszerreissungen, bei knöchernen Ankylosen ohne Infractionen oder gar Fracturen ab. Nicht selten stellt sich danach eine mehrere Tage anhaltende fieberhafte Reaction ein. Da nicht bloss die Knochen, sondern auch die geschrumpfte Kapsel und die verkürzten Weichtheile Widerstand leisten, so gelingt es oft nicht, die falsche Stellung in der ersten Sitzung vollständig zu beseitigen. Man muss sich dann zunächst mit einem halben Erfolge begnügen. Nach dem Brisement forcé legt man das Glied in einen Gipsverband, um erforderlichen Falles nach einiger Zeit durch Wiederholung des Eingriffs das gewünschte Ergebniss ganz zu erzielen. Oder aber — und das ist besonders am Hüftgelenk

---

1) Malgaigne, Note sur une nouvelle thérapeutique des tumeurs blanches. Journal de Chirurgie 1843.

mit grossem Vortheil anzuwenden —, man belastet nach dem Brisement, welches die falsche Stellung nur zum Theil hat beseitigen können, das Bein mit Hilfe eines Extensionsverbandes sehr stark, um noch eine weitere allmähliche Verbesserung zu erreichen. Der Eingriff hat dann erst die Wirkung der Gewichtsextension ermöglicht, indem er Trennungen der den grössten Widerstand leistenden Theile herbeiführte. Zuweilen beobachtet man einen unmittelbar günstigen Einfluss solcher mit Gewalt durchgeführter Aenderungen der Gelenkstellung auf noch nicht abgelaufene tuberkulöse Gelenkleiden und namentlich eine mildernde Einwirkung auf die Schmerzen.

Zu verwerfen ist das Brisement forcé, wenn Fisteln oder Abscesse vorhanden sind; hier hat man zuweilen ganz acute Vereiterungen, selbst Verjauchungen der Gelenke folgen sehen. Ueberhaupt beschränkt man heutzutage den Eingriff auf seltene Fälle, zumal im unmittelbaren Anschluss sogar acute Miliartuberkulose mit tödtlichem Ausgange beobachtet worden ist[1]). Oft wo man früher zum Brisement schritt, wird jetzt die Gewichtsextension ausreichen. Andere Male, namentlich wenn knöcherne Ankylosen in schlechter Stellung sich gebildet haben, wird man lieber einen blutigen Eingriff vornehmen, welcher meist ein sehr viel wirksameres, oft auch milderes Verfahren darstellt. Wenn in der Umgebung des Gelenks ausgedehnte Narbenbildungen vorhanden sind, welche die papierdünne Haut an den unterliegenden Knochen fest anheften, ist die Gefahr, dass diese unelastische Bedeckung auf weite Strecken zerreisst, eine sehr nahe liegende. Darum wird man auch hier das Brisement forcé besser unterlassen.

Zuweilen muss man, um das „Redressement" vollständig ausführen zu können, die verkürzten Muskeln oder Sehnen durchschneiden: so die Adductoren bei starken Adductionsankylosen in der Hüfte, die Flexorensehnen in der Kniekehle bei Flexionsankylosen im Kniegelenk. In letzterem Falle kommt es vor, dass die Patella auf der vordern unteren Fläche der Femurcondylen festwächst und dadurch ein unüberwindliches Hinderniss für die Geradestreckung des Kniegelenks bildet. Dann muss man zunächst die Kniescheibe mit einem Hammerschlage, der gegen ein, auf ihren untern Rand gesetztes petschaftähnliches Instrument geführt wird, von den Femurcondylen lostrennen oder, falls dies nicht gelingt, die Patella abmeisseln. Dann erst kann die gewaltsame Streckung des Knies vorgenommen werden. — —

Die Mittel, welche wir bisher besprochen, sind rein conservativer

---

1) Verchère, Progrès médical 1886. No. 24.

Natur. Wir wenden sie — abgesehen vom Brisement forcé — zunächst
stets an, wenn die Kranken in den Anfangsstadien des Leidens zur Behandlung kommen, wenn sich noch keine Eiterung im Gelenk und in
seiner Umgebung entwickelt hat. Dieser Methode allein verdanken wir
eine Anzahl dauernder Heilungen und zwar nicht selten mit recht befriedigender Gebrauchsfähigkeit des betreffenden Gelenks und Gliedes.
Indessen auch vorgeschrittene Fälle, ja selbst solche, in denen schon
Eiterung eingetreten ist und die knöchernen Gelenkenden secundär erkrankt sind, können noch ohne erheblichere chirurgische Eingriffe ausgeheilt werden, sofern die conservative Behandlung in zweckmässiger
Weise lange genug fortgesetzt wird. Namentlich hat die Verwendung
des Jodoformglycerins in Form von Einspritzungen uns einen grossen
Schritt vorwärts gebracht und erlaubt uns noch conservativ zu verfahren,
wo unsern früheren Anschauungen nach Heilung ohne grosse blutige
Eingriffe unmöglich gewesen wäre.

Behandlung tuberkulöser Abscesse mit Jodoformglycerin-Einspritzungen.

Billroth und Mikulicz[1]) verdanken wir die erste Anregung zu
dieser Methode. Während es früher als Regel galt, tuberkulöse Abscesse
breit zu eröffnen, die in ihnen vorhandene Abscessmembran mit dem
scharfen Löffel fortzuschaben und hierauf die Schnittwunde wieder zu
nähen, hat Billroth zuerst eine Reihe erfolgreicher Versuche veröffent-
lichen lassen[2]), in denen solche Abscesse durch Einspritzen von Jodoformglycerin geheilt waren. Diese örtliche medicamentöse Behandlung
liefert so gute Ergebnisse, dass sie wohl dauernd einen Platz in unserer
Therapie einnehmen wird, solange uns nicht die Zukunft mit wirk-
sameren Mitteln beschenkt.

Man verfährt am besten so, dass man unter antiseptischen Kautelen
zunächst den Abscess punctirt und seinen Inhalt entleert. Die Entleerung kann man mittelst eines dünnen Troicarts durch Aspiration vornehmen, sehr viel besser aber ist es, wie ich es stets thue, einen dicken
Bauchtroicart zu benutzen, um die im Eiter enthaltenen, zuweilen sehr
dicken Pfröpfe käsigen Gewebes und abgelöste Stücke der Abscessmembran entfernen zu können. Hierauf spüle man mittelst des Irrigators,
dessen Glasspitze auf die Troicartcanüle genau passen muss, so lange

---

1) Mikulicz, Berliner klinische Wochenschrift 1881.
2) A. Fraenkel, Wiener medicinische Wochenschrift 1884.

3 % Borsäurelösung durch die Abscesshöhle, bis alle losen Gewebsfetzen
herausgewaschen sind und die Flüssigkeit klar abläuft, und spritze nun
in die wieder entleerte Höhle eine Aufschwemmung von Jodoform ein.
Da es sich um eine rein örtliche Einwirkung hierbei handelt, so
wird man Lösungen des Mittels in Aether, Alkohol oder Oel am besten
ganz vermeiden; denn diese werden resorbirt und in die allgemeine
Säftemasse gebracht, es kann daher bei der Verwendung grösserer Mengen
auch leicht einmal zu Vergiftungserscheinungen kommen. Namentlich
ist die von Verneuil empfohlene und von den französischen Chirurgen
mit Vorliebe benutzte 5—10 % ätherische Jodoformlösung zu verwerfen,
weil sie, abgesehen von heftigen Schmerzen, in manchen Fällen höchst
gefahrdrohende Erscheinungen im Gefolge gehabt hat. Andrerseits wird
die örtliche Einwirkung eine um so geringere und um so weniger andauernde sein, je rascher das Mittel auf dem Wege der Resorption aus
dem Abscess wieder verschwindet. Aus diesem Grunde verwenden wir
überhaupt nur 10 % Aufschwemmungen von Jodoform in reinem Glycerin oder in Wasser mit Zusatz von Glycerin (20 %) und Mucilago
Gummi arabici (5 %). Letzterer Mischung lasse ich 1 % reine Carbol-
säure zusetzen. Das möglichst fein gepulverte Jodoform wird zunächst
in derselben Weise, wie man eine Farbe anreibt, mit wenigen Tropfen
Glycerin zusammengerieben, und hierauf durch langsames Zusetzen von
Glycerin allein oder in Verbindung mit den andern angegebenen Sub-
stanzen eine 10 % Mischung bereitet, welche vor dem Gebrauch stark
umgeschüttelt werden muss, bis sie einer Emulsion gleicht. Bei richtiger Darstellung lässt sie sich durch gewöhnliche Pravaz'sche Nadeln
hindurchspritzen.
Da sich das Jodoform nicht in Lösung befindet, so können auch nur
geringe und unschädliche Mengen davon in die Säftemasse des Körpers
aufgenommen werden; vielmehr bleibt es nach Resorption der Flüssigkeit zunächst im Innern der Abscesshöhle liegen und wirkt auf die erkrankten, tuberkulös veränderten Gewebe rein örtlich ein. Eine lang-
same Jodoformresorption findet allerdings statt, sie hat aber erfahrungs-
gemäss keine Störungen im Gefolge; nur wird man bei allen kachektischen
Personen besonders vorsichtig mit der Dosirung sein. Bei Erwachsenen darf man von der 10 % Mischung höchstens 100 g auf einmal
in die Abscesshöhlen einspritzen, wird aber im allgemeinen sich mit
kleineren Mengen, im Mittel etwa mit 30 g begnügen. Um das Medi-
cament in alle Taschen und Buchten der entleerten Höhle zu vertheilen
und gleichzeitig in innige Berührung mit den Wandungen zu bringen,
ja um das Jodoform wo möglich in die weichen tuberkulösen Gewebe

hineinzureiben, nehmen wir nach Entfernung der Troicartcanüle kräftige
knetende und streichende Bewegungen an den, den Abscess bedeckenden
Weichtheilen vor.

Niemals haben wir es für nöthig befunden, die durch den dicken
Troicart erzeugte Stichöffnung mittelst der Naht zu schliessen; es genügt, wenn man beim Herausziehen der Canüle die Haut in einer Falte
von den Seiten her zusammendrückt, die kleine Wunde mit einem Gaze-
bausch verschliesst und einen leicht comprimirenden Verband anlegt.
Sollten in einem Abscess, wie das namentlich bei den grossen, von der
Wirbelsäule herstammenden Senkungsabscessen sich ereignet, so dicke
Gewebsfetzen vorhanden sein, dass die Canüle sich immer wieder verstopft, so erweitere man auf ihr mit dem Messer die Punctionsöffnung
bis zu ausreichend erscheinender Länge. Diese Schnittwunde muss allerdings vor Ausführung der Jodoformeinspritzung wieder zugenäht werden.

Mit einer einzigen Einspritzung kommt man nur selten, am ehesten
noch bei kleineren Abscessen aus. Die nach der Punction und Injection
zurückbleibende Schwellung verkleinert sich in diesen Fällen innerhalb
der nächsten Wochen und verschwindet schliesslich ganz. Gewöhnlich
aber müssen 2—3, selbst noch mehr Einspritzungen in Zwischenräumen
von je 3—4 Wochen vorgenommen werden. Da sehr häufig eine Wiederansammlung von Flüssigkeit sich einstellt, so schicke man auch diesen
späteren Einspritzungen stets die Entleerung und Auswaschung der Abscesshöhle mit Borsäurelösung voran. Bis zur völligen Ausheilung vergehen dann gewöhnlich einige Monate. Trotzdem ist die Behandlung
ohne Schwierigkeiten durchzuführen, weil die Kranken immer nur wenige
Tage nach dem geringfügigen Eingriff unter Beobachtung zu bleiben
brauchen. Häufig haben wir, wenn sie selbst oder ihre Angehörigen
genügend unterrichtet waren, die späteren Einspritzungen ambulant vorgenommen.

Schon bei der zweiten Punction zeigt der wiedergebildete, oft mit
Jodoformtheilchen untermischte Eiter in der Regel eine mehr schleimige
Beschaffenheit und dunklere, selbst braune Färbung; in einzelnen Fällen
fanden wir ihn dann von der gleichmässigen rahmartigen Consistenz des
phlegmonösen Eiters. Solche Veränderungen weisen prognostisch mit
ziemlicher Sicherheit auf einen günstigen Erfolg hin. Nach längerer
Behandlung stellt der Abscessinhalt oft eine völlig oder fast völlig klare,
leicht gelblich gefärbte, fadenziehende Flüssigkeit dar, die bei mikroskopischer Untersuchung nur sehr spärliche, in fettigem Zerfall begriffene
Rundzellen aufweist. Mit tuberkulösem Eiter hat also diese Flüssigkeit
nicht mehr die geringste Aehnlichkeit.

Zuweilen bricht einige Zeit nach der Einspritzung die Stichöffnung oder in Fällen, in denen die bedeckende Haut schon verdünnt und geröthet war, diese verdünnte Hautstelle auf, und es bildet sich eine Fistel, die gewöhnlich nur serös-eitrige oder rein seröse, zuweilen fadenziehende Flüssigkeit entleert. Ihre Menge kann recht beträchtlich sein. So ging in einem schliesslich geheilten Falle von Coxitis mit Abscess mehrere Tage hindurch täglich etwa ¼ l derartiger Flüssigkeit verloren. Die Heilung wird dadurch in keiner Weise gestört, wenn man nur für einen gut abschliessenden Verband Sorge trägt. Zu weiteren Einspritzungen benutzt man in diesen Fällen den Fistelgang. Niemals haben wir eine solche Fistel oder überhaupt die Punctionsstellen tuberkulös erkranken sehen.

Sehr auffallend ist es mitunter, wie ausserordentlich rasch sich im Laufe der Behandlung das Allgemeinbefinden bessert.

Das Jodoform liegt der Innenfläche der Abscesswand auf, bringt die tuberkulösen Gewebe allmählich zum Zerfall und zur Abstossung und erzeugt an deren Stelle gesunde, zur Vernarbung geeignete Granulationen. Bruns hat solche Abscesse verschieden lange Zeit nach der Einspritzung eröffnet und Stücke der Wandung in Gemeinschaft mit Nauwerck[1] mikroskopisch untersucht. Schon einige Wochen nach der Jodoformeinwirkung waren nach ihrer Schilderung die Tuberkelbacillen in der Abscessmembran verschwunden, die Tuberkel durch Rundzellen und ödematöse Flüssigkeit aufgelockert; es entwickelte sich weiterhin in ihnen fettiger Zerfall, der bis zur Verflüssigung fortschritt. Hand in Hand damit kam es von der, unter der Abscessmembran liegenden fibrösen Gewebsschicht her zur Bildung sehr gefässreicher Granulationen, welche die der Degeneration verfallenen Tuberkel mehr und mehr abhoben und verzehrten. Waren die Zerfallsproducte durch Resorption beseitigt, so wandelten sich die gesunden Granulationen in Narbengewebe um, welches im weiteren Verlaufe schrumpfte. Damit war die vollständige Heilung beendet. Nach eigenen Untersuchungen muss ich diese histologischen Befunde durchaus bestätigen.

Weiterhin hat dann Stockum, um die Frage zu entscheiden, in wieweit die blosse Punction, und in wieweit die damit verbundene Jodoformeinspritzung zur Heilung der Abscesse beitrüge, fünfmal kalte Abscesse nur mit Punction behandelt, aber ohne Erfolg. Impfte er den

1) P. Bruns, Ueber die antituberkulöse Wirkung des Jodoforms. Verhandlungen der Deutschen Gesellschaft f. Chirurgie XVI. 1887. — P. Bruns und C. Nauwerck, Ueber die antituberkulöse Wirkung des Jodoforms. Klinische und histologische Untersuchungen. Beiträge zur klinischen Chirurgie III. Tübingen 1887.

Inhalt von Abscessen, bei welchen verschiedene Heilmethoden angewendet wurden, in die vordere Augenkammer von Kaninchen, so erwies dieser sich nur bei jodoformirten Abscessen, welche in der Heilung begriffen waren, als steril: die Impfung verlief ohne Ergebniss.

Behandlung tuberkulöser Gelenkerkrankungen mit Jodoformglycerin-Einspritzungen.

Die günstigen Erfahrungen, welche man mit der Einspritzung von Jodoformmischungen in tuberkulöse Abscesse gewonnen hatte, haben Veranlassung gegeben, die gleiche Methode auch bei tuberkulösen Gelenkleiden mit und ohne Abscesse anzuwenden.[1] Was die **Methode der Einspritzungen in die Gelenke** betrifft, so besteht ein gewisser Unterschied, je nachdem wir es mit Abscessbildung innerhalb und in der Umgebung des Gelenks oder bloss mit fungöser Wucherung der Synovialhaut zu thun haben. Im ersteren Falle verfahren wir genau so, wie es oben (S. 180 f.) für die Punction und Auswaschung der Abscesse angegeben ist. Auch hier wird mit einem gewöhnlichen starken Bauchtroicart das Gelenk unmittelbar oder durch Vermittelung etwaiger in seiner Nachbarschaft liegender Abscesse eröffnet, mit Borsäurelösung ausgespült und mit der 10 % Jodoformmischung leicht angefüllt. Die durchschnittlich erforderliche Menge beträgt 15—40 g, ich bin aber gelegentlich höher, einmal bis zu 80 g gestiegen, ohne hiervon einen Nachtheil gesehen zu haben. Das weitere Verfahren gestaltet sich wie bei den tuberkulösen Gelenkerkrankungen ohne Erguss und Eiterbildung.

Auch in diesen Fällen benutze ich zur Einspritzung Troicarts, die aber nur etwa 2 mm dick zu sein brauchen. Man dringt mit ihnen viel bequemer als mit der Pravaz'schen Nadel in die Gelenkhöhle ein. Zur Entleerung der Spritze ist zuweilen etwas mehr Kraft erforderlich. Die Menge des Mittels entspricht natürlich der Grösse des Gelenkhohlraums; sie beträgt bei Erwachsenen bis zu 20, allenfalls einmal 30 g, bei Kindern ist es oft nicht möglich, mehr als 5 g in das Gelenkinnere einzuspritzen.

---

1) Wendelstadt (Trendelenburg), Zur Behandlung von tuberkulösen Knochen- und Gelenkerkrankungen durch parenchymatöse Injectionen von Jodoformöl. Centralblatt f. Chirurgie 1889. Nr. 38. — F. Krause, Ueber die Behandlung tuberkulöser Gelenkerkrankungen mittelst Jodoformeinspritzungen. Berl. klinische Wochenschrift 1889. Nr. 49. — P. Bruns, Ueber die Behandlung tuberkulöser Abscesse und Gelenkerkrankungen mit Jodoforminjectionen. XIX. Congress der Deutschen Gesellschaft f. Chirurgie 1890. — Trendelenburg, ebenda. — F. Krause, ebenda.

In jedem Falle — ob mit, ob ohne Eiterung — werden nach Entfernung der Canüle, während die Einstichöffnung zugehalten wird, an dem betreffenden Gelenk passive Bewegungen in ausgiebiger Weise und nach allen Richtungen vorgenommen, sofern dies irgend möglich ist, hierauf wird die ganze Gelenkgegend kräftig massirt. Auf diese Weise strebe ich, wie bei den Abscessen, eine gleichmässige Vertheilung des Jodoforms in alle Buchten und Winkel der Gelenkhöhlen zu erreichen. Sofern nicht etwa schon bestehende heftige Schmerzen eine Ruhigstellung des betreffenden Gliedes erheischen, habe ich von fixirenden Verbänden nach der Einspritzung Abstand genommen. Ich halte sogar leichte Bewegungen des Gelenks für vortheilhaft, weil sie einen günstigen Einfluss auf die Vertheilung des Jodoforms ausüben und das Mittel gewissermaassen in die erkrankten Gewebe hineinreiben. Gesunde Gelenkknorpel werden, wie schon v. Mosetig-Moorhof hervorgehoben, durch das Jodoformglycerin in keiner Weise ungünstig beeinflusst.

Die Stellen, von denen aus die grossen Körpergelenke durch den Troicart am bequemsten und sichersten eröffnet werden, habe ich durch Versuche an der Leiche festgestellt. Das Handgelenk ist von beiden Seiten, dicht unterhalb der Processus styloidei radii und ulnae zugängig, in's Ellenbogengelenk gelangt man, wenn man dicht über dem, namentlich bei Pro- und Supinationsbewegungen so leicht zu fühlenden Capitulum radii in die Tiefe dringt. Am Schultergelenk wird man nach aussen vom Processus coracoideus oder nach aussen von der Spina scapulae an deren Uebergange zum Acromion an einer Stelle in's Gelenk einstechen, wo die Schwellung der Gelenkkapsel deutlich zu fühlen ist.

In's Hüftgelenk gelingen Einspritzungen am besten, wenn man vom grossen Trochanter her mit einem 7—9 cm langen Troicart eingeht. Der Kranke liegt flach auf dem Rücken, Flexion im Hüftgelenk ist nach Möglichkeit zu vermeiden, auf jeden Fall aber Abduction und Aussenrotation. Der Schenkel wird am besten in Adduction und leichte Innenrotation gebracht. Man sticht den Troicart unmittelbar oberhalb der Spitze des Trochanter major, etwa in der Mitte zwischen seinem vorderen und hinteren Umfange, eher etwas weiter nach vorn, genau senkrecht zur Achse des Oberschenkels in der Frontalebene ein und schiebt ihn langsam sondirend vorwärts, bis man Knochenfühlung bekommt. Nun ist man am Schenkelkopfe selbst oder nahe diesem am Schenkelhalse angelangt. (Bei der Stellung des Schenkels in Abduction und Aussenrotation stösst man leicht mit dem Troicart auf den oberen Pfannenrand, befindet sich also oberhalb der Gelenkspalte.) Hierauf wird das Bein möglichst stark adducirt, und man gleitet mit dem Troicart, immer mit dem Knochen (Schenkelkopf) Fühlung behaltend, nach oben und weiter in die Tiefe, bis man von neuem durch knöchernen Widerstand aufgehalten wird: nun befindet man sich in der Gelenkspalte zwischen Kopf und Pfannenrand und kann, nach Herausziehen des Stilets und nachdem man die Canüle noch etwas in die Tiefe gegen die Gelenkspalte vorgeschoben, die Einspritzung vornehmen. Die verwendete Troicartlänge ist bei nicht fetten Erwachsenen 7—7,5 cm, bei Kindern entsprechend weniger. Auch beim Lebenden hat sich mir in zahlreichen Fällen diese Methode der Einspritzung als die beste erwiesen. [1]

Das Kniegelenk wird in der üblichen Weise punktirt, so dass man sicher mit dem Troicart unter der Patella sich befindet. In's Sprunggelenk gelangt man am besten, wenn man unmittelbar unter der Spitze des einen oder andern Knöchels senkrecht in die Tiefe sticht und dann den Troicart nach oben wendet. Für die übrigen Gelenke bedarf es keiner besonderen Angaben.

Die Einspritzungen sind so wenig schmerzhaft, dass viele Kranke, ja sogar Kinder die Anwendung des Chloroforms verschmähen. Für einen Chirurgen von Fach, namentlich wenn er in einem Krankenhause thätig ist, kommt diese Frage wenig in Betracht, nicht so für den praktischen Arzt, welcher die Methode sehr oft wird anzuwenden wünschen, ohne dass ihm weitere Hilfe zur Verfügung stände. Er wird daher gut thun, nöthigenfalls die vorherige örtliche Anästhesirung mittelst subcutaner Injection einer halben bis ganzen Spritze 1—2 % Cocainlösung in die etwa 5 Minuten später zu punctirende Hautstelle zu Hilfe zu nehmen. Nach der Einspritzung pflegen keine Schmerzen aufzutreten, oder sie sind jedenfalls gering.

Dagegen kommt es nicht ganz selten vor, dass im unmittelbaren Anschluss an die Injection eine Erhöhung der Temperatur sich einstellt, welche bis zu 39, ja in vereinzelten Fällen bis zu 39,5 ° ansteigt. Diese Temperaturerhöhung bleibt nur einen, höchstens 2—3 Tage bestehen und macht dann wieder den normalen Verhältnissen Platz. Sie verhält sich genau so wie jene Temperatursteigerungen, welche wir bei tuberkulösen Gelenkleiden nicht selten nach irgend welchen Anstrengungen, nach genauen Untersuchungen, die mit Bewegung des erkrankten Gelenks und daher auch mit Zerquetschung von Granulationen und leichten Gefässzerreissungen verbunden sind, ja mitunter schon nach Anlegung von Gips-

1) Vgl. die Verhandlungen des XIX. Chirurgencongresses 1890.

verbänden eintreten sehen, und auf die ich bei Besprechung der klinischen
Erscheinungen (Seite 130 ff.) genauer eingegangen bin. Vor allem bleibt
auch hier wie dort jedes weitere Fiebersymptom aus und die Kranken
befinden sich durchaus wohl. Daher glaube ich, dass diese Temperaturerhöhungen zum Theil durch die gleichzeitig mit der Einspritzung vorgenommenen passiven Bewegungen veranlasst sind, vielleicht auch handelt es sich nebenher um ein einfaches Resorptionsfieber. Keinesfalls
ist die stets rasch vorübergehende Temperatursteigerung von irgend welcher
Bedeutung, wenn man seiner antiseptischen Maassnahmen sicher ist.

In der Regel nehmen wir die Einspritzungen alle 4 Wochen vor.
Bildet sich aber ein beträchtlicher Gelenkerguss sehr rasch nach der
Injection wieder, oder handelt es sich um sehr schwere Gelenkerkrankungen ohne Erguss, so wiederholen wir die Injectionen in kürzeren
Zeiträumen. Geduld ist aber hier wie bei den tuberkulösen Abscessen
unerlässliche Bedingung, will man von der Behandlung Erfolge sehen.
Mit weniger als 3 Einspritzungen bin ich kaum je ausgekommen, oft
aber sind weit mehr erforderlich gewesen. Bis zur völligen Heilung vergehen immer einige Monate. Die Kranken brauchen ja aber zur Vor-
nahme des kleinen Eingriffs jedes Mal nur einen oder zwei Tage in der
Klinik zu bleiben; handelt es sich um die obere Extremität, so können
sie meist ambulatorisch behandelt werden. Bei etwa eintretender Temperatursteigerung werden sie erst nach deren Verschwinden entlassen.

Was nun die **Erfolge der Methode** anlangt, so ist zunächst das rasche
Nachlassen und selbst gänzliche Aufhören der Schmerzen kein seltenes
Ereigniss. Kranke mit Tuberkulose eines Gelenks der unteren Gliedmaassen, welche wegen sehr heftiger Schmerzen nicht im Stande waren,
sich auch nur im Bett umzudrehen, ja denen jede Berührung der Gelenkgegend unerträglich war, konnten schon 2 Wochen nach der ersten Einspritzung das Bein von der Unterlage erheben oder selbst leichte Bewegungen in dem erkrankten Gelenk ohne wesentlichen Schmerz ausführen. Auch bei Handgelenkstuberkulose schwerster Art beobachteten
wir nach der ersten Einspritzung eine so erhebliche Besserung, dass die
zuvor wegen der sehr heftigen Schmerzen vollkommen steif gehaltenen
Finger wieder bewegt werden konnten.

Weniger rasch ist gewöhnlich ein Erfolg in Bezug auf die Schwellung der Gelenkkapsel und der umliegenden Theile zu verzeichnen; hier
vergehen viele Wochen, ehe ein bemerkenswerthes Ergebniss sich einstellt. In Fällen, in denen es sich um beträchtliche und sehr weiche,
fast teigige Verdickungen der Kapsel (Fungus articuli) handelt, ist es
als ein sehr günstiges prognostisches Merkmal aufzufassen, wenn sich

gleichzeitig mit dem Zurückgehen der Schwellung auch eine derbere Consistenz bemerklich macht.

Handelt es sich um eitrige Gelenkergüsse oder Abscesse in der Umgebung des Gelenks, so tritt nach der Punction und Einspritzung sehr häufig eine Wiederansammlung der entleerten Flüssigkeit ein, in derselben Weise wie wir das oben für die kalten Abscesse dargestellt haben. Nach der zweiten oder nöthigenfalls noch mehrere Male wiederholten Punction, sowie nach einer erneuten Jodoformeinspritzung pflegt der Erguss nicht wiederzukehren. Da wo ein solcher von vorn herein nicht vorhanden war, wo es sich also nur um fungöse Kapselwucherungen handelte, habe ich nach der Jodoformeinspritzung nur in zwei Fällen (einmal Coxitis, einmal Gonitis) eine secundäre Ausschwitzung von nachweisbarer Menge sich bilden sehen.

Ob nach Ausheilung des tuberkulösen Leidens in dem betreffenden Gelenke Beweglichkeit sich einstellt oder nicht, hängt zum wesentlichsten Theile von dem Grade der Entzündung ab. In schweren Fällen haben nämlich die nach der Jodoformeinspritzung in der erkrankten Gelenkkapsel eintretenden und zur narbigen Schrumpfung führenden Veränderungen, welche ja eben die Heilung bewirken, auch einen mehr oder weniger störenden Einfluss auf die Beweglichkeit, oft sogar deren völlige Aufhebung im Gefolge. Immerhin haben wir selbst in schwereren Fällen, namentlich am Kniegelenk, Heilung mit befriedigender, ja selbst normaler Beweglichkeit der Gelenke erzielt.

Da durch jene Veränderungen zugleich der Gelenkraum verkleinert wird, so sind die späteren Einspritzungen zuweilen mit Schwierigkeiten und grösseren Widerständen verbunden, während die erste oder ersten sehr leicht auszuführen waren. Namentlich an Knie und Hüfte haben wir das öfter beobachtet. Wie oben erwähnt, fixiren wir bei dieser Behandlung die Gelenke nicht, ausser wenn sehr heftige Schmerzen oder andere Gründe eine Ruhigstellung erheischen. Die nach der Jodoformeinspritzung von Seiten des Kranken vorgenommenen leichten Bewegungen, die wir häufig durch unser Eingreifen vorsichtig gesteigert haben, scheinen auch insofern günstig zu wirken, als sie die Entstehung von Adhäsionen und Ankylosen erschweren.

Es braucht kaum besonders hervorgehoben zu werden, dass die Gewichtsextension und andere orthopädische Maassnahmen zur Beseitigung falscher Stellungen in jedem Falle, welcher sie erheischt, mit den Jodoformeinspritzungen verbunden werden müssen.

Ferner darf nicht unerwähnt bleiben, dass wir bei der Behandlung tuberkulöser Gelenkerkrankungen mit Jodoformeinspritzungen häufiger als

bei der gleichen Behandlung kalter Abscesse Misserfolge erleben. Diese
heilen ja so gut wie ausnahmslos, wenn die veranlassenden Knochenleiden
zum Stillstand gekommen sind. Aber auch bei floriden Knochenprocessen
ist wiederholt gleichzeitig mit den Abscessen der primäre Herd zur Heilung
gebracht worden. Dahingegen müssen wir uns bei den Gelenkleiden oft
genug mit einem halben Erfolg zufrieden geben; zuweilen selbst sind die
Jodoformeinspritzungen von gar keinem Nutzen. Der Hauptgrund liegt
darin, dass wir auch Fälle der Jodoformbehandlung unterwerfen, welche
sich offenbar dafür gar nicht eignen. Die **Indicationen** lassen sich eben
jetzt noch nicht mit wünschenswerther Sicherheit aufstellen. Dazu sind
unsere Beobachtungen, gerade was die Behandlung der Gelenkleiden
betrifft, nicht alt genug.

Nach den bis jetzt vorliegenden Erfahrungen ist die beschriebene
Methode bei frischen tuberkulösen Gelenkerkrankungen, namentlich jüngerer Leute und Kinder, durchaus zu empfehlen; diese Fälle heilen am
leichtesten aus und liefern auch die besten functionellen Ergebnisse.
Aber auch bei schweren Erkrankungsformen sind Heilungen erzielt worden, und da die Methode ungefährlich und leicht durchzuführen ist, so
kann man mit ihr zunächst einen Versuch machen, bevor man zu grossen
operativen Eingriffen sich entschliesst. Das höhere Alter bildet keine
unbedingte Gegenanzeige, da selbst hier das Verfahren Erfolge aufzuweisen hat. Namentlich sind diese bei schweren tuberkulösen Hand-
gelenksvereiterungen älterer Leute, bei denen sonst die Amputation des
Vorderarms oder wenigstens die Resection des Handgelenks hätte vorgenommen werden müssen, durchaus befriedigende gewesen, auch wenn
bei den Kranken Lungenphthise vorhanden war. Dasselbe gilt für's
Kniegelenk.

Hier hat sich ferner gezeigt, dass die Jodoformeinspritzungen entschieden sehr viel mehr als die Punction und Auswaschung der Gelenke
mit Sublimat- oder Carbolsäurelösungen leisten, Methoden, welche ja so
wie so nur beim Hydrops tuberculosus mit Nutzen anzuwenden sind.
Mehrfach haben wir festgestellt, dass Kranke, welche früher jener Behandlung unterworfen worden waren und danach nur vorübergehend oder
selbst gar nicht gebessert erschienen, später durch Jodoformeinspritzungen
geheilt wurden.

Da es sehr häufig nicht möglich ist, bei der Untersuchung zu entscheiden, ob wir es mit einer primären oder secundären Synovialistuberkulose zu thun haben, so können wir natürlich auch in dieser Hinsicht für
die Jodoformeinspritzungen keine besonderen Regeln aufstellen. Von vorn
herein ist ja klar, dass primäre Synovialiserkrankungen, namentlich jene

Form, welche wir nach Bonnet's Vorgang als kalten Abscess der
Gelenke beschrieben haben, ferner auch der Hydrops tuberculosus, sich
den Jodoforminjectionen gegenüber ähnlich wie tuberkulöse Abscesse der
Weichtheile verhalten müssen.

Aber auch bei der primär ossalen Form der Gelenktuberkulose
können wir, selbst bei Anwesenheit von Sequestern, auf eine günstige
Einwirkung des Mittels hoffen. Haben wir doch ebenso wie andere
Chirurgen bei tuberkulöser Spondylitis mit grossen Senkungsabscessen
diese durch Punction, Auswaschung und Jodoformeinspritzung zur dauernden Heilung gebracht, obwohl der im entleerten Eiter vorhandene
Knochensand und die Gibbusbildung den sicheren Beweis dafür lieferten,
dass eine Knochenerkrankung ernstester Art vorlag. Auch ist es ja
längst bekannt und durch hundertfältige Erfahrungen erwiesen, dass
sogar allerschwerste Fälle von Pott'scher Krankheit zuweilen von selbst
ausheilen, und dass also die verkästen und abgestorbenen Knochenabschnitte auf irgend eine Weise durch Resorption beseitigt werden
können. Um so weniger dürfen wir uns auf Grund dieser Ueberlegung
der Ansicht verschliessen, dass auch bei der primär ossalen Form der
Gelenktuberkulose ein Versuch mit Jodoformeinspritzungen durchaus ge-
rechtfertigt ist.

Ebenso wird es angezeigt sein, bei tuberkulösen Knochenleiden mit
Abscessbildung die Methode jedes Mal in Anwendung zu ziehen, wenn
es der Lage des Knochenherdes nach nicht möglich ist, ihn auf opera-
tivem Wege zu entfernen. Dies betrifft namentlich die Senkungsabscesse
bei Erkrankungen der Wirbelsäule, wo es ja bisher nur in seltenen
Fällen gelungen ist, jenen Herd unmittelbar anzugreifen.

Indessen ist meines Erachtens die Behandlung mit Jodoformeinspritzungen von vorn herein zu verwerfen und die breite Eröffnung der
Abscesse durchaus geboten, wenn wir erwarten können, von der Abscesshöhle aus das primäre Knochenübel mit unsern Instrumenten zu erreichen. Denn wird dieses beseitigt, so hat man natürlich die besten Aussichten auf eine endgiltige Heilung ohne Rückfälle. Namentlich gilt das
für die Epiphysenherde, bevor noch das anstossende Gelenk tuberkulös
erkrankt ist. Durch deren gründliche Entfernung wird auch das benachbarte Gelenk sicher vor Infection bewahrt, ganz abgesehen davon,
dass — wie wir bei den klinischen Erscheinungen Seite 117 f. an einem
Beispiel dargelegt haben — die etwa vorhandene nicht specifische Entzündung nach jenem Eingriff zur Heilung gelangt.

Anhangsweise muss ich erwähnen, dass Landerer von der Anwendung des Perubalsams günstige Wirkungen auf tuberkulöse Processe

gesehen hat. Von andrer Seite (vgl. Ernst Kittel, Die Behandlung tuberkulöser Affectionen mit Peru-Balsam. Inaugural-Dissertation. Erlangen 1889) haben diese Angaben keine Bestätigung gefunden. Mir selbst fehlen ausreichende eigene Erfahrungen, aus denen ich ein sicheres Urtheil hätte gewinnen können.

Operative Eingriffe.

Es giebt eine grosse Anzahl tuberkulöser Knochen- und Gelenkerkrankungen, bei denen die conservative Behandlungsmethode nicht zum Ziele führt, bei denen vielmehr operative Eingriffe nöthig werden.

Entfernung der primären Knochenherde, besonders der Epiphysenherde.

Wie schon eben erwähnt, muss man grundsätzlich, wenn es überhaupt ausführbar erscheint, primäre Knochenherde möglichst rasch entfernen, damit der Infection der Umgebung und namentlich des benachbarten Gelenks vorgebeugt werde. Ist eine Fistel vorhanden, so wird uns diese einen Anhaltspunkt geben, auf welchem Wege wir vorzudringen haben; andernfalls schneiden wir an einer möglichst oberflächlich gelegenen Stelle auf den Knochen ein. Nach Abhebung des Periostes werden die bedeckenden Knochenschichten fortgeschlagen und der Herd mit Meissel und scharfem Löffel sorgfältig bis in's Gesunde entfernt. Tuberkulöse Eruptionen in den Weichtheilen werden mit Löffel und Schere beseitigt.

Nun ist es, namentlich seit König darauf aufmerksam gemacht hat, bekannt, dass nach solchen Eingriffen, bei denen zahlreiche Blut- und Lymphbahnen eröffnet werden, tuberkulöses Gift in den Kreislauf aufgenommen und dadurch zur Entstehung einer acuten Miliartuberkulose Veranlassung gegeben werden kann. Wenn diese Gefahr auch keine grosse ist — unter hunderten von Fällen kommt die Miliartuberkulose nur vereinzelt einmal und zwar gerade nach kleineren Eingriffen, wie Ausschabungen und dergleichen zum Ausbruch —, so wird man doch immer danach trachten, durch geeignete Vorsichtsmaassregeln der gefürchteten Complication vorzubeugen. Wir besitzen in der That wirksame Mittel. Zunächst können wir, wenigstens bei Operationen an den Gliedmaassen, die Aufnahme von tuberkulösen Stoffen in die Blut- und

Lymphbahnen während des Operationsactes durch die Esmarch'sche Constriction erschweren und ihre weitere Verschleppung hindern. Ferner sorge man dafür, dass diese Wunden während und nach dem Ausschaben gründlich mit $\frac{1}{2}$—1 %o Sublimatlösung ausgewaschen werden, um alle infectiösen Stoffe unschädlich zu machen. Man kann selbst bei Kindern und anämischen Personen eine beliebig grosse Menge des giftigen Mittels verwenden, so lange das Glied blutleer ist; nie wird man eine Intoxication entstehen sehen, da ja Resorption völlig ausgeschlossen ist. Handelt es sich um lange und enge Fistelgänge, so wird man gut thun, sie nach der Auskratzung noch mit dem Paquelin'schen Thermokauter zu brennen, um etwa zurückgebliebene tuberkulöse Stoffe zu vernichten.

In manchen Fällen, namentlich bei oberflächlich liegenden Knochen, lässt sich der Herd durch Abheben des Periostes und weites Auseinanderziehen der Wunde mit scharfen Haken so zugänglich machen, dass man seine Grenzen überall zu übersehen in der Lage ist. Dann kann man ihn mit Hilfe des Hohlmeissels so herausbefördern, dass sämmtliche Schnitte im gesunden Knochen geführt werden; damit vermeidet man am besten, specifische Gewebstheile mit der frischen Wunde in Berührung zu bringen. Zuweilen reicht der Epiphysenherd ganz nahe an das benachbarte Gelenk heran, ja selbst bis zum Gelenkknorpel. Dann muss jenes nöthigenfalls breit eröffnet werden, um die vollständige Entfernung der erkrankten Theile mit Sicherheit zu erreichen, wofür folgende Beobachtung ein Beispiel geben möge.

Ein 25 jähriges Mädchen, Pauline K. aus Eisleben, war wegen eines tuberkulösen Herdes im linken Tibiakopfe seit 2 Jahren behandelt worden. Es wurden mehrere Abscesse eröffnet und die zurückbleibenden 6 Fisteln wiederholt ausgekratzt. Bei der Aufnahme bestand nur noch in der Gegend der Tuberositas tibiae ein breites Geschwür, welches in der Tiefe auf nekrotischen Knochen führte. Die Bewegungen im Kniegelenk, in welchem ein Erguss vorhanden, waren sehr schmerzhaft und äusserst beschränkt. Bei der Untersuchung in Narkose ergab sich, dass im Tibiakopf ein ungewöhnlich grosser Sequester sass, der bis an den Gelenkknorpel reichte. Da der umgebende Knochen stark verdickt und in weiter Ausdehnung verkäst war, so schien eine vollständige Entfernung alles Kranken ohne Gelenkeröffnung nicht ausführbar. Daher wurde mittelst eines Bogenschnittes, dessen Basis in der Gegend der Gelenkspalte lag, dessen Rand bis unterhalb der Tuberositas tibiae herabreichte, ein grosser Haut-Periostlappen nach oben präparirt, dann mit einem sehr breiten Meissel der ganze vordere Abschnitt des Tibiakopfes in einer nach dem Gelenk zu in die Tiefe dringenden schiefen Ebene bis in dieses hinein fortgenommen. Hierbei entleerte sich ein geringer seröser Erguss; die Synovialhaut zeigte sich leicht geröthet, wies aber keine Spur tuberkulöser Erkrankung auf; auch die Gelenkknorpel und Bandapparate waren normal. Der Meissel hatte von dem gut wallnussgrossen käsigen Sequester das grössere Stück abgeschlagen. Der kleine Rest liess sich nach Entfernung des weggemeisselten Knochenabschnittes leicht aus der Tibia herausnehmen. Die in dieser zurückbleibende Höhle wurde durch einige Meisselschläge abgeflacht und damit zugleich die Beseitigung der tuberkulösen Granulationen erreicht. Fast die ganze entfernte Knochenmasse war käsig infiltrirt. Der Haut-Periostlappen wurde nach Abtragung der tuberkulösen Fistelränder wieder heruntergeklappt und angenäht, das Kniegelenk einige Tage drainirt. Die Heilung erfolgte ohne jede Störung. Mehr als 2 Jahre nach der Operation konnten wir folgenden Befund feststellen: Das Endergebniss ist ein ausgezeichnetes, insofern das Gelenk, obschon nahezu die vordere Hälfte des Tibiakopfes weggemeisselt wurde, mit fast vollständiger Erhaltung seiner Beweglichkeit ausgeheilt ist. Die Patella lässt sich ganz frei verschieben, das Knie kann bis über einen rechten Winkel hinaus von dem Kranken selbst gebeugt werden, die passiven Bewegungen sind ganz unbeschränkt. Irgend welche Spuren einer Kniegelenksentzündung sind nicht mehr vorhanden.

Wie man danach streben muss, die primären Herde in den Epiphysen vollständig zu entfernen, ebenso verfährt man bei tuberkulöser Erkrankung anderer Skeletabschnitte (des Schädels, der Rippen, des untern Orbitalrandes, des Brustbeins, der Diaphysen der Röhrenknochen u. s. w.). Auch hier sucht man alles Kranke, wenn irgend möglich, soweit fortzunehmen, dass nur gesundes Gewebe zurückbleibt. Denn in derselben Weise, wie ein tuberkulöser Herd in der Epiphyse beim weiteren Wachsthum das benachbarte Gelenk gefährdet, kann durch das Fortschreiten einer Rippencaries die Pleura, infolge der Ausbreitung einer Schädeltuberkulose durch die ganze Dicke des Knochens die Dura und Pia mater inficirt werden. Zur gründlichen Beseitigung ist es zuweilen erforderlich, bei Rippencaries eine Resection des erkrankten Abschnittes, bei Schädeltuberkulose die Trepanation vorzunehmen. In letzterem Falle haben wir auch die mit specifischen Knötchen besetzte Dura mater mit dem scharfen Löffel abgeschabt und hiernach dauernde Heilung erzielt.

Arthrectomia synovialis et ossalis.

Bei schweren Erkrankungen der Gelenke sehen wir uns zu deren breiter Eröffnung gezwungen und schliessen daran entweder die Exstirpation der ganzen erkrankten Synovialmembran mit Zurücklassung der knöchernen Epiphysen und der Gelenkknorpel, soweit diese Theile gesund sind **(Arthrectomia synovialis)**, oder aber die Resection des Gelenks mit gleichzeitiger Entfernung der erkrankten Gelenkkapsel **(Arthrectomia ossalis et synovialis)** an.

Was die **Indicationen** für diese grösseren Eingriffe anlangt, so ist es unmöglich, in einer nur die allgemeinen Verhältnisse behandelnden Arbeit eine erschöpfende Zusammenstellung zu geben. Verhalten sich

ja doch die verschiedenen Körpergelenke in der Art und der Schwere
der Erkrankungen so ausserordentlich verschieden; dem entsprechend
werden auch die Anzeigen zu grossen blutigen Eingriffen bei jedem Gelenk andere sein. Ferner streben wir mit unserem operativen Eingreifen
an den einzelnen Gelenken verschiedene Ziele zu erreichen, je nachdem
wir ein steifes oder ein bewegliches Glied als brauchbarer in dem betreffenden Fall ansehen. Aus allen diesen Gründen lassen sich hier nur
einige allgemeine Gesichtspunkte aufstellen. Zudem können wir jetzt
noch nicht genügend beurtheilen, inwieweit durch die Behandlung mit
Jodoformeinspritzungen eine Aenderung in jenen Indicationen eintreten
wird. Da häufig erst während der Operation zu entscheiden ist, ob
wir uns mit Exstirpation der erkrankten Kapsel begnügen können, oder
ob wir die Resection der knöchernen Gelenkenden anschliessen müssen,
so bespreche ich die Indicationen für alle diese grossen Eingriffe zusammen.

Bisher pflegen wir stets die breite Eröffnung der Gelenke vorzunehmen, wenn es sich um erheblichere Eiteransammlungen in ihnen
handelt, und wenn uns Temperatursteigerungen, fortschreitender Kräfte-
verfall, Appetitlosigkeit darauf hinweisen, dass ein längeres Zuwarten
den Kranken in Lebensgefahr bringt. Eine weitere Anzeige liegt vor,
wenn die Untersuchung ergiebt, dass die Gelenkenden cariös zerstört
sind, ferner wenn sich Luxationen und Subluxationen, Lösungen der
Epiphysen ausgebildet haben und auf andere Weise eine Beseitigung der
falschen Stellungen nicht zu erreichen ist. In diesen Fällen wird schon
aus orthopädischen Gründen oft eine Resection erforderlich sein. Namentlich entschliesst man sich unter solchen Umständen leichter einmal
an der Hüfte zu einem diagnostischen Einschnitt und nöthigenfalls zur
Resection; denn diese ergiebt bei richtiger Nachbehandlung mit Gewichtsextension so gut wie stets ein bewegliches Gelenk, während hier bei
spontaner Ausheilung eine bindegewebige, ja selbst knöcherne Ankylose
meist in sehr fehlerhafter Stellung der Endausgang zu sein pflegt.

Ferner giebt es tuberkulöse Gelenkleiden, welche wohl zur Abscessbildung in der Umgebung und zur Eiterung im Gelenkinnern führen,
bei denen indessen diese schwereren Veränderungen sich so schleichend
entwickeln, dass eine Gefahr für's Leben erst nach Monaten und Jahren
eintritt, wenn infolge der langdauernden Eiterung Anämie und Abmagerung oder weitere Complicationen, wie amyloide Degeneration und
Albuminurie, sich hinzugesellt haben. In solchen Fällen wird man, ebenso
wie bei bestehender Lungenphthise, je eher desto besser, einen grossen
operativen Eingriff vornehmen, der zur raschen Heilung führt. Andere

Male wieder besteht das tuberkulöse Gelenkleiden seit langer Zeit, ohne Eiterung veranlasst zu haben, und ohne bei unsern conservativen Maassnahmen wesentliche Fortschritte zur Besserung zu zeigen. Dabei sind vielleicht dauernd oder zeitweise Schmerzen vorhanden, welche die an sich durch das Gelenkleiden beschränkte Erwerbsfähigkeit in noch höherem Maasse beeinträchtigen. Gefahr für Gesundheit und Leben droht hier nicht, vielleicht würde auch das örtliche Leiden in einigen Jahren bei conservativer Behandlung zur vollständigen Ausheilung gelangen. Und doch wird man sich in solchen Fällen, namentlich bei Leuten aus der arbeitenden Klasse, zur Eröffnung des Gelenks entschliessen, um nur den Kranken in absehbarer Zeit wieder arbeitsfähig zu machen. Erst in zweiter Linie wird hier die Frage erörtert werden müssen, ob die erforderliche Operation eine eingreifende ist, oder ob das betreffende Glied danach schwächer und weniger brauchbar sein wird, als es voraussichtlich bei Fortsetzung der conservativen Behandlung geworden wäre.

Gerade für solche Fälle kommt eine Operationsmethode in Betracht, welche zunächst nur den Zweck hat, uns einen genauen Einblick in das anatomische Verhalten des erkrankten Gelenkes zu gewähren: die **diagnostische Incision.** Die Schnittführung ist stets so einzurichten, dass man erforderlichenfalls von ihr aus in eine typische Resection oder Arthrectomie sofort übergehen kann. Häufig belehrt uns dann die Besichtigung des Gelenkinnern, dass die Erkrankung eine viel schwerere war, als wir aus den klinischen Erscheinungen vermuthen konnten. Handelt es sich um Kinder oder vermögende Kranke, so bleibt man bei solchen Zuständen, bei denen die Indication zum operativen Eingriff überhaupt recht schwierig zu stellen ist, gern noch länger bei der conservativen Behandlung stehen, da ja hier die Erwerbsfähigkeit keine entscheidende Rolle spielt.

Da bei Kindern überhaupt alle tuberkulösen Gelenk- und Knochenerkrankungen prognostisch gutartiger sind, so hält man bei ihnen auch länger an der conservativen Methode fest und kann mit Aussicht auf Erfolg viel schwerere Fälle dieser Behandlung unterwerfen als bei Erwachsenen. Auch werden wir dort, wenn wir uns doch zum operativen Vorgehen entschliessen, um die Dauer der Erkrankung abzukürzen, die Verhältnisse für endgiltige Ausheilung zu verbessern und vor allem der Schwächung des Organismus durch Eiterung und Fieber eine Grenze zu setzen, oft mit einfacheren, weniger verletzenden Eingriffen auskommen und ohne verstümmelnde Operationen gute Ergebnisse erzielen. Allerdings unterscheiden sich energische Ausschabungen der kranken

13*

Knochen mit dem scharfen Löffel nicht allzu sehr von weniger ausge-
dehnten Resectionen, wenn man zum Beispiel den grössten Theil des
Taluskopfes oder Abschnitte der Malleolen, kleinere Knochen wohl auch
ganz fortnehmen muss. Indess bleiben bei diesen Operationen die Bänder, das Periost, die Randschichten der Knochen selbst unberührt und
in ihren normalen Verbindungen. Es tritt kräftige Knochenneubildung
ein, und die Gelenke behalten oft normale Form und gute Beweglichkeit.

Um so mehr muss man bei Kindern die conservativeren, weniger
verletzenden Operationsmethoden bevorzugen, als sich nach grossen Eingriffen so häufig, nach Resectionen mit Entfernung der Epiphysenknorpel
regelmässig Wachsthumsstörungen einstellen. Die Verkürzungen erreichen, wie bekannt, oft sehr bedeutende Grade. Pemberton[1]) resecirte
bei einem sechsjährigen Knaben 2½ Zoll vom Femur, einen Zoll von
der Tibia. Nach 6 Jahren betrug die Verkürzung des Beines 9 Zoll!
Auch Verkrümmungen der Gelenke sind im Gefolge von Arthrectomieen
und Resectionen häufig und führen zu schweren Störungen im Gebrauch
der Glieder.

Um nun bei grossen Gelenkoperationen die günstigsten Aussichten
auf dauernde Heilung zu bekommen, muss, wenn es nur irgend ausführbar, als oberster Grundsatz die **vollständige Entfernung aller erkrankten
Gewebe** festgehalten werden. Die Schnitte, welche die Gelenke eröffnen,
werden gleich so angelegt, dass sie jede Ausstülpung der Kapsel, jede
Nische und Tasche unsern Augen und Instrumenten zugängig machen.
Der scharfe Löffel ist wohl zur Beseitigung der Abscessmembran und,
wenn er genügend stark ist, zur Ausräumung von Knochenhöhlen, im
allgemeinen aber nicht zur Entfernung der tuberkulös erkrankten Synovialhaut zu verwenden, da diese sich oft als so derb und fest erweist,
dass man nicht ein einziges Granulationskorn fortzuschaben vermag.
Man muss sich daher die meist sehr mühsame Arbeit nicht verdriessen
lassen, mit Schere und Pincette die ganze veränderte Gewebsmasse zu
exstirpiren. Auch die in ihrer Umgebung etwa vorhandenen, oft sehr
dicken, fibrösen und gallertigen Lagen (vgl. Seite 67 f.) thut man gut so
viel als möglich zu entfernen, um eine glatte Heilung ohne zurückbleibende Schwellung zu erreichen. Sind die fibrösen Theile der Gelenkkapsel gesund, so werden sie natürlich erhalten. Durch scharfe Haken
wird die Wunde kräftig auseinandergezogen, damit in keiner Synovial-
falte tuberkulöses Gewebe unbemerkt zurückbleibe und die Gelenkflächen
in ganzer Ausdehnung frei sichtbar zu Tage liegen, was namentlich auch

---

1) Vgl. R. Volkmann, Krankheiten der Bewegungsorgane. S. 354.

bei der Hüftgelenkspfanne von grösster Wichtigkeit ist. Sehr oft entdeckt man dann unter den Granulationen oberflächlich liegende Sequester oder Fisteln, die in die Epiphysen zu verborgenen Sequestern führen, in der Hüftpfanne ausserdem nicht selten Löcher, die mit kleinen Beckenabscessen in Zusammenhang stehen. Knochenfisteln werden breit aufgemeisselt, um alles kranke Knochengewebe gründlich zu beseitigen. Zuweilen sind dazu neue Einschnitte an andern Seiten des betreffenden Gelenks erforderlich.

Erscheinen Knorpel und Knochen der Gelenkenden völlig normal, so werden sie im allgemeinen nicht berührt, wir beschränken uns dann auf die Kapselexstirpation. Nur ausnahmsweise wird man nach einem diagnostischen Einschnitte, wenn das Gelenk selbst sich als gesund erweist, den unveränderten Knorpel fortnehmen und die Epiphyse aufmeisseln, sofern man gegründeten Verdacht auf einen hier in der Tiefe verborgenen tuberkulösen Herd hat, welcher auf andere Weise nicht zugänglich ist. Vergleiche in dieser Beziehung die Krankengeschichte Seite 115 mit der dazu gehörigen Abbildung 35. Sind aber die Gelenkknorpel abgelöst, oder erscheinen sie in einem, wenn auch nur kleinen Abschnitte verändert, so müssen sie unter allen Umständen an diesen Stellen beseitigt werden, und man gelangt dann unter ihnen nicht selten auf tuberkulös erkranktes Knochengewebe. Bleiben nach dessen Entfernung Höhlen im Knochen zurück, so schadet dies nichts; die Heilung erfolgt trotzdem ohne Störung, vorausgesetzt dass man sich auf seine antiseptischen Maassnahmen verlassen kann.

Ist unser Ziel, alles tuberkulöse Gewebe zu beseitigen, mit völliger Sicherheit erreicht, so kann man die Wunde durch die Naht schliessen und in gehöriger Weise drainiren, oder man strebt, namentlich wenn es sich um Knochenhöhlen handelt, ohne Drainage, indem man nur kleine Lücken in der Nahtlinie offen lässt, wo das überschüssige Blut seinen Abfluss findet, die Heilung unter dem feuchten Blutgerinnsel[1] an. Oft indess ist es trotz aller Mühe unmöglich, aus sämmtlichen Taschen der Gelenkhöhle oder der vorhandenen Abscesse jedes Granulationskorn herauszubefördern. Dann wird man, wenn man auf der sofortigen Anlegung der Naht beharrt, sehr häufig Recidive erleben. In solchen Fällen empfiehlt es sich durchaus, die ganze Wunde bis in alle Winkel und Buchten hinein mit **Jodoformgaze auszustopfen** und beim Verbandwechsel ebenso wieder zu verfahren und zwar entweder bis zur vollendeten Heilung oder wenigstens drei bis vier Wochen

1) Das gebräuchliche „feuchter Blutschorf" ist eine Contradictio in adjecto, da „Schorf" unserem Sprachgebrauch nach immer etwas Trockenes bezeichnet.

lang. Nach dieser Zeit kann man an der stark verkleinerten Wunde, sofern sich in ihr keine tuberkulösen Eruptionen entwickelt haben, die secundäre Naht in Anwendung ziehen. Aber auch bei Durchführung der Tamponade mit Jodoformgaze bis zur vollendeten Heilung werden die Narben meinen Erfahrungen nach durchaus nicht hässlicher und nicht wesentlich breiter, als wenn man die Wunde primär zugenäht hätte.

Ein Vortheil dieses Verfahrens beruht darin, dass die Wunde weit offen bleibt, und dass man daher im Stande ist, etwa entstehende Recidive schon in ihren Anfängen zu erkennen und sogleich gegen sie energisch einzuschreiten. Derartige, von zurückgelassenen, mit blossem Auge nicht wahrnehmbaren Gewebstheilchen oder vereinzelten Keimen herrührende Rückfälle pflegen sich nicht vor der 3. oder 4. Woche nach der Operation zu entwickeln, rascher entstehen sie, wenn es sich um ein Zurückbleiben von tuberkulösen Granulationen in erheblicherer Menge handelt. In der Regel aber kommen — und das ist der Hauptvorzug der Methode — bei dieser wochenlang durchgeführten Ausfüllung der ganzen Wundhöhle mit Jodoformgaze Recidive nicht vor. Denn einmal scheint das Jodoform wirklich eine unmittelbare antibacilläre Wirkung auszuüben; ferner aber regt die Jodoformgaze eine viel stärkere Reaction an, als sie in geschlossenen Wunden bei der Heilung per primam intentionem einzutreten pflegt, und gegenüber dieser reactiven Gewebswucherung, an welcher besonders auch die kleineren Gefässe theilnehmen, haben ja Mikroorganismen bekanntermaassen einen viel schwereren Stand, sie gehen zu Grunde. Auch aus den durch die Operation gesetzten Knochenwunden spriessen unter dem Einfluss des Jodoforms gesunde Granulationen hervor, welche Neigung zur Knochenneubildung zeigen.

Mir hat die Methode der ausgiebigen und w o c h e n l a n g f o r t g e -s e t z t e n Tamponade mit Jodoformgaze in den schwersten Fällen geradezu überraschende Ergebnisse geliefert, und ich trage kein Bedenken, sie für alle diejenigen Operationen in tuberkulösen Geweben zu empfehlen, wo wir nicht mit völliger Sicherheit alles Kranke haben entfernen können. So z. B. habe ich in zwei Fällen sehr schwerer tuberkulöser Coxitis bei Männern jenseits der fünfziger Jahre, bei denen ungewöhnlich ausgedehnte Abscessbildungen und Eitersenkungen vorhanden waren, nach der Hüftresection, Spaltung und Ausschabung der grossen Abscesse, aus deren vielfachen und verborgenen Taschen sich nicht annähernd alle tuberkulösen Granulationen hatten beseitigen lassen, die grossen Höhlen vier Wochen lang mit Jodoformgaze ausgestopft und hierauf, da die Wunden gute Granulationen zeigten, die secundäre Naht angelegt. Beide

Male trat Heilung ohne Fisteln ein, die sich auch nach 1 und 1½ Jahren noch von Bestand zeigte, obschon die Erkrankungen so ausgedehnte und schwere waren, dass man bei der Behandlung mit Naht und Drainage sicher Rückfälle zu erwarten gehabt hätte.

· Verbandwechsel und Erneuerung der Tamponade wird vorgenommen, sofern Secret in stärkerer Menge die Verbandstoffe durchtränkt, oder im Falle Temperatursteigerungen sich einstellen sollten. Erwähnenswerth scheint mir, dass man sich für diese Zwecke die Jodoformgaze, damit sie genügende Mengen des Mittels enthält, am besten selbst bereitet, indem man irgend eine Art aseptischer Gaze mit dem Pulver bestreut und dieses in den Stoff einpresst.

Bevor man die beschriebenen eingreifenden Operationen vornimmt, empfiehlt es sich in vielen Fällen, sofern der Krankheitszustand den Aufschub gestattet, die etwa vorhandenen Contracturen der Gelenke und Verkürzungen der Muskeln durch die Gewichtsextension zu beseitigen, bestehende Fisteln durch Ausschaben, Ausbrennen und anderweitige Behandlung, namentlich auch mit Jodoformgaze-Tamponade, in einen aseptischen Zustand zu versetzen.

Behandlung der Recidive.

Bei Behandlung der Rückfälle kommt es vor allem darauf an, mit neuen Eingriffen nicht lange zu zögern. Schlag auf Schlag muss man vorgehen, sobald sich irgendwo tuberkulöse Granulationen zeigen, damit die Erkrankung nicht wieder zu weit um sich greife. Der scharfe Löffel, der Thermokauter und die Ausstopfung der breit gespaltenen und ausgeschabten Gänge und Höhlen mit Jodoformgaze sind die wirksamsten Mittel. Wenig leisten der Höllensteinstift und die Einspritzungen von Jodtinctur, welche so wie so nur bei Fisteln gelegentlich Anwendung verdienen.

Billroth's neue Methode.

Billroth hat neuerdings[1] ein Verfahren zur Behandlung kalter Abscesse und tuberkulöser Caries empfohlen, welches eine Vereinigung grösserer Operationen mit der Jodoformglycerinanwendung darstellt und ihm überraschend gute Ergebnisse geliefert hat. Unter strengster Antisepsis und, wo es ausführbar, unter Blutleere wird der Abscess, indem man schichtweise die bedeckenden Weichtheile durchtrennt, in seinem

---

1) Th. Billroth, Wiener klinische Wochenschrift 1890. Nr. 11 u. 12.

längsten Durchmesser eröffnet. Mit einem grossen Bausch Jodoformgaze
oder mit Stücken von desinficirter Luffah (dem rauhen getrockneten Stütz-
gewebe eines Flaschenkürbiss) wird seine ganze Innenfläche stark aus-
gerieben, bis die gesunde, gewöhnlich sehr feste fibröse Unterlage überall
frei und rein zu Tage liegt. Konnte die Esmarch'sche Umschnürung
nicht angewandt werden, so muss man nunmehr die Blutung stillen, um
die Höhle bis in alle Buchten und Vertiefungen genau besichtigen und
mit grösster Sorgfalt alles fungöse Gewebe entfernen zu können. In die
Tiefe führende Fistelgänge wird man daran erkennen, dass an kleinen,
oft kaum erbsengrossen Stellen die fungösen Granulationen festhaften
(vgl. Seite 32), und dass nicht selten beim Druck auf die Umgebung
hier Eiter oder Detritus hervorquillt. Alle auf diese Weise entdeckten
tiefer gelegenen Krankheitsherde, namentlich auch solche in den Knochen, müssen — falls erforderlich mit Hilfe neuer Einschnitte an andern
Stellen — zugänglich gemacht und mit dem scharfen Löffel gründlich
beseitigt werden. In der Nähe der grossen Körperhöhlen und wichtiger
Organe sind diesem Vorgehen selbstverständlich oft Grenzen gezogen.

Nun wird die ganze Wundhöhle mit Sublimatlösung von 1 : 3000
ausgespült und mit Jodoformgaze fest ausgestopft, hierauf in allen Fällen,
wo Blutleere angewandt wurde, die Gummibinde gelöst. Bevor man
weitergeht, muss man des Aufhörens der Blutung sicher sein. Zu dem
Zwecke setzt man die Tamponade $^{1}/_{2}$—$^{3}/_{4}$ Stunden fort, oder man lässt
— was durchaus des Versuchs werth ist — den comprimirenden Jodo-
formgazeverband bis zum andern Tage liegen. Dann löst man die, den
durchtrennten Geweben innig anhaftende Gaze durch Spülung mit Sublimatlösung und trocknet die Wunde, bevor man in folgender Weise
weiter vorgeht.

Nachdem nämlich die Blutung gestillt ist, näht man mit völlig
keimfreier Seide — Mikroorganismen, besonders der schwer unschädlich zu machende Staphylococcus albus verhindern die beabsichtigte Primaheilung — zuerst mit Knopfnähten die gespaltenen Fascien
und Muskeln genau zusammen, darauf wird nach nochmaliger Abspü-
lung der nunmehr flachen Wunde die Haut durch fortlaufende Naht ver-
einigt. Hierbei lässt man an der vordern Fläche des operirten Körper-
theils eine grössere Oeffnung frei, in welche man das Jodoformglycerin
einfach hineingiesst. Dringt dieses trotz befördernder Manipulationen an
den umgebenden Weichtheilen nicht überall gut ein, so schiebt man ein
dickes Drain an die Stellen, in welche die Mischung nicht von selbst
einfliessen kann, und giesst sie in einen auf das Drainrohr aufgesetzten
Glastrichter oder spritzt sie hinein. Da das Mittel seiner Schwere ent-

sprechend in die Tiefe dringt, so treibt es auch etwa zurückgebliebenes
Blut an die Oberfläche und aus der Wunde hinaus.

Die Höhlen sollen nicht prall, sondern nur soweit gefüllt werden,
dass die Mischung überall in die Abscesswandungen eindringen kann;
auch darf die Hautnaht nicht zu fest angelegt sein, weil immer eine
gewisse Ausschwitzung in die Wundhöhle stattfindet, und dadurch die
Spannung vermehrt wird. Fest geschnürte Nähte schneiden dann zu
früh durch, und die Primaheilung der Haut kommt nicht zu Stande. Nur
Knochenhöhlen können ganz mit Jodoformglycerin vollgegossen werden.
Schliesslich wird der letzte Theil der Wunde durch die Naht geschlossen
und ein leichter Druckverband angelegt, der mit einer Organtinbinde
befestigt wird. An Körpertheilen, an denen die Wunde gar nicht com-
primirt werden kann, scheint das Verfahren nicht zweckmässig, weil
das Glycerin die Gefässthromben nicht recht zur Festigkeit kommen
lässt und daher leicht Nachblutungen eintreten.

Der **Verlauf** kann sich nach Billroth's Angaben in verschiedener
Weise gestalten. In den meisten Fällen folgt dem Eingriff 3—4 tägiges
Fieber, zuweilen mit ziemlich hohen Abendtemperaturen. Ist der nach der
Operation vorhandene Schmerz wie das Fieber vorübergehend, so lässt
man den Verband 2—3 Wochen liegen und findet nach seiner Abnahme
die Wunde prima geheilt. Es bedarf dann nur noch eines Schutzverbandes.
Ist bei der Operation ein tief liegender Knochenherd übersehen worden,
so bildet sich von diesem aus ein Recidiv, welches die Wiederholung
der Operation erheischt.

In andern Fällen — und diese Art des Verlaufs ist die häufigste — muss wegen stärkerer Schmerzen und heftigen Fiebers nach
3—4 Tagen der Verband abgenommen werden. Zwischen den Nähten
dringt hier und da blutiges, mit Jodoformemulsion gemischtes Serum
hervor. Man drückt es aus und legt zwischen die Nähte, welche nicht
herausgenommen zu werden brauchen, dünne Drains. Der neue Verband
bleibt je nach Schmerzen, Fieber, Durchtränkung 3—7 Tage unberührt.
Nach Aufhören der Absonderung entfernt man die Drains. In der Tiefe
ist Heilung erfolgt; aber die Hautränder klaffen theilweise oder in ganzer
Ausdehnung; Salbenverband; kleine in die Tiefe führende Fisteln werden mit Lapis geätzt und schliessen sich bald. Die Heilungsdauer ist
um 1—2 Wochen verlängert.

Bei Verhaltung von Blut oder stark blutigem Serum, während die
Haut prima verklebt ist, nehmen die Schmerzen am 2. und 3. Tage
unter heftigem Fieber erheblich zu. Trennt man an einzelnen Stellen
die Hautverklebungen, so dass das zurückgehaltene Blut aus der prall

gefüllten und schmerzhaften Wunde abfliessen kann, und drainirt, so ist noch Heilung ohne Eiterung möglich, wenn auch erst nach langsamer Entleerung, beziehungsweise Resorption des ergossenen Blutes.

War die Seide nicht ganz keimfrei, so entsteht fortschreitender Zerfall der Cutis und des Unterhautzellgewebes mit Bildung einer breiigen Masse. Dabei fehlt gelegentlich Fieber sowohl als Schmerz. Weiterem Zerfall wird durch sorgfältige Reinigung mit Sublimat, Wegschaben des weissen Breies, Betupfen mit Liquor Ferri und Glycerin ana vorgebeugt; doch die beabsichtigte Heilung per primam ist verhindert.

Sind Eiterkokken in der Höhle zurückgeblieben, so besteht dauernd hohes Fieber und heftiger Schmerz; die Wunde kommt zur Eiterung. Die Nähte müssen grösstentheils entfernt, Drains eingelegt werden. Jeden 2. Tag spritzt man reines Glycerin oder Jodoformglycerin in die Wunde; das bereitet Schmerz und Fieber. Lässt die Eiterung bald nach, und wird die Absonderung serös, so kann Heilung doch noch in 5—6 Wochen erfolgen. Besteht jedoch die Eiterung namentlich aus der Tiefe fort, so muss die ganze Operation wiederholt werden.

Die besten Aussichten auf glatte Heilung bestehen, wenn der Abscess noch unter der Fascie gelegen und die Haut vollständig unverändert ist. Zeigt er sich aber nach Durchbruch der Fascie nur von gerötheter und verdünnter Haut bedeckt, so muss womöglich dieses Stück weggeschnitten werden, um gesunde Hautränder zur Vernähung zu bekommen; trotzdem wird man hier Misserfolge erleben. Aber auch bereits geöffnete Abscesse behandelt Billroth in derselben Weise. Alle Fistelränder werden weggeschnitten und dann sämmtliche Fisteln bis auf eine, möglichst hoch gelegene und mit allen Höhlen in Verbindung stehende fest zugenäht. In diese wird mit Hilfe eines tief eingeführten Drains Jodoformglycerin eingespritzt. Gerade die schwersten, mit sehr grossen Abscessen oder zahlreichen Fisteln verbundenen Fälle liefern nach Billroth's reichen Erfahrungen die besten Ergebnisse. An vielen Gelenken kehrte nach dem Eingriff ziemlich ausgiebige glatte Beweglichkeit zurück.

Vergiftungserscheinungen sind nur sehr selten in Form von Jodoform-Melancholie und Marasmus bei alten Leuten beobachtet worden.

Die Billroth'sche Methode verdient wegen der Vorzüglichkeit und Sicherheit ihrer Erfolge in allen Fällen Beachtung, wo sie eben anwendbar ist. Doch nicht überall am Körper gestatten die anatomischen Verhältnisse ein so energisches operatives Vorgehen; und Entfernung aller tuberkulösen Gewebe — mögen sie den Weichtheilen oder Knochen angehören — ist ja Vorbedingung, ohne welche dieses neue Verfahren keine Aussicht auf Erfolg verspricht. Daher behält die ältere Methode der Punction und Auswaschung kalter Abscesse mit nachfolgender Jodoformeinspritzung ihre, wie Billroth selbst sagt, „enorme Bedeutung" für eine ganze Reihe von Fällen, namentlich für die grossen Eitersenkungen bei Wirbelcaries; allerdings ist es zuweilen, besonders wenn sich der Abscess am Rücken gebildet hat, möglich, von hier aus die erkrankten Theile der Wirbelkörper zu entfernen, indessen sind das doch ungewöhnliche Ereignisse. Auch am Halse, Thorax und Becken wird man nicht selten dem älteren Verfahren den Vorzug geben müssen.

Was die Gelenke betrifft, so wird die Billroth'sche Methode hauptsächlich bei allen jenen Erkrankungen zur Anwendung gelangen, in welchen wir den aufgestellten Indicationen entsprechend uns zu grösseren blutigen Eingriffen veranlasst sehen. Die Einspritzungen von Jodoformglycerin bleiben auch hier in geeigneten Fällen durchaus berechtigt und sind oft schon wegen der Geringfügigkeit des Eingriffs zu versuchen. Namentlich sind die mit diesem Verfahren von uns erzielten Ergebnisse auch bei phthisischen Erwachsenen als gute zu bezeichnen, während Billroth angiebt, „bei acuter und subacuter diffuser parenchymatöser Synovialtuberkulose mit und ohne serös-fibrinöse Exsudation bei Erwachsenen, die zugleich Lungenspitzendämpfung hatten, mit der neuen Methode am wenigsten ausgerichtet zu haben".

Orthopädische Operationen.

Eine Indication für grosse operative Eingriffe ist gegeben, wenn wir Gelenke, welche in falschen, winkligen Stellungen ausgeheilt sind, in eine bessere Lage bringen und dadurch das Glied brauchbarer machen wollen. Gelingt die Stellungsverbesserung nicht durch das Brisement forcé, oder erscheint dieses nicht angezeigt (vgl. Seite 179), so nehmen wir die typische Resection vor oder verfahren erforderlichen Falles so, dass wir nach Ablösung des Periosts, beziehungsweise der Kapsel einen Knochenkeil herausmeisseln oder heraussägen, dessen Basis nach der convexen Seite der Verkrümmung gerichtet ist. Andere Male genügt die einfache Knochendurchtrennung zur Geradestellung. Welche von diesen Methoden wir anwenden, hängt davon ab, ob wir ein bewegliches oder steifes Gelenk erzielen wollen, und ferner von einer Reihe von Umständen, welche für jedes einzelne Gelenk verschieden sind und daher in diesen allgemeinen Betrachtungen nicht besprochen werden können. Nicht ganz selten findet man bei solchen rein orthopädischen Operationen, welche zuweilen Jahre nachdem die Krankheit zum Stillstand gekommen ist, vorgenommen werden, in der Tiefe noch käsige Massen. Alle derartigen Ueberreste muss man auf's sorgfältigste herausbefördern, damit nicht etwa ein zurückbleibendes Theilchen die Wunde inficire und und zum Recidiv Veranlassung gebe.

Nach Resectionen und Arthrectomieen an den untern Gliedmaassen wird man, wenn die Heilung vollendet ist, zur Stütze des Gliedes die oben Seite 173 beschriebene Maschine in Anwendung ziehen. Wiederherstellung der Beweglichkeit sucht man namentlich anfangs sehr schonend zu erreichen. Man beginnt mit leichten passiven Bewegungen, mit denen active, so bald dies möglich, verbunden werden. Die Muskeln lassen sich in ihrer Ernährung und Function durch Massage und Electricität kräftigen.

Amputation.

Die Amputation, beziehungsweise Exarticulation eines Gliedes kommt in Frage, wenn das Gelenkleiden als ein so schweres erscheint, dass wir nicht mehr erwarten können, mit Hilfe der Resection und Exstirpation aller tuberkulösen Gewebe Heilung zu erreichen. Dass diese Indication eine sehr unsichere ist, liegt auf der Hand; das Alter und der Kräftezustand des Kranken fallen hier ganz ausserordentlich stark in's Gewicht. Bei Kindern nöthigt die Schwere des Uebels allein ungemein selten zur Amputation; je älter der Kranke, um so eher werden wir uns einmal zu dem verstümmelnden Eingriff entschliessen müssen. Indessen haben wir bei Leuten jenseits der 40er Jahre, namentlich am Kniegelenk, mit Hilfe wochenlang fortgesetzter Ausstopfung der ganzen Wunde mit Jodoformgaze Erkrankungen durch Resection oder Arthrectomie zur vollständigen und dauernden Heilung gebracht, bei denen diese Operation nur als letzter Versuch vor der Amputation unternommen worden war. In diesen schweren Fällen macht man am besten zunächst eine diagnostische Incision in das Gelenk und zwar mit einer Schnittführung, welche jeden weiteren örtlichen Eingriff gestattet. Finden sich dann so bedeutende Veränderungen, dass man auf Heilung nicht rechnen kann, so amputirt man sofort, und der Kranke wird bei unsern heutigen Methoden weder einen Tropfen Blut mehr verlieren, noch auch sonst wie in Gefahr gebracht werden. Namentlich muss man die Beschaffenheit der das Gelenk umgebenden Weichtheile in Betracht ziehen. Weitreichende Unterwühlungen durch Abscesse und fungöse Granulationen, ausgedehnte Zerstörungen der Haut erheischen eher die Amputation als cariöse Verschwärungen der knöchernen Gelenkenden.

Anders liegen die Verhältnisse, wenn schon amyloide Entartung der innern Organe und Albuminurie sich hinzugesellt haben, wenn gleichzeitig Lungentuberkulose besteht oder noch anderweitige tuberkulöse Erkrankungsherde in Knochen und Gelenken bei demselben Kranken vorhanden sind. Dann wird man sich schon eher, gelegentlich auch bei Kindern einmal zur Amputation entschliessen, weil man den Kranken möglichst rasch von einem Herde zu befreien wünscht, welcher den verderblichsten Einfluss auf den ganzen Ernährungszustand ausübt. Wenn in tuberkulösen Gelenken secundär schwere septische Processe zur Entwickelung kommen, so wird man im allgemeinen, namentlich bei Erkrankungen des Handgelenks und der Fussgelenke der Amputation den Vorzug vor der Resection geben.

Kann man die Absetzung des Gliedes in völlig gesunden Theilen vornehmen, so sehen wir selbst bei Leuten mit weit vorgeschrittener Lungentuberkulose keine Recidive am Stumpf auftreten. Vielmehr heilen diese Wunden in gewohnter Weise prima intentione, sofern man aseptisch verfährt. Der Eingriff wird daher auch von stark heruntergekommenen Kranken ertragen. Man muss aber mit grösster Sorgfalt darauf achten, dass keine Fistel und auch kein noch so kleiner Rest tuberkulöser Granulationen in den Weichtheilen zurückbleibt. Oft wird man überrascht sein, wie schnell nach Heilung der Wunde selbst auf's äusserste abgemagerte Kranke sich erholen.

--- ---

Koch's Heilmittel gegen Tuberkulose.

Als der Druck des Buches schon abgeschlossen war, erschienen R. Koch's „Weitere Mittheilungen über ein Heilmittel gegen Tuberkulose".[1] Ich gebe unter Fortlassung weniger Abschnitte den ganzen Wortlaut wieder und erlaube mir nur einzelne für unser Thema besonders wichtige Stellen durch den Druck hervorzuheben.

„Das Mittel besteht aus einer bräunlichen klaren Flüssigkeit, welche an und für sich, also ohne besondere Vorsichtsmaassregeln, haltbar ist. Für den Gebrauch muss diese Flüssigkeit aber mehr oder weniger verdünnt werden, und die Verdünnungen sind, wenn sie mit destillirtem Wasser hergestellt werden, zersetzlich; es entwickeln sich darin sehr

---

1) R. Koch, Deutsche medicinische Wochenschrift. Extra-Ausgabe Nr. 46a vom 13. November 1890.

bald Bacterienvegetationen, sie werden trübe und sind dann nicht mehr
zu gebrauchen. Um dies zu verhüten, müssen die Verdünnungen durch
Hitze sterilisirt und unter Watteverschluss aufbewahrt, oder, was bequemer ist, mit 0,5 % Phenollösung hergestellt werden. Durch öfteres
Erhitzen sowohl, als durch die Mischung mit Phenollösung scheint aber
die Wirkung nach einiger Zeit, namentlich in stark verdünnten Lösungen,
beeinträchtigt zu werden, und ich habe mich deswegen immer möglichst
frisch hergestellter Lösungen bedient.

Vom Magen aus wirkt das Mittel nicht; um eine zuverlässige Wirkung zu erzielen, muss es subcutan beigebracht werden. Wir haben bei
unseren Versuchen zu diesem Zwecke ausschliesslich die von mir für
bacteriologische Arbeiten angegebene Spritze benutzt, welche mit einem
kleinen Gummiballon versehen ist und keinen Stempel hat. Eine solche
Spritze lässt sich leicht und sicher durch Ausspülen mit absolutem Alkohol aseptisch erhalten, und wir schreiben es diesem Umstande zu, dass
bei mehr als tausend subcutanen Injectionen nicht ein einziger Abscess
entstanden ist.

Als Applicationsstelle wählten wir, nach einigen Versuchen mit anderen Stellen, die Rückenhaut zwischen den Schulterblättern und in der
Lendengegend, weil die Injection an diesen Stellen am wenigsten, in
der Regel sogar überhaupt keine örtliche Reaction zeigte und fast schmerzlos war.

Was nun **die Wirkung des Mittels auf den Menschen** anlangt, so
stellte sich gleich beim Beginn der Versuche heraus, dass in einem sehr
wichtigen Punkte der Mensch sich dem Mittel gegenüber wesentlich anders
verhält als das gewöhnlich benutzte Versuchsthier, das Meerschweinchen.
Also wiederum eine Bestätigung der gar nicht genug einzuschärfenden
Regel für den Experimentator, dass man nicht ohne weiteres vom Thier-
experiment auf das gleiche Verhalten beim Menschen schliessen soll.

Der Mensch erwies sich nämlich ausserordentlich viel empfindlicher
für die Wirkung des Mittels als das Meerschweinchen. Einem gesunden
Meerschweinchen kann man bis zu 2 ccm und selbst mehr von der un-
verdünnten Flüssigkeit subcutan injiciren, ohne dass dasselbe dadurch
merklich beeinträchtigt wird. Bei einem gesunden erwachsenen Menschen genügt dagegen 0,25 ccm, um eine intensive Wirkung hervorzu-
bringen. Auf Körpergewicht berechnet ist also $\frac{1}{1500}$ von der Menge,
welche beim Meerschweinchen noch keine merkliche Wirkung hervor-
bringt, für den Menschen sehr stark wirkend.

Die Symptome, welche nach der Injection von 0,25 ccm beim Menschen entstehen, habe ich an mir selbst nach einer am Oberarm gemachten

Injection erfahren; sie waren in Kürze folgende: 3—4 Stunden nach der
Injection Ziehen in den Gliedern, Mattigkeit, Neigung zum Husten, Athem-
beschwerden, welche sich schnell steigerten; in der fünften Stunde trat
ein ungewöhnlich heftiger Schüttelfrost ein, welcher fast 1 Stunde an-
dauerte; zugleich Uebelkeit, Erbrechen, Ansteigen der Körpertemperatur
bis zu 39,6°; nach etwa 12 Stunden liessen sämmtliche Beschwerden
nach, die Temperatur sank und erreichte bis zum nächsten Tage wieder
die normale Höhe; Schwere in den Gliedern und Mattigkeit hielten noch
einige Tage an, ebenso lange Zeit blieb die Injectionsstelle ein wenig
schmerzhaft und geröthet.

Die untere Grenze der Wirkung des Mittels liegt für den gesunden
Menschen ungefähr bei 0,01 ccm (gleich einem Cubikcentimeter der hun-
dertfachen Verdünnung), wie zahlreiche Versuche ergeben haben. Die
meisten Menschen reagirten auf diese Dosis nur noch mit leichten Gliederschmerzen und bald vorübergehender Mattigkeit. Bei einigen trat ausserdem noch eine leichte Temperatursteigerung ein bis zu 38° oder wenig
darüber hinaus.

Wenn in Bezug auf die Dosis des Mittels (auf Körpergewicht berechnet) zwischen Versuchsthier und Mensch ein ganz bedeutender Unterschied besteht, so zeigt sich doch in einigen anderen Eigenschaften wieder
eine ziemlich gute Uebereinstimmung.

Die wichtigste dieser Eigenschaften ist die specifische **Wirkung des
Mittels auf tuberkulöse Processe, welcher Art sie auch sein mögen.**

Das Verhalten des Versuchsthiers in dieser Beziehung will ich, da
dies zu weit führen würde, hier nicht weiter schildern, sondern mich sofort dem höchst merkwürdigen Verhalten des tuberkulösen Menschen
zuwenden.

Der gesunde Mensch reagirt, wie wir gesehen haben, auf 0,01 ccm
gar nicht mehr oder in unbedeutender Weise. Ganz dasselbe gilt auch,
wie vielfache Versuche gezeigt haben, für kranke Menschen, vorausgesetzt, dass sie nicht tuberkulös sind. Aber ganz anders gestalten sich
die Verhältnisse bei Tuberkulösen; wenn man diesen dieselbe Dosis des
Mittels (0,01 ccm) injicirt [1]), dann tritt sowohl eine starke allgemeine, als
auch eine örtliche Reaction ein.

Die a l l g e m e i n e   R e a c t i o n besteht in einem Fieberanfall, welcher,
meistens mit einem Schüttelfrost beginnend, die Körpertemperatur über
39°, oft bis 40 und selbst 41° steigert; daneben bestehen Gliederschmerzen,

---

1) Kindern im Alter von 3—5 Jahren haben wir ein Zehntel dieser Dosis, also
0,001, sehr schwächlichen Kindern nur 0,0005 ccm gegeben und damit eine kräftige,
aber nicht besorgnisserregende Reaction erhalten.

Hustenreiz, grosse Mattigkeit, öfters Uebelkeit und Erbrechen. Einige Male wurde eine leichte icterische Färbung, in einigen Fällen auch das Auftreten eines masernartigen Exanthems an Brust und Hals beobachtet. Der Anfall beginnt in der Regel 4—5 Stunden nach der Injection und dauert 12—15 Stunden. Ausnahmsweise kann er auch später auftreten und verläuft dann mit geringerer Intensität. Die Kranken werden von dem Anfall auffallend wenig angegriffen und fühlen sich, sobald er vorüber ist, verhältnissmässig wohl, gewöhnlich sogar besser wie vor demselben.

Die örtliche Reaction kann am besten an solchen Kranken beobachtet werden, deren tuberkulöse Affektion sichtbar zu Tage liegt, also z. B. bei Lupuskranken. Bei diesen treten Veränderungen ein, welche die specifisch antituberkulöse Wirkung des Mittels in einer ganz überraschenden Weise erkennen lassen. Einige Stunden nachdem die Injection unter die Rückenhaut, also an einem von den erkrankten Hauttheilen im Gesicht u. s. w. ganz entfernten Punkte gemacht ist, fangen die lupösen Stellen, und zwar gewöhnlich schon vor Beginn des Frostanfalls an zu schwellen und sich zu röthen. Während des Fiebers nimmt Schwellung und Röthung immer mehr zu und kann schliesslich einen ganz bedeutenden Grad erreichen, so dass das Lupusgewebe stellenweise braunroth und nekrotisch wird. An schärfer abgegrenzten Lupusherden war öfters die stark geschwollene und braunroth gefärbte Stelle von einem weisslichen, fast einen Centimeter breiten Saum eingefasst, der seinerseits wieder von einem breiten lebhaft gerötheten Hof umgeben war. Nach Abfall des Fiebers nimmt die Anschwellung der lupösen Stellen allmählich wieder ab, so dass sie nach 2—3 Tagen verschwunden sein kann. Die Lupusherde selbst haben sich mit Krusten von aussickerndem und an der Luft vertrocknetem Serum bedeckt, sie verwandeln sich in Borken, welche nach 2—3 Wochen abfallen und mitunter schon nach einmaliger Injection des Mittels eine glatte rothe Narbe hinterlassen. Gewöhnlich bedarf es aber mehrerer Injectionen zur vollständigen Beseitigung des lupösen Gewebes, doch davon später. Als besonders wichtig bei diesem Vorgange muss noch hervorgehoben werden, dass die geschilderten Veränderungen sich durchaus auf die lupös erkrankten Hautstellen beschränken; selbst die kleinsten und unscheinbarsten im Narbengewebe versteckten Knötchen machen den Process durch und werden infolge der Anschwellung und Farbenveränderung sichtbar, während das eigentliche Narbengewebe, in welchem die lupösen Veränderungen gänzlich abgelaufen sind, unverändert bleibt.

Die Beobachtung eines mit dem Mittel behandelten Lupuskranken ist so instructiv und muss zugleich so überzeugend in Bezug auf die specifische Natur des Mittels wirken, dass jeder, der sich mit dem Mittel beschäftigen will, seine Versuche, wenn es irgend zu ermöglichen ist, mit Lupösen beginnen sollte.

Weniger frappant, aber immer noch für Auge und Gefühl wahrnehmbar, sind die örtlichen Reactionen bei Tuberkulose der Lymphdrüsen, der Knochen und Gelenke u. s. w., bei welchen Anschwellung, vermehrte Schmerzhaftigkeit, bei oberflächlich gelegenen Theilen auch Röthung sich bemerklich machen.

Die Reaction in den inneren Organen, namentlich in den Lungen, entzieht sich dagegen der Beobachtung, wenn man nicht etwa vermehrten Husten und Auswurf der Lungenkranken nach den ersten Injectionen auf eine örtliche Reaction beziehen will. In derartigen Fällen dominirt die allgemeine Reaction. Gleichwohl muss man annehmen, dass auch hier sich gleiche Veränderungen vollziehen, wie sie beim Lupus direct beobachtet werden.

Die geschilderten Reactionserscheinungen sind, wenn irgend ein tuberkulöser Process im Körper vorhanden war, auf die Dosis von 0,01 ccm in den bisherigen Versuchen ausnahmslos eingetreten, und ich glaube deswegen nicht zu weit zu gehen, wenn ich annehme, dass das Mittel in Zukunft ein unentbehrliches diagnostisches Hilfsmittel bilden wird. Man wird damit im Stande sein, zweifelhafte Fälle von beginnender Phthisis selbst dann noch zu diagnosticiren, wenn es nicht gelingt, durch den Befund von Bacillen oder elastischen Fasern im Sputum oder durch die physikalische Untersuchung eine sichere Auskunft über die Natur des Leidens zu erhalten. Drüsenaffectionen, versteckte Knochentuberkulose, zweifelhafte Hauttuberkulose und dergleichen werden leicht und sicher als solche zu erkennen sein. In scheinbar abgelaufenen Fällen von Lungen- und Gelenktuberkulose wird sich feststellen lassen, ob der Krankheitsprocess in Wirklichkeit schon seinen Abschluss gefunden hat, und ob nicht doch noch einzelne Herde vorhanden sind, von denen aus die Krankheit, wie von einem unter der Asche glimmenden Funken, später von neuem um sich greifen könnte.

Sehr viel wichtiger aber als die Bedeutung, welche das Mittel für diagnostische Zwecke hat, ist seine Heilwirkung.

Bei der Beschreibung der Veränderungen, welche eine subcutane Injection des Mittels auf lupös veränderte Hautstellen hervorruft, wurde bereits erwähnt, dass nach Abnahme der Schwellung und Röthung das Lupusgewebe nicht seinen ursprünglichen Zustand wieder einnimmt, sondern dass es mehr oder weniger zerstört wird und verschwindet. An

einzelnen Stellen geht dies, wie der Augenschein lehrt, in der Weise vor
sich, dass das kranke Gewebe schon nach einer ausreichenden Injection
unmittelbar abstirbt und als todte Masse später abgestossen wird. An
anderen Stellen scheint mehr ein Schwund oder eine Art von Schmelzung
des Gewebes einzutreten, welche, um vollständig zu werden, wiederholter
Einwirkung des Mittels bedarf. In welcher Weise dieser Vorgang sich
vollzieht, lässt sich augenblicklich noch nicht mit Bestimmtheit sagen,
da es an den erforderlichen histologischen Untersuchungen fehlt. Nur
so viel steht fest, dass es sich nicht um eine Abtödtung der im Gewebe
befindlichen Tuberkelbacillen handelt, sondern dass nur das Gewebe,
welches die Tuberkelbacillen einschliesst, von der Wirkung des Mittels
getroffen wird. In diesem treten, wie die sichtbare Schwellung und
Röthung zeigt, erhebliche Circulationsstörungen und damit offenbar tief-
greifende Veränderungen in der Ernährung ein, welche das Gewebe je
nach der Art und Weise, in welcher man das Mittel wirken lässt, mehr
oder weniger schnell und tief zum Absterben bringen.

Das Mittel tödtet also, um es noch einmal kurz zu wiederholen,
nicht die Tuberkelbacillen, sondern das tuberkulöse Gewebe. Damit ist
aber auch sofort ganz bestimmt die Grenze bezeichnet, bis zu welcher
die Wirkung des Mittels sich zu erstrecken vermag. Es ist nur im Stande,
lebendes tuberkulöses Gewebe zu beeinflussen; auf bereits todtes,
z. B. abgestorbene käsige Massen, nekrotische Knochen
u. s. w., wirkt es nicht; ebensowenig auch auf das durch das Mittel
selbst bereits zum Absterben gebrachte Gewebe. In solchen todten Gewebsmassen können dann immerhin noch lebende Tuberkelbacillen lagern,
welche entweder mit dem nekrotischen Gewebe ausgestossen werden,
möglicherweise aber auch unter besonderen Verhältnissen in das benachbarte noch lebende Gewebe wieder eindringen könnten.

Gerade diese Eigenschaft des Mittels ist sorgfältig zu beachten, wenn
man die Heilwirkung desselben richtig ausnutzen will. Es muss also
zunächst das noch lebende tuberkulöse Gewebe zum Absterben gebracht
und dann alles aufgeboten werden, um das todte sobald als möglich,
z. B. durch chirurgische Nachhilfe, zu entfernen; da aber, wo dies nicht
möglich ist und nur durch Selbsthilfe des Organismus die Aussonderung
langsam vor sich gehen kann, muss zugleich durch fortgesetzte Anwendung des Mittels das gefährdete lebende Gewebe vor dem Wiederein-
wandern der Parasiten geschützt werden.

Daraus, dass das Mittel das tuberkulöse Gewebe zum Absterben
bringt und nur auf das lebende Gewebe wirkt, lässt sich ungezwungen
noch ein anderes, höchst eigenthümliches Verhalten des Mittels erklären,

dass es nämlich in sehr schnell gesteigerten Dosen gegeben werden kann. Zunächst könnte diese Erscheinung als auf Angewöhnung beruhend gedeutet werden. Wenn man aber erfährt, dass die Steigerung der Dosis im Laufe von etwa drei Wochen bis auf das 500fache der Anfangsdosis getrieben werden kann, dann lässt sich dies wohl nicht mehr als Angewöhnung auffassen, da es an jedem Analogon von so weitgehender und so schneller Anpassung an ein starkwirkendes Mittel fehlt.

Man wird sich diese Erscheinung vielmehr so zu erklären haben, dass anfangs viel tuberkulöses lebendes Gewebe vorhanden ist, und dem entsprechend eine geringe Menge der wirksamen Substanz ausreicht, um eine starke Reaction zu veranlassen; durch jede Injection wird aber eine gewisse Menge reactionsfähigen Gewebes zum Schwinden gebracht, und es bedarf dann verhältnissmässig immer grösserer Dosen, um denselben Grad von Reaction wie früher zu erzielen. Daneben her mag auch innerhalb gewisser Grenzen eine Angewöhnung sich geltend machen. Sobald der Tuberkulöse so weit mit steigenden Dosen behandelt ist, dass er nur noch ebensowenig reagirt, wie ein Nichttuberkulöser, dann darf man wohl annehmen, dass alles reactionsfähige tuberkulöse Gewebe getödtet ist. Man wird alsdann nur noch, um den Kranken, so lange noch Bacillen im Körper vorhanden sind, vor einer neuen Infection zu schützen, mit langsam steigenden Dosen und mit Unterbrechungen die Behandlung fortzusetzen haben.

Ob diese Auffassung und die sich daran knüpfenden Folgerungen richtig sind, das wird die Zukunft lehren müssen. Vorläufig sind sie für mich maassgebend gewesen, um danach die **Art und Weise der Anwendung des Mittels** zu construiren, welche sich bei unseren Versuchen folgendermaassen gestaltete:

Um wieder mit dem einfachsten Falle, nämlich mit dem Lupus, zu beginnen, so haben wir fast bei allen derartigen Kranken von vornherein die volle Dosis von 0,01 ccm injicirt, dann die Reaction vollständig ablaufen lassen und nach 1—2 Wochen wieder 0,01 ccm gegeben, so fortfahrend, bis die Reaction immer schwächer wurde und schliesslich aufhörte. Bei zwei Kranken mit Gesichtslupus sind in dieser Weise durch drei bezw. vier Injectionen die lupösen Stellen zur glatten Vernarbung gebracht, die übrigen Lupuskranken sind der Dauer der Behandlung entsprechend gebessert. Alle diese Kranken haben ihr Leiden schon viele Jahre getragen und sind vorher in der verschiedensten Weise erfolglos behandelt.

Ganz ähnlich wurden **Drüsen-, Knochen- und Gelenktuberkulose** behandelt, indem ebenfalls grosse Dosen mit längeren Unterbrechungen zur Anwendung kamen. Der Erfolg war der gleiche wie

14*

bei Lupus; schnelle Heilung in frischen und leichteren Fällen, langsam fortschreitende Besserung bei den schweren Fällen.

Etwas anders gestalteten sich die Verhältnisse bei der Hauptmasse unserer Kranken, bei den Phthisikern. Kranke mit ausgesprochener Lungentuberkulose sind nämlich gegen das Mittel weit empfindlicher als die mit chirurgischen tuberkulösen Affectionen behafteten. Wir mussten die für Phthisiker anfänglich zu hoch bemessene Dosis von 0,01 ccm sehr bald herabsetzen und fanden, dass Phthisiker fast regelmässig noch auf 0,002 und selbst 0,001 ccm stark reagirten, dass man aber von dieser niedrigen Anfangsdosis mehr oder weniger schnell zu denselben Mengen aufsteigen kann, welche auch von den anderen Kranken gut ertragen werden. Wir verfuhren in der Regel so, dass der Phthisiker zuerst 0,001 ccm injicirt erhielt, und dass, wenn Temperaturerhöhung danach eintrat, dieselbe Dosis so lange täglich einmal wiederholt wurde, bis keine Reaction mehr erfolgte; erst dann wurde auf 0,002 gestiegen, bis auch diese Menge reactionslos vertragen wurde, und so fort immer um 0,001 oder höchstens 0,002 steigend bis zu 0,01 und darüber hinaus. Dieses milde Verfahren schien mir namentlich bei solchen Kranken geboten, deren Kräftezustand ein geringer war. Wenn man in der geschilderten Weise vorgeht, lässt es sich leicht erreichen, dass ein Kranker fast ohne Fiebertemperatur und für ihn fast unmerklich auf sehr hohe Dosen des Mittels gebracht werden kann. Einige noch einigermaassen kräftige Phthisiker wurden aber auch theils von vornherein mit grossen Dosen, theils mit forcirter Steigerung in der Dosirung behandelt, wobei es den Anschein hatte, als ob der günstige Erfolg entsprechend schneller eintrat. Die Wirkung des Mittels äusserte sich bei den Phthisikern im allgemeinen so, dass Husten und Auswurf nach den ersten Injectionen gewöhnlich etwas zunahmen, dann aber mehr und mehr geringer wurden, um in den günstigsten Fällen schliesslich ganz zu verschwinden; auch verlor der Auswurf seine eitrige Beschaffenheit, er wurde schleimig. Die Zahl der Bacillen (es sind nur solche Kranke zum Versuch gewählt, welche Bacillen im Auswurf hatten) nahm gewöhnlich erst dann ab, wenn der Auswurf schleimiges Aussehen bekommen hatte. Sie verschwanden dann zeitweilig ganz, wurden aber von Zeit zu Zeit wieder angetroffen, bis der Auswurf vollständig wegblieb. Gleichzeitig hörten die Nachtschweisse auf, das Aussehen besserte sich, und die Kranken nahmen an Gewicht zu. Die im Anfangsstadium der Phthisis behandelten Kranken sind sämmtlich im Laufe von 4—6 Wochen von allen Krankheitssymptomen befreit, so dass man sie als geheilt ansehen konnte. Auch Kranke mit nicht zu grossen Cavernen sind bedeutend gebessert und nahezu geheilt. Nur bei solchen Phthisikern, deren Lungen viele und grosse Cavernen enthielten, war, obwohl der Auswurf auch bei ihnen abnahm, und das subjective Befinden sich besserte, doch keine objective Besserung wahrzunehmen. Nach diesen Erfahrungen möchte ich annehmen, dass beginnende Phthisis durch das Mittel mit Sicherheit zu heilen ist.[1] Theilweise mag dies auch noch für die nicht zu weit vorgeschrittenen Fälle gelten.

Aber Phthisiker mit grossen Cavernen, bei denen wohl meistens Complicationen, z. B. durch das Eindringen von anderen eitererregenden Mikroorganismen in die Cavernen, durch nicht mehr zu beseitigende pathologische Veränderungen in anderen Organen u. s. w. bestehen, werden wohl nur ausnahmsweise einen dauernden Nutzen von der Anwendung des Mittels haben. Vorübergehend gebessert wurden indessen auch derartige Kranke in den meisten Fällen. Man muss daraus schliessen, dass auch bei ihnen der ursprüngliche Krankheitsprocess, die Tuberkulose, durch das Mittel in derselben Weise beeinflusst wird, wie bei den übrigen Kranken, und dass es gewöhnlich nur an der Möglichkeit fehlt, die abgetödteten Gewebsmassen nebst den secundären Eiterungsprocessen zu beseitigen. Unwillkürlich wird da der Gedanke wachgerufen, ob nicht doch noch manchen von diesen Schwerkranken durch Combination des neuen Heilverfahrens mit chirurgischen Eingriffen (nach Art der Empyemoperation), oder mit anderen Heilfactoren zu helfen sein sollte. Ueberhaupt möchte ich dringend davon abrathen, das Mittel etwa in schematischer Weise und ohne Unterschied bei allen Tuberkulösen anzuwenden. Am einfachsten wird sich voraussichtlich die Behandlung bei beginnender Phthise und bei einfachen chirurgischen Affectionen gestalten, aber bei allen anderen Formen der Tuberkulose sollte man die ärztliche Kunst in ihre vollen Rechte treten lassen, indem sorgfältig individualisirt wird und alle anderen Hilfsmittel herangezogen werden, um die Wirkung des Mittels zu unterstützen. In vielen Fällen habe ich den entschiedenen Eindruck gehabt, als ob die Pflege, welche den Kranken zu Theil wurde, auf die Heilwirkung von nicht unerheblichem Einfluss war, und ich möchte deswegen der Anwendung des Mittels in geeigneten Anstalten,

---

1) Dieser Ausspruch bedarf allerdings noch insofern einer Einschränkung, als augenblicklich noch keine abschliessenden Erfahrungen darüber vorliegen und auch noch nicht vorliegen können, ob die Heilung eine definitive ist. Recidive sind selbstverständlich noch nicht ausgeschlossen. Doch ist wohl anzunehmen, dass dieselben ebenso leicht und schnell zu beseitigen sein werden, wie der erste Anfall.

Andererseits wäre es aber auch möglich, dass nach Analogie mit anderen Infectionskrankheiten die einmal Geheilten dauernd immun werden. Auch dies muss bis auf weiteres als eine offene Frage angesehen werden.

in welchen eine sorgfältige Beobachtung der Kranken und die erforderliche Pflege derselben am besten durchzuführen ist, vor der ambulanten oder Hausbehandlung den Vorzug geben. Inwieweit die bisher als nützlich erkannten Behandlungsmethoden, die Anwendung des Gebirgsklimas, die Freiluftbehandlung, specifische Ernährung u. s. w. mit dem neuen Verfahren vortheilhaft combinirt werden können, lässt sich augenblicklich noch nicht absehen; aber ich glaube, dass auch diese Heilfactoren in sehr vielen Fällen, namentlich in den vernachlässigten und schweren Fällen, ferner im Reconvalescenzstadium im Verein mit dem neuen Verfahren von bedeutendem Nutzen sein werden.[1])

Der Schwerpunkt des neuen Heilverfahrens liegt, wie gesagt, in der möglichst frühzeitigen Anwendung. Das Anfangsstadium der Phthise soll das eigentliche Object der Behandlung sein, weil sie diesem gegenüber ihre Wirkung voll und ganz entfalten kann. . . . . . . In zweifelhaften Fällen sollte sich der Arzt durch eine Probeinjection die Gewissheit über das Vorhandensein oder Fehlen der Tuberkulose verschaffen.

Dann erst wird das neue Heilverfahren zu einem wahren Segen für die leidende Menschheit geworden sein, wenn es dahin gekommen ist, dass möglichst alle Fälle von Tuberkulose frühzeitig in Behandlung genommen werden, und es gar nicht mehr zur Ausbildung der vernachlässigten schweren Formen kommt, welche die unerschöpfliche Quelle für immer neue Infectionen bisher gebildet haben."

Von den bisher über das Koch'sche Heilverfahren vorliegenden Mittheilungen enthalten einige[2]) nähere Angaben über die Wirkungen des Mittels auf Knochen- und Gelenkerkrankungen. Namentlich den Ausführungen E. v. Bergmann's möchte ich entnehmen, dass die Einspritzungen so lange fortgesetzt werden müssen, bis irgend welche fieberhafte Reaction und dem entsprechend örtliche Wirkungen, wie Schwellung, Entzündung, Schmerzhaftigkeit der erkrankten Körpertheile nicht mehr auftreten. Weitere Erfahrungen müssen erst feststellen, ob es zweckmässiger ist, die Einspritzungen in rascher Reihenfolge hinter einander oder jedes Mal nach längerer Pause vorzunehmen. Ebenso wird erst die gründliche und lange Zeit fortgesetzte Beobachtung zahlreicher Kranken ein Urtheil darüber ermöglichen, von welchem Zeitpunkt an wir von endgiltiger Heilung zu sprechen berechtigt sind, und bei welchen Fällen von Knochen- und Gelenktuberkulose wir mit Hoffnung auf Er-

---

1) In Bezug auf Gehirn-, Kehlkopfs- und Miliartuberkulose stand uns zu wenig Material zu Gebote, um darüber Erfahrungen sammeln zu können.

2) E. von Bergmann, R. Köhler und Westphal, Levy in der Deutschen medicinischen Wochenschrift Nr. 47. 1890.

folg das neue Verfahren werden anwenden können. Jedenfalls scheinen dabei tuberkulöse Abscesse, namentlich solche älterer Herkunft, sich nur wenig oder selbst gar nicht zu verändern. Bei frischen und leichteren Gelenkerkrankungen ist dagegen festgestellt worden, dass im Laufe der Behandlung die Schmerzhaftigkeit schwindet, die Beweglichkeit freier wird und Schwellung schliesslich kaum noch nachweisbar ist. Köhler und Westphal haben ferner bei Spina ventosa nach einer Einspritzung das erkrankte Glied abschwellen und die bisher völlig aufgehobene Beweglichkeit des anstossenden Gelenks wiederkehren sehen.

Das neue Mittel veranlasst in den tuberkulös erkrankten Geweben Rückbildungsvorgänge. Die Stoffe des Zerfalls können aus geschlossenen Organen, wie Gelenken und Knochen, wohl nur auf dem Wege der Lymphbahnen fortgeschafft werden. Hat ja auch v. Bergmann beobachtet, dass bei Gesichtslupus nach der Einspritzung sich die Lymphgefässe stark erweiterten und entzündeten: „ein fingerbreiter, in seiner Peripherie allmählich erblassender rother Streif zog sich von der Wange zum Angulus mandibulae in mehreren Windungen hinab und setzte sich hier bis zu einer geschwollenen Lymphdrüse der Regio submaxillaris fort, offenbar entsprechend den Lymphbahnen von der lupösen Stelle bis zur zugehörigen Gruppe der nächsten Lymphdrüsen."

Als diagnostisches Hilfsmittel leistet das Koch'sche Verfahren geradezu erstaunliches. Vereinzelte Lupusknötchen, die mitten in alten Narben gelegen, dem Beobachter verborgen blieben, traten nach der Einspritzung deutlich hervor, weil eben alles tuberkulöse Gewebe im Körper, wo immer es seinen Sitz haben möge, von dem Mittel in so überraschender Weise beeinflusst wird. Somit haben wir, wenn wir schwanken, ob ein tuberkulöses Knochen- oder Gelenkleiden ausgeheilt sei oder nicht, ein unfehlbares Mittel in der Hand, diese oft so wichtige Frage zu entscheiden. Allerdings kann nach den Erfahrungen Köhler's und Westphal's das Mittel gelegentlich auch bei nicht Tuberkulösen allgemeine Erscheinungen hervorrufen, niemals aber lässt sich dann an irgend einer Stelle eine örtliche Wirkung beobachten. In gleicher Weise werden wir in Fällen, wo die Differentialdiagnose andern Erkrankungen gegenüber nicht mit Sicherheit gestellt werden kann, durch eine einzige Einspritzung jeden Zweifel beheben; denn eben nur im tuberkulösen Gewebe treten die Veränderungen mit den sie begleitenden Allgemeinerscheinungen auf, nicht in gesunden Organen, ebensowenig in den specifischen Bildungen anderer Krankheiten.

Alphabetisches Verzeichniss.

TAFEL I.*)

TAFEL I.

Phot. 1. Tuberkulose der menschlichen Synovialmembran,

aus dem Kniegelenk eines 25jährigen Mannes stammend.

Vergrösserung: 14.

Objectiv: Zeiss Aplanat 75 mm.

Querschnitt der Synovialhaut, deren freie Gelenkfläche im Photogramm oben liegt.

a,a. Zahlreiche Tuberkel mit Riesenzellen, im ganzen Gewebe bis dicht unter die Oberfläche der Synovialis verstreut.

b. Tuberkelconglomerat.

c. Grössere verkäste Stelle, die bei

d. bis zur Oberfläche der Synovialis reicht. Hier muss mithin beim Zerfall ein frei liegendes Geschwür entstehen.

Phot. 2. Einzelne Tuberkel in der menschlichen Synovialmembran.

Vergrösserung: 70.

Objectiv: Zeiss Apochromat 16.0 mm, 0.30 Apertur. Projections-Ocular 2.

Grosse kernreiche Riesenzellen inmitten der ziemlich scharf abgegrenzten Tuberkel. In deren Umgebung ist das Gewebe stark mit Rundzellen durchsetzt.

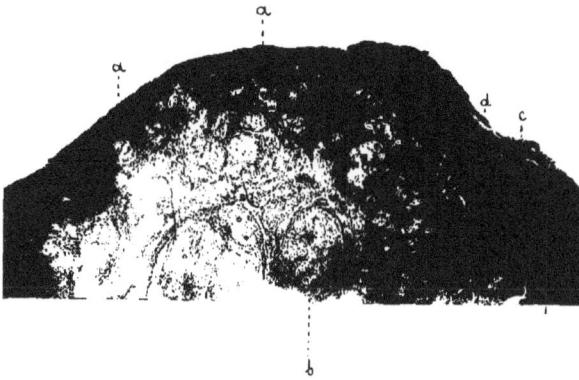

Phot. 1.

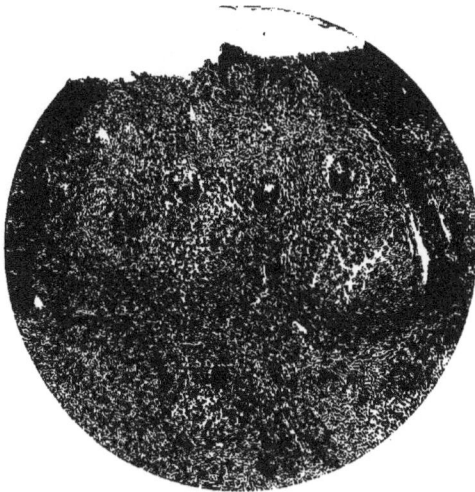

Phot. 2.

Fedor Krause photogr.   Crayondruck von J. B. Obernetter in München.

Verlag von F. C. W. Vogel in Leipzig.

TAFEL II.

TAFEL II.

Phot. 3. Keilförmiger Knochenherd beim Menschen,

aus dem Oberarmkopf eines 40jährigen Mannes, mit seiner Basis (im Photogramm oben) frei an der knorpelberaubten Gelenkfläche liegend.

Vergrösserung: 4 ½.

Objectiv: Zeiss Aplanat 75 mm.

a,a. Gesundes Knochengewebe in der Umgebung des Keilherdes.

b,b. In diesem selbst Verkäsung weit vorgeschritten. Nur an der Grenze zum gesunden Knochen deutlich wahrnehmbare Tuberkel mit Riesenzellen, welche auch bei dieser schwachen Vergrösserung, namentlich unter Lupenbenutzung, erkennbar sind, so bei c.

Phot. 4. Knochentuberkulose beim Menschen.

Die Stelle c aus Photogramm 3 bei einer
Vergrösserung von 60.

Objectiv: Zeiss Apochromat 16.0 mm, 0.30 Apertur.   Projections-Ocular 2.

a,a. Normales Knochenbälkchen. Diesem bei

b. dicht anliegend kleiner Tuberkel ohne Riesenzelle.

c. Grosser Tuberkel mit Riesenzelle.

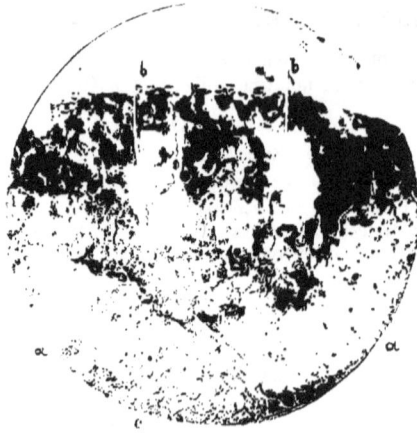

Phot. 3

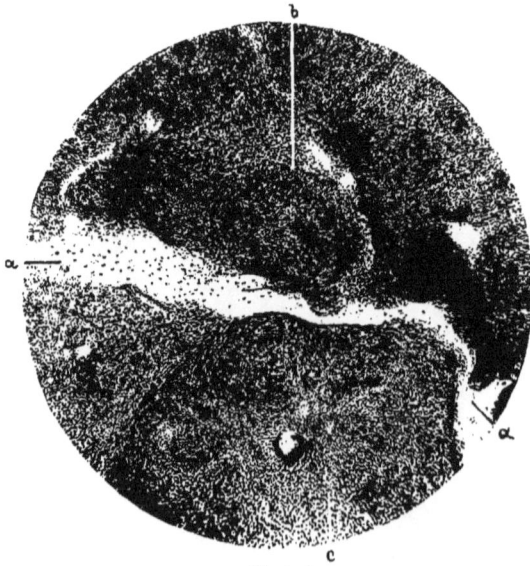

Phot. 4.

Fedor Krause photogr.   . Crayondruck von J. B. Obernetter in München.

Verlag von F. C. W. Vogel in Leipzig.

TAFEL III.

15*

TAFEL III.

Phot. 5. Abscessmembran vom Menschen,

aus einem tuberkulösen Weichtheilabscesse stammend.

Vergrösserung: 70.

Objectiv: Zeiss Apochromat 16.0 mm, 0.30 Apertur.   Projections-Ocular 2.

Die ganze Membran setzt sich fast nur aus Tuberkeln mit spärlichem Zwischengewebe zusammen.   Riesenzellen in den meisten Tuberkeln.

Phot. 6.   Tuberkulose der Synovialmembran des Meerschweinchens,

entstanden nach Verrenkung des Hüftgelenks bei einem tuberkulös inficirten Thiere.

Vgl. Thierversuche S. 86 f.

Querschnitt der ganzen Synovialhaut.

Vergrösserung: 22.

Objectiv: Hartnack 1.   Projections-Ocular: Zeiss 4.

a.   Grosser Tuberkel mit centraler Verkäsung.

b.   5 kleine Tuberkel neben einander.

Im übrigen die ganze Synovialhaut stark mit Rundzellen durchsetzt, überall
beginnende Tuberkelbildung.

Phot. 7.   Derselbe Schnitt wie in Phot. 6.

Die kleinen Tuberkel (b) bei einer

Vergrösserung von 60.

Objectiv: Zeiss Apochromat 16.0 mm, 0.30 Apertur.   Projections-Ocular 4.

a,a. Gefässe.

Zwischen ihnen liegen die nur aus Rund- und epithelioiden Zellen bestehenden,
noch keine Spur von Verkäsung zeigenden 5 Tuberkel.

(Die schwarzen Punkte rechts sind Fehler in der Platte.)

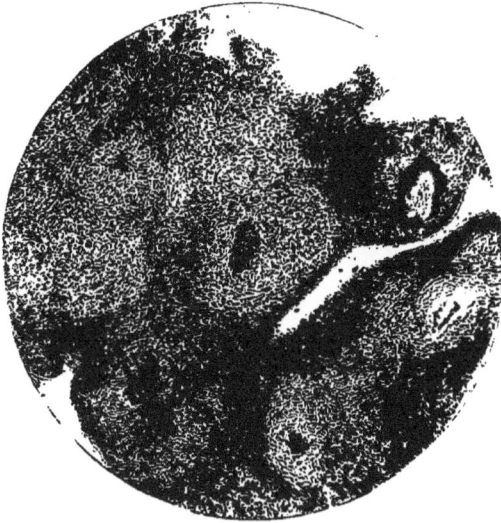

Phot. 5.

Phot. 6.

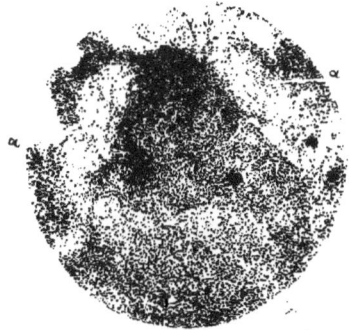

Phot. 7.

Fedor Krause photogr.

Crayondruck von J. B. Obernetter in München.

Verlag von F. C. W. Vogel in Leipzig.

TAFEL IV.

TAFEL IV.

Phot. 8. **Tuberkulös erkranktes Schultergelenk eines Meerschweinchens.**

Tuberkulose entstanden nach Distorsion bei einem unter die Bauchhaut geimpften Thiere.

Frontaler Durchschnitt. Vergl. Thierversuche S. 87 f.

Makroskopische Aufnahme mit 2facher Linearvergrösserung.

Objectiv: Steinheil Gruppenantiplanet 6.

a. Gelenkfortsatz des Schulterblattes.
b. Humerusdiaphyse.
c. Gelenkkopf des Humerus.
d. Epiphysenknorpel des Gelenkkopfes und des Tuberculum majus.
e. Gelenkkapsel, stark verdickt.

Phot. 9. **Dasselbe Präparat** wie in Phot. 8.

Mikroskopischer Schnitt.

Vergrösserung: 6½.

Objectiv: Zeiss Aplanat 75 mm.

a — d wie in Phot. 8; das Mark ist aus der Humerusdiaphyse b grossentheils herausgefallen. In der verdickten Gelenkkapsel bei

e,e. längsgetroffene, bei
f. quergetroffene Muskulatur.
g. käsiger Herd.
h. deutlicher Tuberkel.

Phot. 10. **Tuberkulose der Synovialmembran des Kaninchens,**

entstanden nach Distorsion des Kniegelenks bei einem tuberkulös inficirten Thiere.

Vergl. Thierversuche S. 91.

Querschnitt der Synovialhaut.

Vergrösserung: 32.

Objectiv: Zeiss Apochromat 16.0 mm, 0.30 Apertur. Projections-Ocular 2.

a,a. vier Tuberkel mit ausgesprochener Verkäsung, in einer Richtung unter einander liegend.
b. beginnende Tuberkelbildung.
c. vergl. Phot. 11.

Phot. 11. **Derselbe Schnitt** wie in Phot. 10.

Die Stelle c bei einer
Vergrösserung von 80.

Objectiv: Zeiss Apochromat 16.0 mm, 0,30 Apertur. Projections-Ocular 4.

Etwas oberhalb der Mitte des Bildes verkäster Tuberkel, ziemlich scharf von der Umgebung abgesetzt.

Nach oben und unten von ihm gleichfalls verkäste Tuberkel.

Seitlich Rundzellenanhäufung, beginnende Tuberkelbildung.

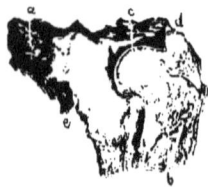

Phot. 8.

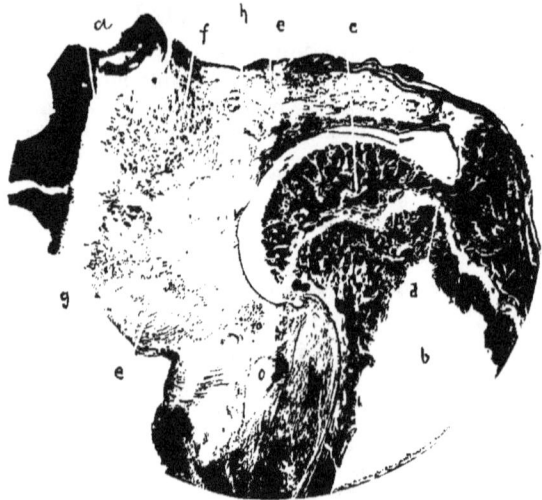

Phot. 9.

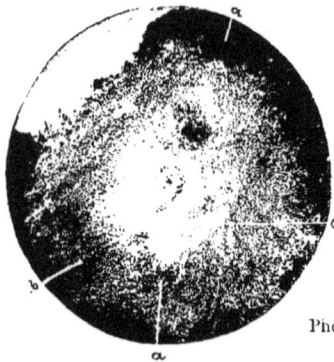

Phot. 10.

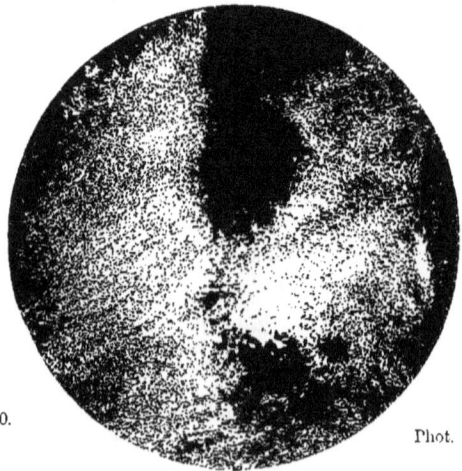

Phot. 11.

Fedor Krause photogr.

Crayondruck von J. B. Obernetter in München

Verlag von F. C. W. Vogel in Leipzig.

TAFEL V.

TAFEL V.

Phot. 12. Tuberkulös erkranktes unteres Femurende eines Kaninchens.

Tuberkulose entstanden nach Distorsion des Kniegelenks bei einem allgemein inficirten Thiere.

Sagittaler Durchschnitt, mediale Schnittfläche. Vergl. Thierversuche S. 93.

Makroskopische Aufnahme mit 2facher Linearvergrösserung.

Objectiv: Steinheil Gruppenantiplanat 6.

a. Unteres Ende der Diaphyse.
b. Epiphyse.
c. Epiphysenknorpel.
d. Grosse Abscesshöhle in der Epiphyse, fast deren ganze Höhle einnehmend.
e. Ligamentum cruciatum internum.
f. Gelenkknorpel des Femur.

Phot. 13. Dasselbe Präparat wie in Phot. 12.

Mikroskopischer Schnitt. Vergl. Thierversuche S. 93.

Vergrösserung: 6½.

Objectiv: Zeiss Aplanat 75 mm.

a – f wie in Phot. 12. Dieser Schnitt hat die Abscesshöhle näher ihrer medialen Wand, daher in einem kleineren Durchmesser getroffen, als Phot. 12 darstellt. Bei
g. reicht die tuberkulöse Veränderung von der Abscesshöhle aus weit in das Epiphysenmark hinein bis zum Epiphysenknorpel hin, während in der übrigen Umgebung des Abscesses nur hier und da eine ganz schmale Zone von Knochengewebe erkrankt ist.

Phot. 14. Tuberkulös-käsiger Knochenherd eines Kaninchens,

im äusseren Abschnitt der knöchernen Wand der Beckenpfanne gelegen.
Vergl. Thierversuche S. 94.

Vergrösserung: 11.

Objectiv: Hartnack 1. Projections-Ocular: Zeiss 2.

a. Periost des äusseren Pfannenrandes.
b,b. gesundes Knochengewebe.
c. grosser käsiger Herd.
d. einzelne noch leidlich erhaltene Tuberkel.

Im übrigen vergleiche die Beschreibung im Text.

Druck von J. B. Hirschfeld in Leipzig.

Phot. 12.

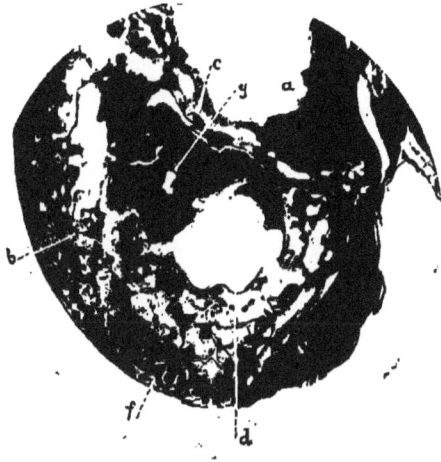

Phot. 13.

Phot. 14.

Fedor Krause photogr.

Crayondruck von J. B. Obernetter in München.

Verlag von F. C. W. Vogel in Leipzig.